嵌入式 Linux 开发教程(下册)

周立功　主编

ZLG Linux 开发团队　编著

北京航空航天大学出版社

内容简介

本教程是面向嵌入式Linux学习和产品开发的入门教程，分上下两册。本书为下册，分3篇，共16章，内容涵盖Linux内核、设备驱动、系统整合和产品化等方面。其中，设备驱动部分是重点内容，从模块编写开始，深入浅出地讲述了驱动编写的各个方面；之后以Linux子系统为单位，分别讲述了各常用外设的驱动编写或移植，如LED、GPIO、I^2C、SPI、Input子系统、串口、声卡、WiFi网卡和3G模块等。

本书由浅入深，结构合理，实用性强，提供的范例稍加改动即可应用于实际项目。阅读本书需要有一定Linux使用基础，适合于准备往驱动方向发展的嵌入式Linux开发工程师，也可作为高校非计算机专业高年级学生学习嵌入式Linux驱动的参考教材。

图书在版编目(CIP)数据

嵌入式Linux开发教程. 下册 / 周立功主编. -- 北京：北京航空航天大学出版社，2016. 10

ISBN 978-7-5124-2253-7

Ⅰ. ①嵌… Ⅱ. ①周… Ⅲ. ①Linux操作系统—程序设计—高等学校—教材 Ⅳ. ①TP316. 89

中国版本图书馆CIP数据核字(2016)第220441号

嵌入式Linux开发教程(下册)

周立功　主编

ZLG Linux开发团队　编著

责任编辑　董立娟

*

北京航空航天大学出版社出版发行

北京市海淀区学院路37号(邮编100191)　http://www.buaapress.com.cn

发行部电话：(010)82317024　传真：(010)82328026

读者信箱：emsbook@buaacm.com.cn　邮购电话：(010)82316936

北京市同江印刷有限公司印装各地书店经销

*

开本：710×1 000　1/16　印张：21.75　字数：489千字

2016年10月第1版　2016年10月第1次印刷　印数：3 000册

ISBN 978-7-5124-2253-7　定价：49.00元

前 言

一提到 Linux，不少人都觉得很难，一方面是难用，另一方面是难学；若再提到 Linux 驱动，则会觉得更难、更神秘，有的甚至会认为能写 Linux 驱动的都是“大牛”。其实这都是误解：一方面，Linux 并不是想象中的那么难；另一方面，能写 Linux 驱动的也不一定都是“大牛”。不是“大牛”也能写 Linux 驱动，因为 Linux 驱动并不神秘，写 Linux 驱动也不难，只要选择正确的学习方法，每个人都能成为自己心中的那个“大牛”。

当然，要成为真正的“大牛”不是一件容易的事情，需要经过多年的刻苦钻研、历经众多项目的历练，方有可能达到较高的高度。ZLG Linux 团队大多具有多年研发经验，也历经了不少项目，但也不敢妄称“大牛”，也仅仅自认为是对 Linux 驱动比较熟悉而已，掌握的技能能够应付日常项目的实际需求。对于一般的产品研发工程师而言，这已经是一个不错的状态了，这也是本书希望读者达到的效果。如果期望达到更高的高度，则还须付出更多的努力，走更长的路。高手是培养不出来的，也是不可批量复制的，而是通过自身努力不断修炼进化而成长起来的。

“纸上得来终觉浅，绝知此事要躬行”，用来描述嵌入式 Linux 学习过程是非常贴切的。特别是对于 Linux 驱动，看再多的书和代码，也不如实际编写一个驱动模块管用，哪怕是一个简单的“Hello World”模块，或者控制一个 LED 的简单驱动。正因为如此，本书在介绍了某些甚至某个知识点后，都适时地给出了一个可实际操作的范例，对介绍的知识点加以实际应用。强烈建议读者逐字逐行输入代码，并在实际平台上验证，从而达到掌握该知识点的目的。

嵌入式 Linux 系统整合也是一项基本能力。制作和发布一个属于自己的嵌入式 Linux 发行版是一件很有意思的事，其实也并不难。本书分别介绍了 3 种不同的方法，都非常实用。

本书是本系列教程上册的姊妹篇，侧重外设驱动和系统整合，由多位具有多年嵌入式 Linux 工作经验的资深工程师所编写，与工程应用紧密结合，具有以下特点：

- **庖丁解牛，化整为零。**将复杂问题分解为多个知识点，然后对各个知识点逐一进行讲解分析，全方位剖析。分解后能极大地降低学习难度,也能提升学习兴趣。

- **由浅入深,层层递进。** 将分解后的知识点,按照合理的逻辑,由简到难,逐一增加,在适当的时机,安排可操作的范例,而不是全部讲解完后再给出。范例力求简单,使读者能在尽可能简短的范例中对讲述的知识点进行实操。
- **范例详实、实用性强。** 将本书的范例稍加移植即可应用到实际项目中,有不少范例就是直接取材于实际项目。本书融入了很多实际项目经验,这也是本书的特点之一。

本书分 3 篇,共 16 章,各部分内容安排如下:

第 1 篇　嵌入式 Linux 内核驱动开发,包括第 1～11 章,是本书重中之重,从 Linux 内核裁剪开始,由浅入深地讲述了驱动编写基础知识,之后讲述了各子系统和外设驱动实现,最后介绍了 3 个驱动移植实例。

第 2 篇　嵌入式 Linux 系统整合,包括第 12～15 章,是本书的第二个重点,先介绍了 Bootloader 和文件系统,然后分别介绍了两个文件系统制作利器 Buildroot 和 OpenWRT。

第 3 篇　产品化和创意,仅第 16 章,结合众多项目经验,从多方面给出了学习板到实际产品转化过程中的思路指导,具有很强的参考意义。

参与本书编写的人员还有陈锡炳、张波和张展威等。另外,本书在编写过程中也参考了网络上一些同行的文章或者笔记,在此表示感谢。

“独乐乐不如众乐乐”,尽管编者水平有限,但我们还是很乐意将多年工作的一些经验整理成书与各位同行分享,书中难免存在不足或错误,望读者来信进行批评和指正,邮箱:Linux@zlg.cn。

周立功

2016 年 6 月

目录

第1篇　嵌入式Linux内核驱动开发

第1章　Linux内核裁剪和定制 ………… 3
1.1　Linux内核开发简介 ………… 3
1.2　Linux源码阅读工具 ………… 3
1.2.1　Source Insight ………… 4
1.2.2　Eclipse ………… 6
1.2.3　Vim＋ctags＋cscope ………… 8
1.2.4　LXR ………… 8
1.3　Linux内核源码 ………… 10
1.3.1　目录树概览 ………… 10
1.3.2　快速确定主板关联代码 ………… 12
1.4　Linux内核中的Makefile文件 ………… 14
1.4.1　顶层Makefile ………… 15
1.4.2　子目录的Makefile ………… 16
1.5　Linux内核中的Kconfig文件 ………… 17
1.5.1　Kconfig基本语法 ………… 17
1.5.2　配置项和配置开关 ………… 20
1.6　配置和编译Linux内核 ………… 21
1.6.1　快速配置内核 ………… 21
1.6.2　内核配置详情 ………… 23
1.6.3　编译内核 ………… 32
1.6.4　运行内核 ………… 37
1.7　Linux内核裁剪实例 ………… 38
1.7.1　GPIO子系统配置 ………… 38
1.7.2　LED子系统配置 ………… 39
1.7.3　串口配置 ………… 40
1.7.4　USB Host驱动配置 ………… 40
1.7.5　USB Gadget驱动配置 ………… 42
1.7.6　SD/MMC驱动配置 ………… 43
1.7.7　网卡驱动配置 ………… 44

1.7.8　NFS Client 配置 …… 45
1.7.9　PPP 拨号配置 …… 45
1.7.10　MTD 配置 …… 46
1.7.11　UBIFS 文件系统配置 …… 47
1.7.12　CAN 驱动配置 …… 47
1.8　EPC-28x 平台内核快速编译 …… 48
第 2 章　Linux 设备驱动基础 …… 49
2.1　Linux 内核模块 …… 49
2.1.1　Linux 和模块 …… 49
2.1.2　编写内核模块 …… 49
2.1.3　最简单的内核模块 …… 53
2.1.4　带参数的内核模块 …… 54
2.2　Linux 设备 …… 56
2.2.1　Linux 设备和分类 …… 56
2.2.2　设备节点和设备号 …… 56
2.2.3　设备的注册和注销 …… 60
2.3　Linux 设备和驱动 …… 62
2.3.1　驱动在 Linux 中的地位 …… 62
2.3.2　驱动的基本要素 …… 62
2.3.3　驱动和应用程序的差别 …… 63
2.3.4　驱动的入口和出口 …… 63
2.3.5　支持 udev 设备管理方法 …… 65
2.3.6　设备驱动的操作方法 …… 70
2.4　字符驱动框架 …… 74
2.4.1　字符驱动框架 …… 74
2.4.2　测试程序 …… 78
2.5　第一个完整意义上的驱动 …… 80
2.5.1　ioctl 命令 …… 80
2.5.2　内核空间的 ioctl …… 82
2.5.3　用户空间的 ioctl …… 82
2.5.4　LED 驱动范例 …… 82
2.6　内核/用户空间的数据交换 …… 88
2.6.1　检查地址的合法性 …… 88
2.6.2　往用户空间传递数据 …… 88
2.6.3　从用户空间获取数据 …… 90
2.6.4　支持读/写的驱动范例 …… 91
2.7　在驱动中使用中断 …… 96

2.7.1 申请和释放中断…… 96
2.7.2 中断处理程序编写…… 98
2.7.3 按键驱动…… 99
2.8 混杂设备驱动编程 …… 103
2.8.1 混杂设备和驱动 …… 103
2.8.2 混杂设备驱动框架 …… 104
2.9 I/O 内存访问 …… 107
2.9.1 静态 I/O 映射 …… 107
2.9.2 动态 I/O 映射 …… 110
2.9.3 I/O 内存访问函数 …… 110
2.10 Linux 设备驱动模型 …… 111
2.10.1 设 备…… 111
2.10.2 驱 动…… 113
2.10.3 总 线…… 114
2.10.4 类…… 115
2.11 平台设备和驱动…… 117
2.11.1 资 源…… 117
2.11.2 平台设备…… 119
2.11.3 平台驱动…… 122
2.11.4 平台驱动与普通驱动的差异…… 123
2.11.5 平台驱动范例…… 124
第 3 章 LED 子系统和驱动 …… 131
3.1 LED 子系统驱动简介 …… 131
3.2 LED 子系统的分层结构 …… 131
3.3 LED 设备的实现 …… 132
3.4 i.MX28 平台的 LED 设备 …… 135
第 4 章 GPIO 驱动 …… 138
4.1 GPIOLIB 简介 …… 138
4.2 GPIOLIB 的内核接口 …… 138
4.3 GPIOLIB 的实现方法 …… 139
4.4 驱动示例 …… 141
第 5 章 输入子系统和按键驱动…… 149
5.1 输入子系统 …… 149
5.1.1 输入子系统构成 …… 149
5.1.2 各事件管理器详解 …… 152
5.1.3 设备驱动 …… 154
5.2 驱动实现 …… 158

5.2.1 电路和原理 …… 158
5.2.2 按键驱动实现 …… 159
第 6 章 I²C 总线和外设驱动 …… 165
6.1 I²C 子系统 …… 165
6.1.1 I²C 子系统的设计思路 …… 165
6.1.2 I²C 子系统的实现 …… 169
6.1.3 I²C 子系统在/sys 文件系统的信息 …… 176
6.2 I²C 驱动实现示例 …… 177
6.2.1 FM24C02A 驱动的设计思路 …… 177
6.2.2 添加 FM24C02A 设备 …… 178
6.2.3 实现 FM24C02A 驱动 …… 178
6.2.4 实现 I²C 驱动 …… 178
第 7 章 SPI 总线和外设驱动 …… 185
7.1 硬件连接 …… 185
7.2 SPI 驱动架构简析 …… 185
7.2.1 SPI 核心层 …… 186
7.2.2 SPI 主控制器驱动层 …… 186
7.2.3 SPI 设备驱动层 …… 187
7.2.4 SPI 数据传输 …… 191
7.3 SPI NOR Flash 驱动 …… 193
7.3.1 驱动实现 …… 194
7.3.2 配置和编译 …… 195
7.3.3 测试块设备 …… 196
7.4 SPI 数码管显示驱动 …… 197
7.4.1 电路原理 …… 197
7.4.2 驱动实现 …… 198
7.4.3 驱动编译和测试 …… 202
第 8 章 UART 和 SC16IS752 驱动 …… 204
8.1 UART 驱动简析 …… 204
8.1.1 重要数据结构 …… 204
8.1.2 UART 驱动 API …… 208
8.2 SC16IS752 芯片和电路原理 …… 210
8.2.1 SC16IS752 芯片介绍 …… 210
8.2.2 电路原理 …… 212
8.2.3 驱动移植思路 …… 212
8.3 I²C 接口驱动实现 …… 212
8.3.1 定义 i2c_device_id …… 212

8.3.2 添加注册 I²C 设备 …… 213
8.3.3 I²C 驱动实现 …… 214
8.4 UART 相关驱动 …… 214
8.4.1 信息描述和数据结构 …… 214
8.4.2 底层操作函数和实现 …… 215
8.4.3 probe 函数和实现 …… 219
8.4.4 uart_ops 函数和实现 …… 221
8.4.5 中断处理 …… 230
8.5 串口测试 …… 234
第 9 章 SGTL5000 声卡驱动移植 …… 235
9.1 背景交代 …… 235
9.2 电路原理图 …… 235
9.3 驱动移植 …… 237
9.3.1 引脚设置 …… 237
9.3.2 添加 SGTL5000 I²C 设备 …… 238
9.3.3 配置和编译 …… 239
9.3.4 修正播放音频的问题 …… 239
9.4 音频接口操作 …… 242
第 10 章 AP6181 无线网卡驱动移植 …… 247
10.1 硬件原理图 …… 247
10.2 驱动移植 …… 248
10.2.1 修改引脚功能 …… 248
10.2.2 添加 mmc 设备 …… 250
10.2.3 添加驱动源码 …… 252
10.2.4 添加唤醒中断 …… 252
10.2.5 添加上下电控制 …… 253
10.2.6 修改内核配置文件 …… 254
10.2.7 配置内核 …… 255
10.2.8 编译内核、模块驱动 …… 256
10.3 使用网卡 …… 256
10.3.1 加载驱动模块 …… 256
10.3.2 连接到 AP …… 257
第 11 章 SIM6320-PCIE 3G 模块驱动移植 …… 260
11.1 驱动移植 …… 260
11.1.1 添加驱动源码 …… 260
11.1.2 配置内核 …… 260
11.2 PPP 拨号上网 …… 262

第 2 篇　嵌入式 Linux 系统整合

第 12 章　嵌入式 Linux 和 Bootloader ………………………………… 267
12.1　概　述……………………………………………………………… 267
12.1.1　系统硬件和映像布局………………………………………… 267
12.1.2　嵌入式 Linux Bootloader …………………………………… 268
12.1.3　U-Boot 介绍 ………………………………………………… 269
12.2　U-Boot 使用 …………………………………………………… 270
12.2.1　U-Boot 常用命令 …………………………………………… 270
12.2.2　环境变量……………………………………………………… 273
12.2.3　使用网络……………………………………………………… 275
12.2.4　NAND Flash 操作…………………………………………… 276
12.2.5　组合命令……………………………………………………… 279
12.3　U-Boot 源码介绍 ……………………………………………… 279
12.3.1　U-Boot 目录简介 …………………………………………… 279
12.3.2　U-Boot 的启动简介 ………………………………………… 280
12.3.3　U-Boot 的驱动 ……………………………………………… 282
12.3.4　U-Boot 的命令 ……………………………………………… 282
12.3.5　U-Boot 的平台相关代码 …………………………………… 283
12.3.6　U-Boot 的配置文件 ………………………………………… 285
12.3.7　U-Boot Tools ………………………………………………… 286
12.4　U-Boot 编译实例 ……………………………………………… 287
12.4.1　编译说明……………………………………………………… 287
12.4.2　i. MX28 U-Boot 的实用工具 ……………………………… 288
第 13 章　嵌入式 Linux 文件系统 ………………………………………… 290
13.1　根文件系统………………………………………………………… 290
13.1.1　根文件系统布局……………………………………………… 290
13.1.2　根文件系统类型……………………………………………… 291
13.2　使用 BusyBox 制作根文件系统 ……………………………… 293
13.2.1　BusyBox 介绍………………………………………………… 293
13.2.2　交叉编译 BusyBox ………………………………………… 293
13.2.3　构建根文件系统……………………………………………… 295
13.3　制作根文件系统镜像……………………………………………… 299
第 14 章　Buildroot ………………………………………………………… 301
14.1　Buildroot 简介 ………………………………………………… 301
14.2　安装 Buildroot ………………………………………………… 301
14.3　使用 Buildroot 构建根文件系统 ……………………………… 302

14.3.1 配置 Buildroot …… 302
14.3.2 编译 Buildroot …… 305
14.4 使用新的文件系统 …… 307
14.4.1 完善文件系统 …… 307
14.4.2 测试文件系统 …… 308
14.5 发布文件系统 …… 309
第 15 章 OpenWRT …… 313
15.1 OpenWRT 简介 …… 313
15.2 OpenWRT 下载 …… 313
15.2.1 SVN 下载 …… 313
15.2.2 Git 下载 …… 314
15.3 安装 OpenWRT …… 314
15.4 使用 OpenWRT 定制文件系统 …… 314
15.4.1 检查编译环境 …… 314
15.4.2 配置系统 …… 315
15.4.3 编　译 …… 316

第 3 篇 产品化和创意

第 16 章 产品化和创意 …… 319
16.1 做最适合的系统 …… 319
16.2 做可靠的系统 …… 320
16.2.1 分区域保护 …… 320
16.2.2 双备份 …… 322
16.3 做用户满意的系统 …… 322
16.4 快速启动 …… 323
16.4.1 精简 Bootloader …… 323
16.4.2 精简内核 …… 324
16.4.3 精简根文件系统 …… 332
参考文献 …… 334

第1篇　嵌入式Linux内核驱动开发

本篇主要讲述嵌入式 Linux 产品开发过程中的内核/驱动开发相关内容，包括 Linux 内核裁剪定制、驱动编写和驱动移植等。进行嵌入式 Linux 驱动开发时，一些特定外设需要从零开始编写驱动，然而很多外设基本都有可参考驱动，在实际工作中仅须进行移植，本篇给出了 3 个驱动移植实例。

本篇共分 11 章，各章标题和内容概要如下：

- 第 1 章　Linux 内核裁剪和定制，首先介绍了几种内核源码查看工具，然后对内核目录树和相关文件进行介绍，接着给出了内核配置详情以及裁剪实例；
- 第 2 章　Linux 设备驱动基础，由浅入深地介绍了 Linux 驱动编写的相关知识点，从内核模块、字符设备驱动到平台设备驱动都有详细讲解，并给出了相应的范例代码；
- 第 3 章　LED 子系统和驱动，分析了内核中的 LED 子系统，并给出了相关实例；
- 第 4 章　GPIO 驱动，分析了内核中的 GPIOLIB 子系统，并给出了相关实例；
- 第 5 章　输入子系统和按键驱动，分析了内核中的输入子系统，并给出了按键驱动范例；
- 第 6 章　I^2C 总线和外设驱动，分析了内核中的 I^2C 子系统，并给出了 I^2C 接口 EEPROM 驱动范例；
- 第 7 章　SPI 总线和外设驱动，简要分析了 SPI 总线驱动，并实现了两种典型 SPI 设备驱动；
- 第 8 章　UART 和 SC16IS752 驱动，简要分析了 UART 驱动子系统，并对 SC16IS752 的驱动实现进行了详细分析；
- 第 9 章　SGTL5000 声卡驱动移植，介绍了 SGTL5000 在 i.MX283 平台的移植过程；
- 第 10 章　AP6181 无线网卡驱动移植，介绍了 AP6181 无线网卡在 i.MX283 平台的移植过程；
- 第 11 章　SIM6320-PCIE 3G 模块驱动移植，介绍了 SIM6320-PCIE 模块驱动移植和 PPP 拨号上网的过程。

本篇的内容涵盖了嵌入式 Linux 产品开发过程中底层开发的大部分工作，给出的实例也都具有很强的参考意义。

第1章 Linux内核裁剪和定制

【本章导读】

进行嵌入式 Linux 产品开发时，往往需要对内核进行裁剪和定制，以满足嵌入式产品的功能和性能需求。本章首先介绍了几种阅读 Linux 内核源码的工具和方法，紧接着介绍了 Linux 内核源码树的大体目录结构，并简要分析了内核的 Makefile 和 Kconfig 文件，然后着重介绍了 Linux 内核的裁剪和编译，最后给出了一些常用功能的裁剪配置实例。

注意：本章仅讨论 2.6 及以上内核，不涉及 2.4 或者更早版本内核。

1.1 Linux 内核开发简介

这里所说的“Linux 内核开发”仅仅是指嵌入式 Linux 产品开发中内核和驱动的相关开发工作，与 Linux 所领导的内核开发团队的内核开发有很大不同。

产品开发中对内核进行二次开发，需要开发人员具备如下一些基本技能和背景知识：

- 具备操作系统的基本知识，理解操作系统原理，最好了解 Linux 操作系统；
- 内核绝大部分都是 C 语言编写的，C 语言是必备技能；
- 内核是用 GNU C 编写的，尽管符合 ISO C89 标准，但还是使用了一些 GNU 扩展，所以对 GNU C 的一些扩展也必须有所了解；
- 对 Linux 内核源码基本分布有大致了解；
- 产品级的内核开发通常还包括一些内核驱动工作，对外设工作原理和驱动编写也必须有一定的了解。

1.2 Linux 源码阅读工具

俗话说，工欲善其事，必先利其器。面对几百兆的 Linux 内核代码，要阅读、查看或者搜索其中的代码，大部分初次接触 Linux 内核代码的开发人员，都有无从下手的感觉。下面推荐几个源码阅读和索引工具，能为后续内核开发提供一些便利。

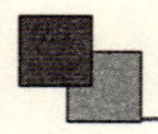

1.2.1 Source Insight

Source Insight 是 Windows 平台下一款流行度极高的源码阅读和编辑工具。不少 Linux 开发人员还是习惯于在 Windows 下进行源码编辑,甚至查看、编辑 Linux 内核源码依然在 Source Insight 中完成。注意,Source Insight 是一款版权软件,需要自行解决版权问题。

安装 Source Insight 软件后,新建一个工程,取名并指定数据存放位置,如图 1.1 所示。

图 1.1　新建工程

单击 OK 按钮进入工程设置界面,如图 1.2 所示。然后添加源码。浏览选中 Linux 内核源码文件夹后,单击 Add Tree 按钮,则将内核源码树的全部文件添加到工程中,如图 1.3 所示。添加完成后即可在 Source Insight 中进行源码阅读和编辑了,如图 1.4 所示。

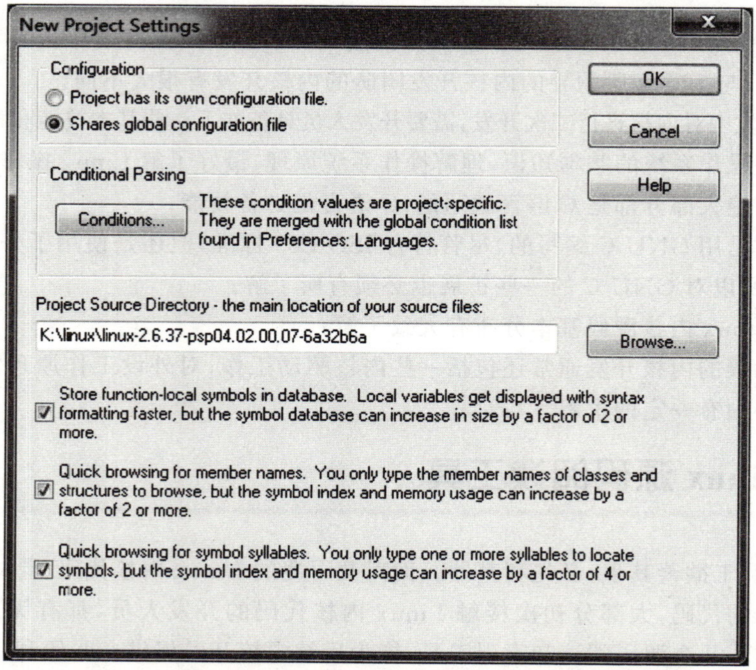

图 1.2　工程设置

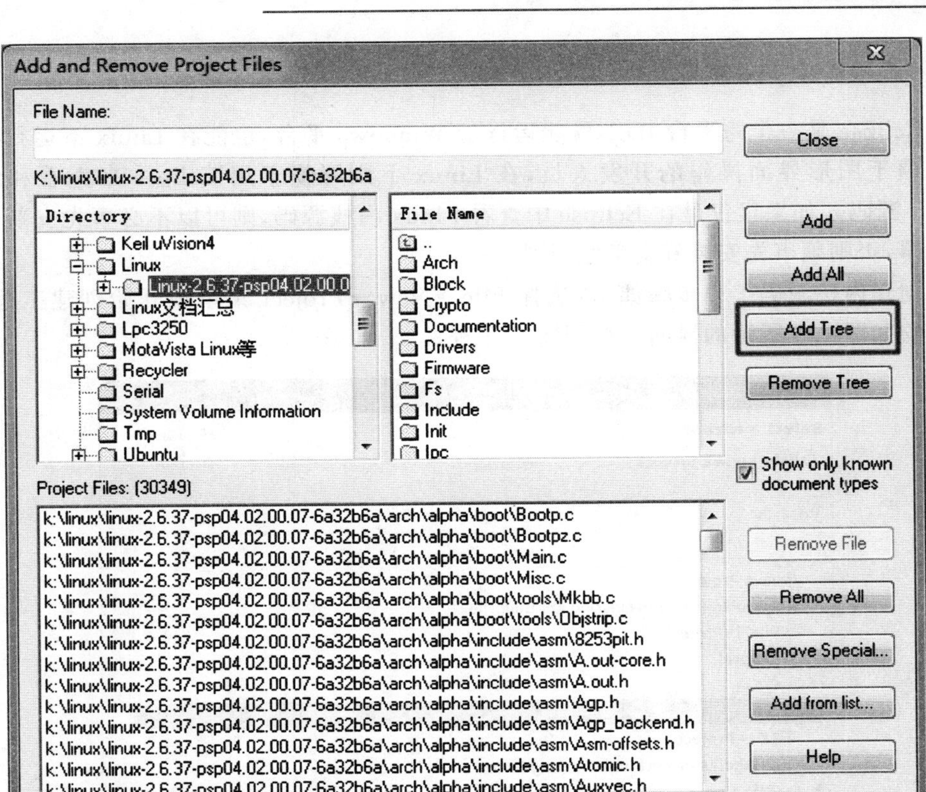

图 1.3 添加内核源码

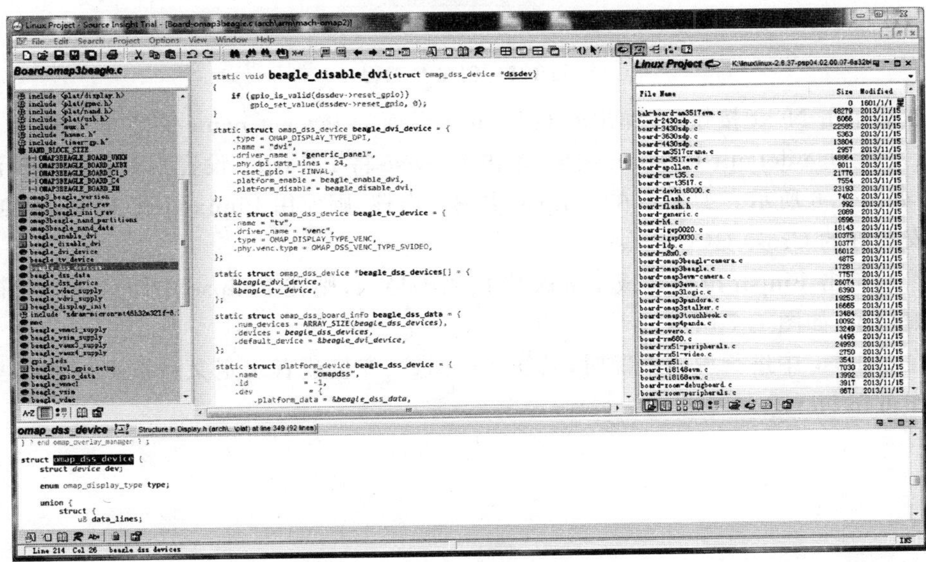

图 1.4 在 Source Insight 中阅读源码

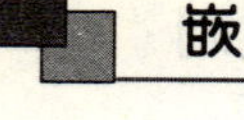

1.2.2 Eclipse

Eclipse 是一个跨平台 IDE,既能运行于 Windows 平台,也能在 Linux 下运行。不少习惯于图形界面操作的开发人员,在 Linux 下则习惯于用 Eclipse 来查看和编辑 Linux 源码。如果仅仅是在 Eclipse 中查看 Linux 内核源码,则可以不必事先安装交叉编译器,否则须事先安装好交叉编译器。

创建内核源码工程步骤如下:选择 File→New→Project 菜单项开始创建工程,在弹出的如图 1.5 所示的界面选择创建 C 工程。

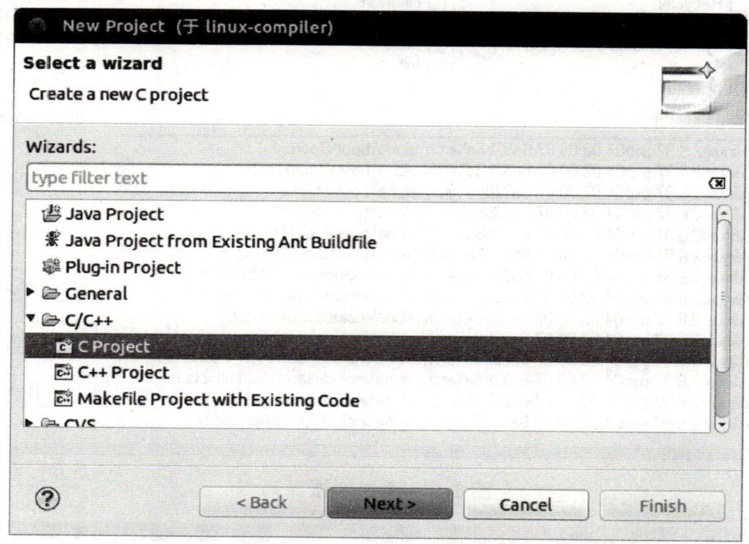

图 1.5 创建 C 工程

然后单击 Next 按钮,在弹出的 C Project 界面的 Project name 文本框中输入工程名称;去掉 Use default location 选项,单击 Browse 将 Location 设置为 Linux 内核源码目录,如图 1.6 所示。如果不在 Eclipse 中编译内核,则使用 Linux GCC 即可;否则,须使用安装好的 Cross GCC。

然后单击 Finish 按钮完成 Linux 内核源码导入,则在 Eclipse 中即可进行代码阅读和编辑了,如图 1.7 所示。

在 Eclipse 中进行源码跟踪时,只须选择函数、变量或者宏定义后按 F3 即可,更多的操作可在 Navigate 中找到。

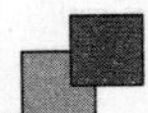

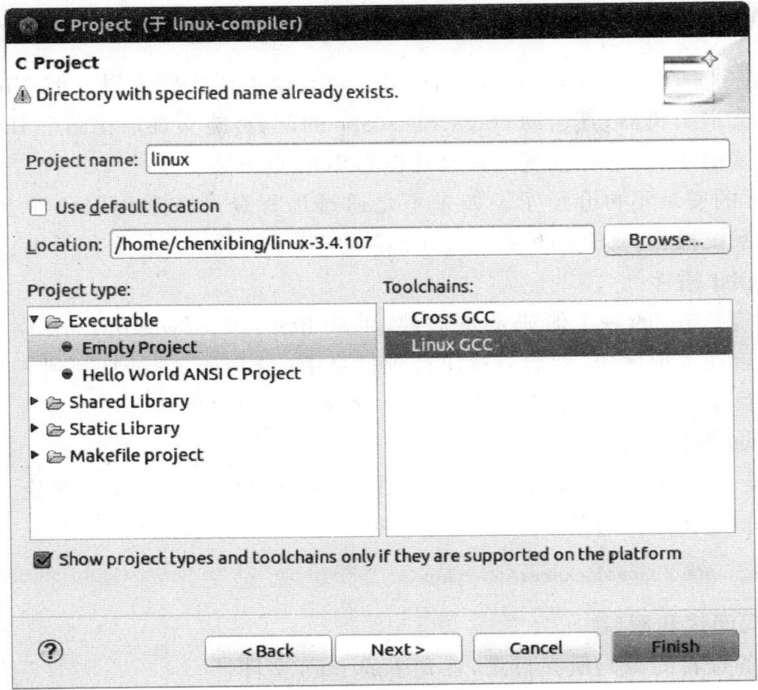

图 1.6 导入 Linux 内核源码

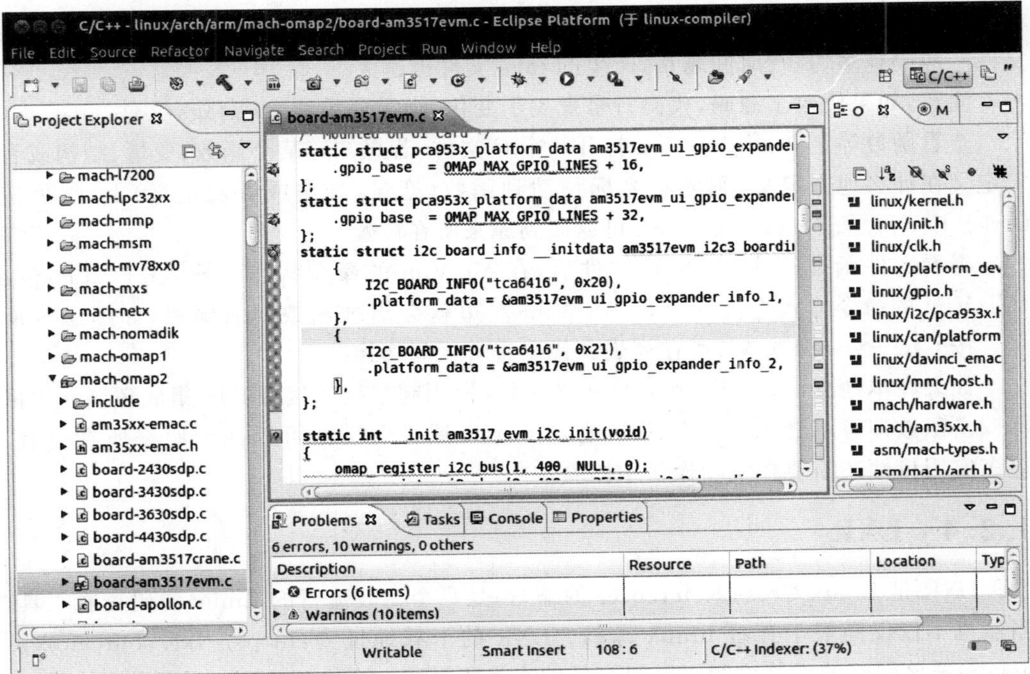

图 1.7 在 Eclipse 中浏览内核源码

1.2.3 Vim+ctags+cscope

Vi/Vim 是一个文本编辑器,在 Vim 中能高效地实现代码编辑。但 Vim 的功能不仅仅是一个文本编辑器,其借助 ctags 和 cscope 的配合,能实现堪比图形 IDE 环境的源码编辑和阅读功能,在某种程度上甚至比图形 IDE 更方便。

Vi/Vim 的安装不再介绍了。如果不是通过远程登录在远程服务器上工作,而是在本地桌面系统操作,那么还可以用 gvim 启动 Vi 编辑器。

(1) Taglist 插件

Taglist 是 Vim 的一个源码浏览插件,可从 http://www.vim.org 网站获得。下载到压缩包后在本地解压,然后将解压得到目录中的 plugin 目录复制到~/.vim 目录。如果用户主目录下没有.vim 目录,则建立一个这样的目录即可。

(2) Ctags 插件

Ctags 是一个用于产生 tags 文件的软件,可以下载源码进行编译安装。在 Ubuntu 下,可通过 apt-get 进行安装:

```
$ sudo apt-get install exuberant-ctags
```

(3) 源码阅读和跟踪

进入准备查看的源码所在目录,首先生成 tags 文件:

```
$ ctags-R
```

执行时间长短取决于源码数量的多少,执行完毕,则在当前目录下可看到一个 tags 文件。源码越多,执行时间越长,产生的 tags 文件也越大。

注意:如果修改了源码,代码行号发生了变化,则需要重新生成 tags 文件。

查看函数等定义:用 Vi/Vim 打开一个 C 文件,若想知道某个函数、变量、结构或者宏定义在什么地方定义,则先将光标移动到函数(变量、结构或者宏定义)上,然后按 Ctrl+]即可。查看后,按 Ctrl+o 可返回到原来所在位置。

查看文件函数列表:打开 C 文件后,在 Vi/Vim 的命令状态下输入"TlistToggle(Vi/Vim 的命令输入支持补全)",Vi/Vim 左边就会出现函数列表侧栏,如图 1.8 所示。按 Ctrl+ww(2 次 W)可在列表和代码查看区间切换。

如果在本地桌面,则用 Gvim 打开 C 文件,使用起来比较接近 IDE 集成环境。用鼠标双击函数即可跳转到函数定义的地方,Ctrl+鼠标右键即可返回到原来所在位置。更多实用特性还需要在实际操作中体验。

1.2.4 LXR

LXR 是 Linux Cross Referencer 的缩写,是一个比较流行的 Linux 源码查看工具,当然也不仅仅局限于查看 Linux 源码。LXR 的下载地址为:http://lxr.sourceforge.net,参考该网站的安装说明可以很容易地在本机搭建一个本地 LXR,用于源码查看。

如果不想搭建本地 LXR,可以直接浏览已经搭好的 LXR 网站,推荐两个网站:一

```
||    lcd_enabled                 |};
||    dvi_enabled                 |
||    __initdata                  |/*
||    lcd_panel                   | * RTC - S35390A
||    am3517_evm_lcd_device       | */
||    am3517_evm_tv_device        |
||    dvi_panel                   |
||    am3517_evm_dvi_device       |static void __init am3517_evm_rtc_init(void)
||    am3517_evm_dss_devices      |{
||    am3517_evm_dss_data         |        int r;
||    musb_board_data             |
||    __initconst                 |        omap_mux_init_gpio(GPIO_RTCS35390A_IRQ, OMAP_PIN_INPUT_PULLUP);
||    __initdata                  |
||    am3517_hecc_resources       |        r = gpio_request_one(GPIO_RTCS35390A_IRQ, GPIOF_IN, "rtcs35390a-irq");
||    am3517_hecc_device          |        if (r < 0) {
||    am3517_evm_hecc_pdata       |                printk(KERN_WARNING "failed to request GPIO#%d\n",
||    __initdata                  |                                GPIO_RTCS35390A_IRQ);
||    mmc                         |                return;
||                                |        }
|-  function                      |
||    am3517_evm_rtc_init         |        am3517evm_i2c1_boardinfo[0].irq = gpio_to_irq(GPIO_RTCS35390A_IRQ);
||    am3517_evm_i2c_init         |}
||    am3517_evm_display_init     |
||    am3517_evm_display_init     |/*
||    am3517_evm_panel_enable     | * I2C GPIO Expander - TCA6416
||    am3517_evm_panel_disabl     | */
||    am3517_evm_panel_enable     |
||    am3517_evm_panel_disabl     |/* Mounted on Base-Board */
||    am3517_evm_panel_enable     |static struct pca953x_platform_data am3517evm_gpio_expander_info_0 = {
||    am3517_evm_panel_disabl     |        .gpio_base      = OMAP_MAX_GPIO_LINES,
||    am3517_evm_musb_init        |};
||    am3517_evm_hecc_init        |static struct i2c_board_info __initdata am3517evm_i2c2_boardinfo[] = {
```

图 1.8　Vi/Vim 的函数列表侧栏

个是开源中国网站提供的 Linux 源码在线阅读 http://lxr.oss.org.cn，另一个是 http://lxr.free-electrons.com 网站；前者速度较快，但是提供的 Linux 内核版本较少，后者提供的版本较多。网站提供了源码阅读、关键字搜索和自由文本搜索功能。两者的网页快照分别如图 1.9 和图 1.10 所示。

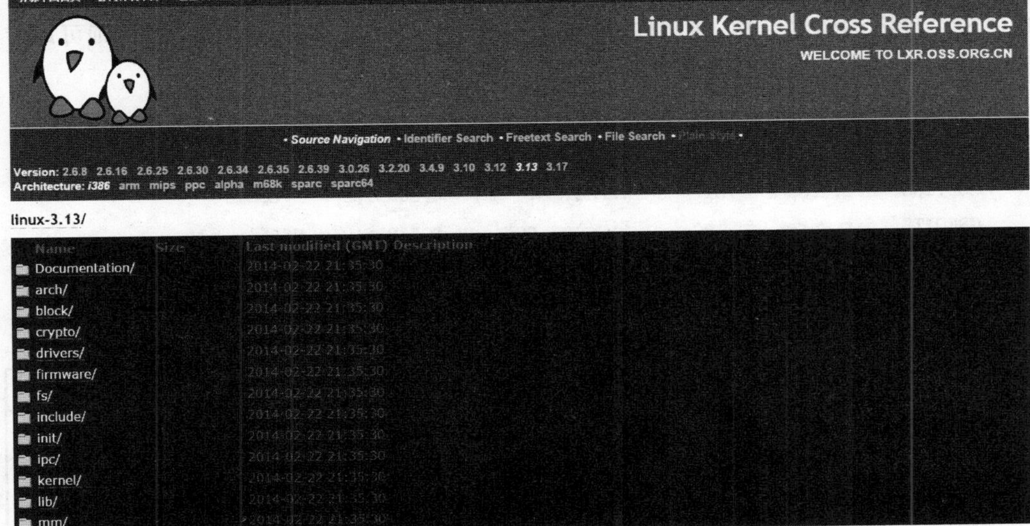

图 1.9　lxr.oss.org.cn 网页快照

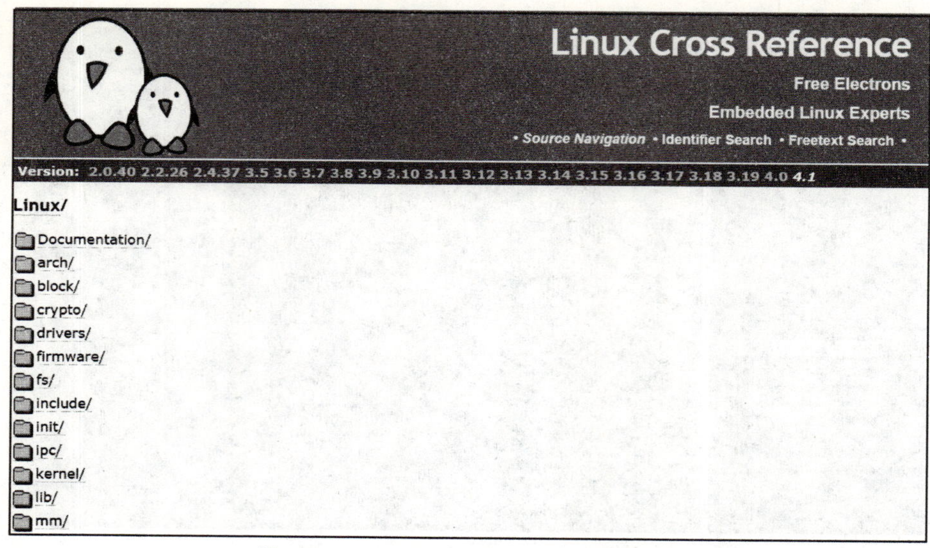

图 1.10 lxr.free-electrons.com 网页快照

1.3 Linux 内核源码

1.3.1 目录树概览

解压 Linux 内核源码压缩包将得到内核源码。内核源码很复杂,包含多级目录,形成了一个庞大的树状结构,通常称为 Linux 源码目录树。进入源码所在目录,则可以看到目录树顶层通常包含如下目录和文件:

```
arch/    crypto/         fs/       Kbuild    MAINTAINERS  README           security/  virt/
block/   Documentation/  include/  Kconfig   Makefile     REPORTING-BUGS   sound/
COPYING  drivers/        init/     kernel/   mm/          samples/         tools/
CREDITS  firmware/       ipc/      lib/      net/         scripts/         usr/
```

各个目录文件的简要说明如表 1.1 所列。

表 1.1 Linux 源码顶层目录简要说明

目　录	内　容
arch/	包含各体系结构特定的代码,如 arm、x86、ia64、mips 等,在每个体系结构目录下通常都有: -boot　　内核需要的特定平台代码 -kernel　　体系结构特有的代码 -lib　　通用函数在特定体系结构的实现 -math-emu　　模拟 FPU 的代码,在 ARM 中,使用 mach-xxx 代替 -mm　　特定体系结构的内存管理实现 -include　　特定体系的头文件

续表 1.1

目　录	内　容
block/	存放块设备相关代码
crypto/	存放加密、压缩、CRC 校验等算法相关代码
Documentation/	存放相关说明文档，很多实用文档，包括驱动编写等
drivers/	存放 Linux 内核设备驱动程序源码。驱动源码在 Linux 内核源码中占了很大比例，常见外设几乎都有可参考源码，对驱动开发而言，该目录非常重要。该目录包含众多驱动，目录按照设备类别进行分类，如 char、block、input、i2c、spi、pci、usb 等
firmware/	存放处理器相关的一些特殊固件
fs/	存放所有文件系统代码，如 fat、ext2、ext3、ext4、ubifs、nfs、sysfs 等
include/	存放内核所需、与平台无关的头文件，与平台相关的头文件已经被移动到 arch 平台的 include 目录，如 ARM 的头文件目录＜arch/arm/include/asm/＞
init/	包含内核初始化代码
ipc/	存放进程间通信代码
kernel/	包含 Linux 内核管理代码
lib/	库文件代码实现
mm/	存放内存管理代码
net/	存放网络相关代码
samples/	存放提供的一些内核编程范例，如 kfifo；后者相关用户态编程范例，如 hidraw
srcipts/	存放一些脚本文件，如 menuconfig 脚本
security/	存放系统安全性相关代码
sound	存放声音、声卡相关驱动
tools/	编译过程中一些主机必要工具
usr/	cpio 相关实现
virt/	内核虚拟机 KVM

Linux 内核源码数量庞大，解压后有好几百兆字节，要想在如此庞大的源码中找到有效代码，那么熟悉 Linux 源码目录树的结构是基本要求。每个目录包含的代码量差异也很大，下面是从 www.kernel.org 下载的一份源码解压后的统计结果，其中，drivers 目录几乎占了源码总量的一半，arch 目录也差不多有 1/4。

```
chenxibing@linux-compiler:~/linux-3.4.107 $ du --max-depth=1 -h
2.0M        ./lib
160K        ./init
2.0M        ./crypto
252M        ./drivers
6.3M        ./firmware
24M         ./sound
```

```
232K          ./ipc
5.3M          ./kernel
3.7M          ./tools
33M           ./fs
192K          ./virt
2.1M          ./security
22M           ./net
168K          ./samples
119M          ./arch
40K           ./usr
2.4M          ./mm
3.1M          ./scripts
23M           ./include
20M           ./Documentation
888K          ./block
519M          .
```

1.3.2 快速确定主板关联代码

拿到一份源码和一块评估板,如何快速找到与这块板相关的源码,是很多研发人员都曾遇到过的问题。如果对内核源码结构有大概了解,要完成这些事情也不难,通常可按照基础代码、驱动代码和其他代码等方面来梳理。

1. 基础代码

Linux 移植通常分为体系结构级移植、处理器级移植和板级移植。各级别移植难易程度差异很大,工作量和调试方式也各不相同。一般的产品开发人员所进行的内核移植通常都是板级移植,这是几个级别中最简单的。

从代码层面来看,通常把能让一个主板最小系统运行的代码称为基础代码,这部分代码包含体系结构移植代码、处理器核心代码以及板级支持包的部分代码。理清了这部分代码,对于了解和掌握整个主板相关代码具有重要意义。

下面确定主板名称和默认配置文件。例如,对于 EPC-28x 工控板,其对应的默认内核配置文件为＜arch/arm/configs/EPC-M28x_defconfig＞。通常来说,一个评估板的内核默认配置文件名称与评估板的名称相同或者有关联。确定配置文件后,可用任何文本编辑器打开该配置文件,从而对配置的选项进行查看;或者进行 make menuconfig 配置,从而进入配置界面查看。

下面确定对应的主板文件。在 ARM Linux 移植代码中,每个评估板通常都有一个对应的主板文件,在＜arch/arm/mach-xxx/＞目录下,大多数主板文件都以“board-”开头,采用“board-xxx. c”这样的文件名,如＜arch/arm/mach-omap2/board-am335xevm. c＞;也有以“mach-”开头的,如＜arch/arm/mach-mxs/mach-mx28evk. c＞。通常来说,一个评估板的主板文件名称与评估板的名称相同或者有关联。

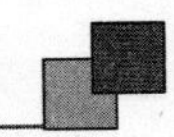

如果遇到名称特征不是很明显、不能确定的情况，则建议打开默认配置文件，找到"CONFIG_MACH_XXX=y"这一行，确定主板对应的配置开关变量。然后打开<arm/arm/mach-xxx/Makefile>文件，根据配置开关变量来确定主板文件。例如，<arch/arm/mach-pxa/Makefile>文件中有如下内容：

```
# Intel/Marvell Dev Platforms
obj-$(CONFIG_ARCH_LUBBOCK)          += lubbock.o
obj-$(CONFIG_MACH_MAINSTONE)        += mainstone.o
obj-$(CONFIG_MACH_ZYLONITE300)      += zylonite.o zylonite_pxa300.o
```

可以看到，这几个主板文件命名都既不是以"board-"开头，也不是以"mach-"开头，对于这种情况，通过Makefile文件来确定一下是比较好的做法。特别是对于主板开关变量对应非单一文件的，更需要查看Makefile来确定关联文件，否则，有可能遗漏某个文件，造成代码阅读理解上的障碍。如CONFIG_MACH_ZYLONITE300对应着zylonite.c和zylonite_pxa300.c两个C文件。

2. 驱动代码

Linux内核源码中接近一半的代码量是驱动，对于某一个特定主板的系统而言，驱动也占很大的比例，底层开发的很大一部分是驱动的相关工作。掌握从众多驱动中找到正确的驱动源码文件、并根据产品的实际需求进行修改调整的方法，能有效促进产品开发的进度。

Linux内核源码树drivers目录很复杂，包含了各种外设的驱动。对嵌入式Linux开发而言，通常需要关注的目录如表1.2所列。

表1.2 常见驱动目录

目 录	说 明
drivers/gpio	系统GPIO子系统和驱动目录，包括处理器内部GPIO以及外扩GPIO驱动。遵循GPIO子系统的驱动，可通过/sys/class/gpio进行访问
drivers/hwmon	硬件监测相关驱动，如温度传感器、风扇监测等
drivers/i2c	I^2C子系统驱动。各I^2C控制器的驱动在i2c/busses目录下
drivers/input	输入子系统驱动目录
drivers/input/keyboard	非HID键盘驱动，如GPIO键盘、矩阵键盘等
drivers/input/touchscreen	触摸屏驱动，如处理器的触摸屏控制器驱动、外扩串行触摸屏控制器驱动、串口触摸屏控制器驱动等
drivers/leds	LED子系统和驱动，如GPIO驱动的LED。遵循LED子系统的驱动，可通过/sys/class/leds进行访问
drivers/mfd	多功能器件驱动。如果一个器件能做多种用途，则通常需要借助MFD来完成。例如am3352的ADC接口，可同时做ADC和触摸屏控制器，所以需要实现MFD接口驱动

续表 1.2

目　录	说　明
drivers/misc	杂项驱动。需要特别关注<drivers/misc/eeprom/>目录，其提供了 I²C 和 SPI 接口的 EEPROM 驱动范例，所驱动的设备可通过/sys 系统访问
drivers/mmc	sd/mmc 卡驱动目录
drivers/mtd	MTD 子系统和驱动，包括 NAND、oneNAND 等。注意，UBI 的实现也在 MTD 中
drivers/mtd/nand	NAND Falsh 的 MTD 驱动目录，包括 NAND 的基础驱动和控制器接口驱动
drivers/net	网络设备驱动，包括 MAC、PHY、CAN、USB 网卡、无线、PPP 协议等
drivers/net/can	CAN 设备驱动。Linux 已经将 CAN 归类到网络中，采用 socket_CAN 接口
drivers/net/ethernet	所支持的 MAC 驱动。常见厂家的 MAC 驱动都能找到，如 broadcom、davicom、marvell、micrel、smsc 等厂家的 MAC，处理器自带 MAC 的驱动也在该目录下
drivers/net/phy	PHY 驱动，像 marvell、micrel 和 smsc 的一些 PHY 驱动
drivers/rtc	RTC 子系统和 RTC 芯片驱动
drivers/spi	SPI 子系统和 SPI 控制器驱动，含 GPIO 模拟 SPI 的驱动
drivers/tty	TTY 驱动
drivers/tty/serial	串口驱动，包括 8250 串口以及各处理器内部串口驱动实现
drivers/uio	用户空间 I/O 驱动
drivers/usb	USB 驱动，包括 USB HOST、Gadget、USB 转串口以及 OTG 等支持
drivers/video	Video 驱动，包括 Framebuffer 驱动、显示控制器驱动和背光驱动等。有的移植代码会将液晶屏配置放在显卡控制器驱动目录下，例如 omap2 系列的 LCD 配置代码在<drivers/video/omap2/displays/>目录下
drivers/video/backlight	背光控制驱动
drivers/video/logo	Linux 内核启动 LOGO 图片目录
drivers/watchdog	看门狗驱动，包括软件看门狗和各种硬件看门狗驱动实现

熟悉各类驱动在源码树中的大概位置能帮助在开发过程中快速进行驱动源码查找和定位。一个系统到底用了哪些代码，与系统本身外设相关，也与主板配置文件相关。

3. 其他代码

还有一些代码是系统必须的代码，但在实际开发过程中通常很少需要关注，例如文件系统的实现代码、网络子系统的实现代码等。对于这部分代码和主板的关联性，建议根据配置文件来确认。

1.4 Linux 内核中的 Makefile 文件

本节不对内核的 Makefile 文件进行深入展开，更多语法和说明可阅读 Documenta-

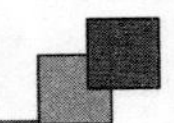

tion/kbuild/makefiles.txt 文件。

1.4.1 顶层 Makefile

源码目录树顶层 Makefile 是整个内核源码管理的入口，对整个内核的源码编译起着决定性作用。编译内核时，顶层 Makefile 会按规则递归历遍内核源码所有子目录下的 Makefile 文件，完成各子目录下内核模块的编译。熟悉该 Makefile，对内核编译等方面会有所帮助。

1. 内核版本号

打开顶层 Makefile，开头的几行记录了内核源码的版本号，通常如下所示：

```
VERSION = 2
PATCHLEVEL = 6
SUBLEVEL = 35
EXTRAVERSION = 3
```

说明代码版本为 2.6.35.3，编译得到的内核在目标板运行后输入"uname -a"命令可以得到印证：

```
# uname -a
Linux boy 2.6.35.3-571-gcca29a0-gd431b3d-dirty #22 PREEMPT Tue Oct 27 20:12:33 CST 2015
armv5tejl
GNU/Linux
```

2. 编译控制

(1) 体系结构

Linux 是一个支持众多体系结构的操作系统，在编译过程中须指定体系结构，从而与实际平台对应。在顶层 Makefile 中，通过变量 ARCH 来指定：

```
ARCH   ?= $(SUBARCH)
```

如果没有在编译命令行中指定 ARCH 参数，则系统将会进行本地编译，通过获取本机信息来自动指定：

```
SUBARCH := $(shell uname -m | sed -e s/i.86/i386/ -e s/sun4u/sparc64/ \
                                  -e s/arm.*/arm/ -e s/sa110/arm/ \
                                  -e s/s390x/s390/ -e s/parisc64/parisc/ \
                                  -e s/ppc.*/powerpc/ -e s/mips.*/mips/ \
                                  -e s/sh[234].*/sh/ )
```

进行 ARM 嵌入式 Linux 开发时必须指定 ARCH 为 arm（注意，大小写须与 arch/目录下的 arm 一致），如：

```
$ make ARCH=arm
```

当然,也可以修改 Makefile,将“ARCH ?= $(SUBARCH)”修改为“ARCH=arm”,在命令行直接 make 即可。

(2) 编译器

如果不是进行本地编译,则须指定交叉编译器,通过 CROSS_COMPILE 来指定。Makefile 中与交叉编译器的指定如下:

```
CROSS_COMPILE    ?= $(CONFIG_CROSS_COMPILE:"%"=%)
......
AS              = $(CROSS_COMPILE)as
LD              = $(CROSS_COMPILE)ld
CC              = $(CROSS_COMPILE)gcc
CPP             = $(CC) -E
AR              = $(CROSS_COMPILE)ar
NM              = $(CROSS_COMPILE)nm
STRIP           = $(CROSS_COMPILE)strip
OBJCOPY         = $(CROSS_COMPILE)objcopy
OBJDUMP         = $(CROSS_COMPILE)objdump
```

CONFIG_CROSS_COMPILE 是一个配置选项,可在内核配置时指定。如果配置内核时没有指定 CONFIG_CROSS_COMPILE,也没有在编译参数指定 CROSS_COMPILE,则采用本地编译器进行编译。

进行 ARM 嵌入式 Linux 开发时,必须指定交叉编译器,可以在内核配置通过 CONFIG_CROSS_COMPILE 指定交叉编译器,也可以通过 CROSS_COMPILE 指定。假定使用的交叉编译器是 arm-linux-gnueabihf-gcc,则指定 CROSS_COMPILE 为 arm-linux-gnueabihf-:

```
$ make ARCH=arm CROSS_COMPILE=arm-linux-gnueabihf-
```

或者在 Makefile 中,直接指定 CROSS_COMPILE 的值:

```
CROSS_COMPILE=arm-linux-gnueabihf-
```

注意:CROSS_COMPILE 指定的交叉编译器必须事先安装并正确设置系统环境变量;如果没有设置环境变量,则需使用绝对地址,例如:

```
CROSS_COMPILE=/home/ctools/linux-devkit/bin/arm-linux-gnueabihf-
```

如果同时指定了 ARCH 和 CROSS_COMPILE,则编译时只须简单地 make 就可以了。

1.4.2 子目录的 Makefile

在内核源码的子目录中,几乎每个子目录都有相应的 Makefile 文件,管理着对应目录下的代码。对于该目录的文件或者子目录的编译控制,Makefile 中有两种表示方式,一种是默认选择编译,用 obj-y 表示,如:

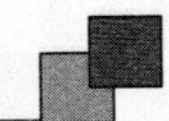

```
obj-y            += usb-host.o              # 默认编译 usb-hcst.c 文件
obj-y            += gpio/                   # 默认编译 gpio 目录
```

另一种表示与内核配置选项相关联，编译与否以及编译方式取决于内核配置，例如：

```
obj-$(CONFIG_WDT)      += wdt.o        # wdt.c 编译控制
obj-$(CONFIG_PCI)      += pci/         # pci 目录编译控制
```

是否编译 wdt.c 文件或者以何种方式编译，取决于内核配置后的变量 CONFIG_WDT 值：如果在配置中设置为[*]，则静态编译到内核；如果配置为[M]，则编译为 wdt.ko 模块，否则不编译。

说明：受控目标是一个目录，obj-y 并不直接决定受控目录的文件以及子目录的文件，仅仅是与受控目录 Makefile 交互，实际编译控制在受控子目录的 Makefile 中。例如，对于“obj-y+= gpio/”，最终 gpio 目录下哪些文件被编译完全取决于 gpio 目录下的 Makefile。“obj-$(CONFIG_PCI) += pci/”的含义同理。

1.5　Linux 内核中的 Kconfig 文件

本节不对内核的 Kconfig 文件进行深入展开，更多 Kconfig 语法和说明可阅读 Documentation/kbuild/kconfig-language.txt 和 Documentation/kbuild/kconfig.txt。

内核源码树每个目录下还都包含一个 Kconfig 文件，用于描述所在目录源代码相关的内核配置菜单，各个目录的 Kconfig 文件构成了一个分布式的内核配置数据库。通过 make menuconfig(make xconfig 或者 make gconfig)命令配置内核时，从 Kconfig 文件读取菜单，配置完毕再保存到文件名为.config 的内核配置文件中，供 Makefile 文件在编译内核时使用。

1.5.1　Kconfig 基本语法

程序清单 1.1 摘自<drivers/char/Kconfig>文件，是一个比较典型的 Kconfig 文件片段，包含了 Kconfig 的基本语法。

程序清单 1.1　drivers/char/Kconfig 片段

```
menu "Character devices"
source "drivers/tty/Kconfig"
config DEVKMEM
        bool "/dev/kmem virtual device support"
        default y
        help
          Say Y here if you want to support the /dev/kmem device. The
```

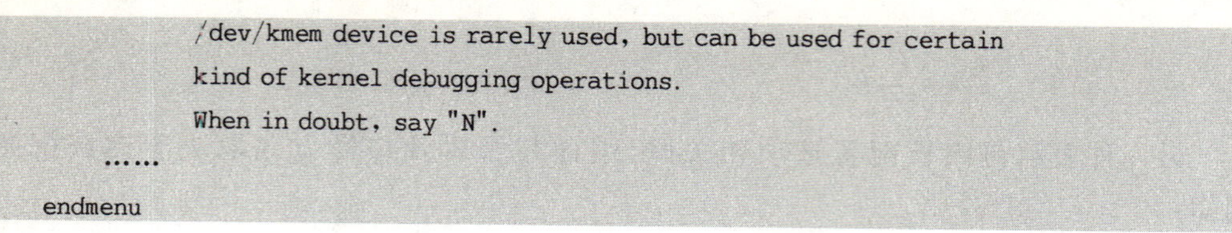

```
            /dev/kmem device is rarely used, but can be used for certain
            kind of kernel debugging operations.
            When in doubt, say "N".
      ……
endmenu
```

1. 子菜单

内核配置界面以及菜单下面往往还有下级菜单,通常称之为子菜单。Kconfig 文件中通过 menu 和 endmenu 来定义一个子菜单,如程序清单 1.1 定义了一个 Character devices 子菜单,子菜单在界面中用"--->"表示,如图 1.11 所示。

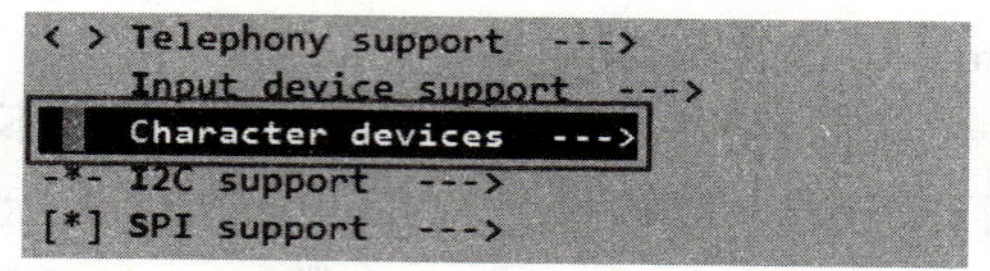

图 1.11 menu 定义的子菜单

子菜单的菜单项由 config 来定义,随后的 bool、default、help 等都是该菜单项的属性:

```
config DEVKMEM
      bool "/dev/kmem virtual device support"
```

这两行语句定义了一个 bool 选项,在.config 中的配置变量名称为 CONFIG_DEVKMEM,选项提示信息为"/dev/kmem virtual device support",在内核配置界面的实际表现为:

```
[ * ] /dev/kmem virtual device support
```

由于设置其默认属性 default 为 y,所以该选项默认选中。

help 引出帮助信息,在内核配置界面选择选项后,可以通过<Help>可以查看帮助信息。

2. 属　性

内核的配置通常都有一些基本属性,下面进行简要介绍。

(1) 类型定义

每个菜单项都必须定义类型,可选类型有 bool、tristate、string、hex 和 int,各类型描述如表 1.3 所列。

表 1.3 菜单项类型和说明

类　型	说　明	示　例
bool	布尔型,可能值为 0 或者 1,只有选中与不选中两种状态	config DEVKMEM bool "/dev/kmem virtual device support"
tristate	三态型,可能值为 0、1 或者 2,有选中、模块和不选 3 种状态	config IKCONFIG tristate "Kernel . config support"
string	字符串,用于填入字符串,如设置交叉编译器或者内核命令行参数等	config CMDLINE string "Default kernel command string"

续表 1.3

类 型	说 明	示 例
hex	十六进制，常用于填写地址信息	config PAGE_OFFSET hex default 0x40000000 if VMSPLIT_1G default 0x80000000 if VMSPLIT_2G default 0xC0000000
int	整型，用于填写数目，如 CPU 处理器个数、系统 Hz 数等	config NR_CPUS int "Maximum number of CPUs (2-32)" range 2 32 depends on SMP default "4"

定义选项的类型后面可以加菜单信息，用引号（“”）给出，留空则不加提示信息。

对于布尔型选项，在配置界面用[]表示：

```
[ * ] /dev/kmem virtual device support
```

其中，[*]表示选中，对应“CONFIG_XXX=y”；[ ]表示未选中。

对于三态选项，在配置界面用<>表示：

```
< * > Kernel .config support
```

其中，< * >表示选中，对应“CONFIG_XXXx=y”；<M>表示编译为模块，对应“CONFIG_XXX=m”，<>表示未选中。

子菜单也可同时设置类型，如下列代码在定义 PWM 菜单的同时定义了菜单属性为三态：

```
menuconfig GENERIC_PWM
        tristate "PWM Support"
        default n
        help
          Enables PWM device support implemented via a generic
          framework.   If unsure, say N.
```

在配置界面表现为：

```
<> PWM Support   --->
```

说明：子菜单的配置值会影响其子选项的可能值。例如，三态子菜单配置为<y>，则其三态子选项依旧可有 3 种可能值，即可配置为<y>、<M>或者不选中；而三态子菜单配置为<M>，则其子选项只有<M>和不选中两种状态可用。

(2) 默认值

有写选项可以设置默认值，无论是哪种类型，都可以通过 default 设置其默认值，例如：

```
config ARM
        bool
        default y
        select HAVE_AOUT
```

(3) 选　中

前面这个示例的 select 表示了一种选中关系，即选中某个选项后会自动选中某个或者某些选项。前面这个示例表明，选中 ARM 后会自动选中 HAVE_AOUT。

(4) 依赖关系

如果一个选项能否生效与其他选项的设置有关，则必须通过 depends on 来声明这种依赖关系。例如，只有使能了 SMP 才能设置 CPU 个数变量 NR_CPUS，在 Kconfig 中则写成：

```
config NR_CPUS
    int "Maximum number of CPUs (2 - 32)"
    range 2 32
    depends on SMP
    default "4"
```

(5) 帮　助

通过 help 关键字引入帮助，帮助的正文必须另起一行。

菜单选项属性的每个关键字必须用 TAB 键与行首隔开，不能用等数的空格替代。

3. 目录层次迭代

通过 source 可以直接引用下级目录的 Kconfig 文件，形成新的菜单项或者子菜单，从而方便每个目录独立管理各自的配置内容。“source "drivers/tty/Kconfig"”就是直接引用<drivers/tty/Kconfig>文件，从而形成更多菜单(项)。

1.5.2　配置项和配置开关

通过 config 定义的菜单配置项，在内核配置后会产生一个以“CONFIG_”开头的配置开关变量，该开关变量可在 Makefile 或者源代码中使用。

例如，“config BAR”会产生一个开关变量 CONFIG_BAR，在 Makefile 中可以这么使用：

```
obj-$(CONFIG_BAR)        += file_bar.o
```

在源代码中可用这个开关变量来进行一些条件处理，例如：

```
#if defined(CONFIG_BAR)
    实际处理代码
#endif
```

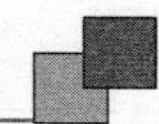

如果定义的 BAR 是三态变量，则还可以根据需要这样使用：

```
#if defined (CONFIG_BAR)|| defined (CONFIG_BAR_MODULE)
        实际处理代码
    #endif
```

1.6　配置和编译 Linux 内核

对内核进行正确配置后才能进行编译。配置不当的内核很有可能编译出错，或者不能正确运行。

1.6.1　快速配置内核

进入 Linux 内核源码树顶层目录，输入 make menuconfig 命令，则可进入如图 1.12 所示的界面（注意，主机须安装 ncurses 相关库才能正确运行该命令，并出现配置界面）。如果没有在 Makefile 中指定 ARCH，则须在命令行中指定：

```
$ make ARCH=arm menuconfig
```

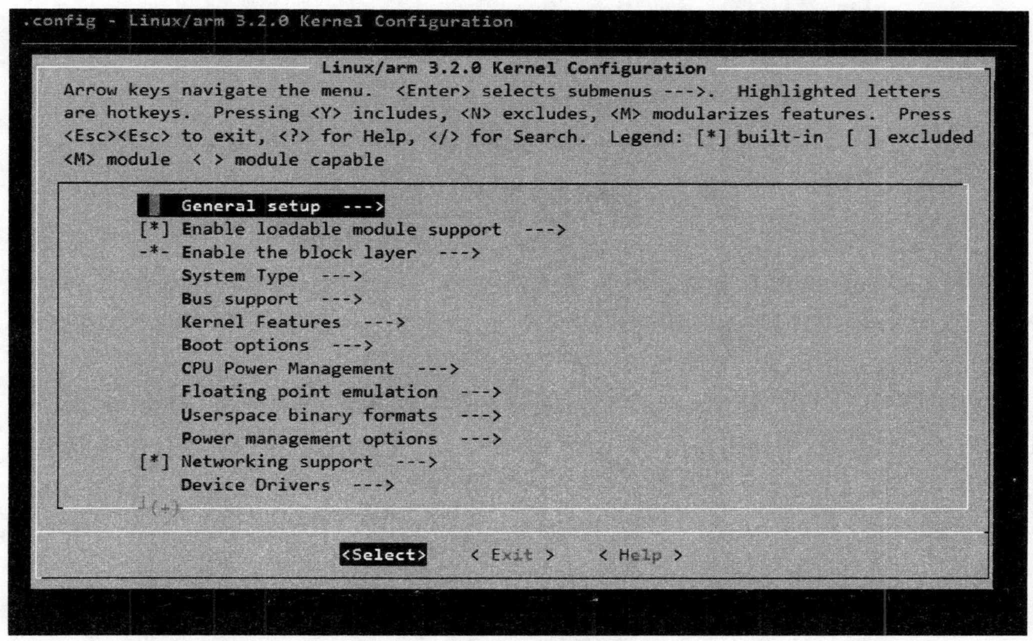

图 1.12　基于 Ncurses 的 Linux 内核配置主界面

基于 Ncurses 的 Linux 内核配置界面不支持鼠标操作，必须用键盘操作，基本操作方法如下：

➢ 通过键盘的方向键移动光标，选中的子菜单或者菜单项高亮；

- 按 TAB 键实现光标在菜单区和功能区切换;
- 子菜单或者选项高亮,将光标移到功能区选中＜Select＞回车:
  - 如果是子菜单,按回车进入子菜单;
  - 如果是菜单选项,按空格可以改变选项的值:
    - 对于 bool 型选项,[*]表示选中,[ ]表示未选中;
    - 对于 tristate 型选项,＜ * ＞表示静态编译,＜M＞表示编译为模块,＜＞表示未选中;
  - 对于 int、hex 和 string 类型选项,按回车进入编辑菜单。
- 连按两次 ESC 或者选中＜Exit＞回车,将退回到上一级菜单;
- 按斜线(/)可启用搜索功能,填入关键字后可搜索全部菜单内容。

配置完毕,将光标移动到配置界面末尾,选中 Save an Alternate Configuration File 后回车,保存当前内核配置,默认配置文件名为.config,如图 1.13 所示。

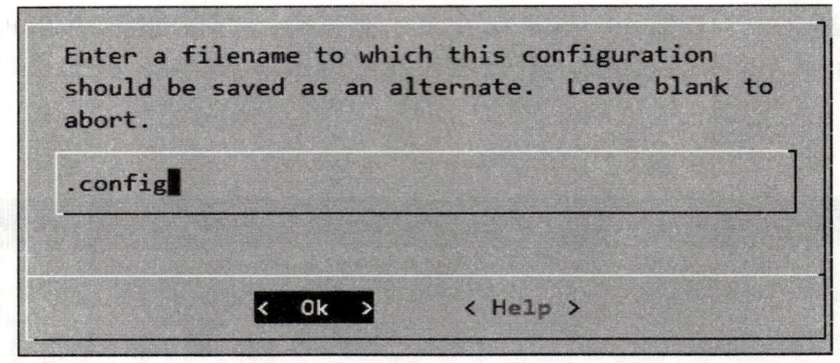

图 1.13　保存内核配置为.config 文件

保存完毕,选择＜ESC＞退出内核配置界面,回到终端命令行。

当然,也可以将配置文件命名为其他文件名,如 config-bak 等,但该配置不会被 Makefile 文件使用,Makefile 默认使用文件名为.config 的配置文件。所以,重新命名配置文件通常在保留或者备份内核配置信息时使用。

也可以不用 Save an Alternate Configuration File 操作,连按 ESC 或选择＜Exit＞退出内核配置界面,则弹出如图 1.14 所示界面,选择＜Yes＞后回车,内核配置将会被保存为.config 文件。

图 1.14　保存内核配置提示信息

备份内核配置,在命令行下将.config 文件复制为其他文件名这样更简单快捷:

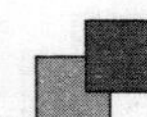

```
$ cp .config config-bak
```

装载某个配置文件，可在配置界面选中 Load an Alternate Configuration File，然后输入已存在的配置文件名称。也可在命令行下将配置文件复制为.config：

```
$ cp config-bak .config
```

在<arch/arm/configs/>目录下有很多 * _defconfig 文件，这些都是内核的预设配置文件，分别对应各种不同的参考板。如果要使用其中的配置文件作为内核编译配置，则可用“make xxx_defconfig”命令来完成。对于已经设定好的内核配置，也可以命名为某个文件名，放到<arch/arm/configs/>目录下，以后直接用 make 来调用该配置即可。例如，将当前配置命名为 m3352_defconfig 并放到<arch/arm/configs/>目录下，后续只须执行下列命令即可使用当前配置：

```
$ make m3352_defconfig
或者
$ make ARCH=arm CROSS_COMPILE=arm-linux-gnueabihf- m3352_defconfig
```

1.6.2 内核配置详情

Linux 内核配置菜单比较复杂，下面介绍一些比较重要的配置界面，更多的详细配置建议实际操作获得。另外，由于 Linux 内核版本差异，实际看到的内核配置界面可能与本小节的介绍有所差异。

图 1.12 所示的内核配置主界面实际包含了如表 1.4 所列的各项一级菜单。

表 1.4 内核配置界面一级菜单

菜单项	说 明
General setup --->	内核通用配置选项，包括交叉编译器前缀、本地版本、内核压缩模式、config.gz 支持、内核 log 缓冲区大小、initramfs 以及更多的内核运行特性支持等
[] Enable loadable module support --->	内核模块加载支持，通常都需要
[ ] Enable the block layer --->	使能块设备。如果未选中使能，块设备将不能使用，SCSI 类字符设备和 USB 大容量类设备也将不能使用
System Type --->	系统类型，设置 ARM 处理器型号、处理器的特性以及默认的评估板主板
Bus support --->	PCMCIA/CardBUS 总线支持，目前已经很少使用
Kernel Features --->	内核特性，包括内核空间分配、实时性配置等特性配置
Boot options --->	内核启动选项，如果采用内置启动参数，则在这里设置
CPU Power Management --->	CPU 电源管理，包括处理器频率降频、休眠模式支持等
Floating point emulation --->	浮点模拟
Userspace binary formats --->	用户空间二进制支持

续表 1.4

菜单项	说　明
Power management options --->	电源管理选项
[] Networking support --->	网络协议支持,包括网络选项、CAN-Bus、红外、无线、NFC 等。其中的网络选项还有更多配置项,如 IPv4、IPv6 等
Device Drivers --->	设备驱动,包含多级下级菜单,包括驱动通用选项、MTD 设备、字符设备、网络设备、输入设备、I²C 总线、SPI 总线、USB 总线、GPIO、声卡、显卡等各种外设配置菜单
File systems --->	文件系统,包含 Ext2、Ext3、Ext4、JFFS、NFS、DOS 等各种文件系统以及本地语言支持等
Kernel hacking --->	内核 Hacking,在内核调试阶段可酌情使能其中的选项,以获得需要的调试信息
Security options --->	安全选项
<> Cryptographic API --->	加密接口,内核提供的一些加密算法,如 CRC32、MD5、SHA1、SHA224 等
OCF Configuration --->	开放的加密框架
Library routines --->	库例程
Load an Alternate Configuration File	装载一个配置文件
Save an Alternate Configuration File	保存为一个配置文件

一级菜单下的每项几乎都有复杂的下级子菜单,各自的配置选项也很丰富,每项的意义也各不相同,如果逐一进行描述,将会是一件非常繁琐的事。而实际产品开发中并不需要完全了解内核的每一个配置项,通常只需要了解其中一些相关项即可,下面分别介绍。

1. 通用设置

进入 General setup 是内核通用设置菜单界面,菜单选项众多,通常可以关注表 1.5 所列选项。

表 1.5　通用设置常见选项

选　项	说　明
() Cross-compiler tool prefix	交叉编译器前缀,将会设置 CONFIG_CROSS_COMPILE 变量,等同于"make CROSS_COMPILE=prefix-"
() Local version-append to kernel release	填写本地版本
[] Automatically append version information to the version string	自动增加版本信息。如果用了 Git 管理内核源码,则每次 Git 提交都会造成内核版本号增加。谨慎使用该选项

续表 1.5

选 项	说 明
<> Kernel .config support	选中该选项会将当前内核配置信息保存到内核中
[] Enable access to .config through /proc/config.gz	通过/proc/config.gz获得当前运行内核的配置信息，建议选中
[] Initial RAM filesystem and RAM disk (initramfs/initrd) support	Initramfs支持，使能该特性可以将一个文件系统打包到内核文件中，内核启动不需要额外的文件系统
() Initramfs source file(s)	Initramfs文件系统的路径，通常放在源码树usr目录下

2. 内核特性

Kernel Features是内核特性配置菜单，常用选项介绍如表1.6所列。

表1.6 内核特性常用选项说明

选 项	说 明
[] Tickless System (Dynamic Ticks)	无时钟系统支持，根据系统运行状况来启用或者禁用时钟能让内核运行更有效且更省电。对于A8这样的处理器建议选中
[] High Resolution Timer Support	高精度定时器。处理器支持则可选中
Memory split (3G/1G user/kernel split) --->	4G内存分割比例，内核和用户空间：3G/1G、2G/2G、1G/2G早期内核是3G/1G固定分割，目前可配置
Preemption Model (No Forced Preemption (Server)) --->	内核抢占模式，可选值： No Forced Preemption (Server) Voluntary Kernel Preemption (Desktop) Preemptible Kernel (Low-Latency Desktop) 需要实时性则须设置为Preemptible Kernel
[ ] Compile the kernel in Thumb-2 mode (EXPERIMENTAL)	以Thumb-2指令集编译内核，不推荐
[ ] High Memory Support	高端内存，嵌入式系统通常不用选

3. 启动选项

启动选项一般只关心内核启动参数设置即可，可设置为默认启动参数和内核参数类型。

默认启动参数通过Default kernel command string设置，例如：

```
(root=/dev/mmcblk0p2 rootwait console=ttyO0,115200) Default kernel command string
```

内核参数类型通过Kernel command line type来设置，可选值：

```
() Use bootloader kernel arguments if available
() Extend bootloader kernel arguments
() Always use the default kernel command string
```

如果设置为 Always use the default kernel command string,则只能使用默认内核启动参数,通常会设置为 Use bootloader kernel arguments if available,可接收 Bootloader 传递的参数启动。

4. 网络支持

网络支持部分包括了以太网、CAN、红外、蓝牙、无线等各种网络的支持配置选项。

网络选项配置:从 Networking support→Networking options 可进入网络选项配置界面,网络的配置很复杂,常用的一些配置选项和说明如表 1.7 所列。

表 1.7 网络选项常用配置说明

选 项	说 明
<> Packet socket	选中支持应用直接与网卡通信,而不需要在内核中实现网络协议,建议选中
<> Unix domain sockets	UNIX domain Socket 支持,建议选中。如果采用 udev/mdev 动态管理设备,则必须选中
<> PF_KEY sockets	PF_KEY 协议族,内核安全相关,建议选中
[ ] TCP/IP networking	TCP/IP 支持,使用网络通常需选中,还有更多的下级菜单,如 IPv4、IPv6 等设置
[ ] Network packet filtering framework (Netfilter) --->	对网络数据包进行过滤,如果需要防火墙功能,则必须选中 有下级菜单,根据实际需要配置
<> 802.1d Ethernet Bridging	802.1d 以太网桥
<> 802.1Q VLAN Support	802.1Q 虚拟局域网
[] QoS and/or fair queueing --->	Qos 支持,该选项可支持多种不同的包调度算法,否则仅能使用简单的 FIFO 算法

通常来说,使用 Linux 的系统都会用到网络,而使用网络又往往离不开 TCP/TP,故建议在配置中选中 TCP/IP 选项,并选中下级全部选项。配置后的 TCP/IP 选项如程序清单 1.2 所示。

程序清单 1.2 TCP/IP 配置

```
[*] TCP/IP networking
[*]   IP: multicasting
[*]   IP: advanced router
[*]     FIB TRIE statistics
[*]     IP: policy routing
[*]     IP: equal cost multipath
[*]     IP: verbose route monitoring
[*]   IP: kernel level autoconfiguration
```

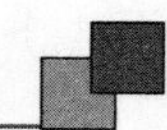

```
[*]      IP: DHCP support
[*]      IP: BOOTP support
[*]      IP: RARP support
<*>      IP: tunneling
<*>      IP: GRE demultiplexer
<*>        IP: GRE tunnels over IP
[*]        IP: broadcast GRE over IP
[*]    IP: multicast routing
[*]      IP: multicast policy routing
[*]      IP: PIM-SM version 1 support
[*]      IP: PIM-SM version 2 support
[*]    IP: ARP daemon support
[*]    IP: TCP syncookie support
<*>      IP: AH transformation
<*>      IP: ESP transformation
<*>      IP: IPComp transformation
<*>      IP: IPsec transport mode
<*>      IP: IPsec tunnel mode
<*>      IP: IPsec BEET mode
<*>      Large Receive Offload (ipv4/tcp)
<*>      INET: socket monitoring interface
[*]    TCP: advanced congestion control   --->
[*]    TCP: MD5 Signature Option support (RFC2385) (EXPERIMENTAL)
<M>     The IPv6 protocol   --->
```

这些配置中，三态选项也可以配置为<M>，在需要的时候再插入模块。

对于 IPv6，现在已经有不少应用需求，建议配置为<M>，并选中配置菜单中的全部选项，在需要的时候再插入模块。

特别说明一下 CAN 的配置选项。CAN-Bus 相关协议支持以及 CAN 设备驱动配置项都在这里，并没有将 CAN 设备驱动放在 drivers 配置菜单中。CAN-Bus 子系统配置界面如图 1.15 所示。其中，CAN Device Drivers 子菜单下可选择具体的 CAN 设备，如图 1.16 所示。具体选择哪个 CAN 设备驱动，与具体的硬件平台相关。

5. 设备驱动

Linux 内核支持众多外设，设备驱动程序很多，配置界面也很复杂，有众多配置项，如表 1.8 所列。

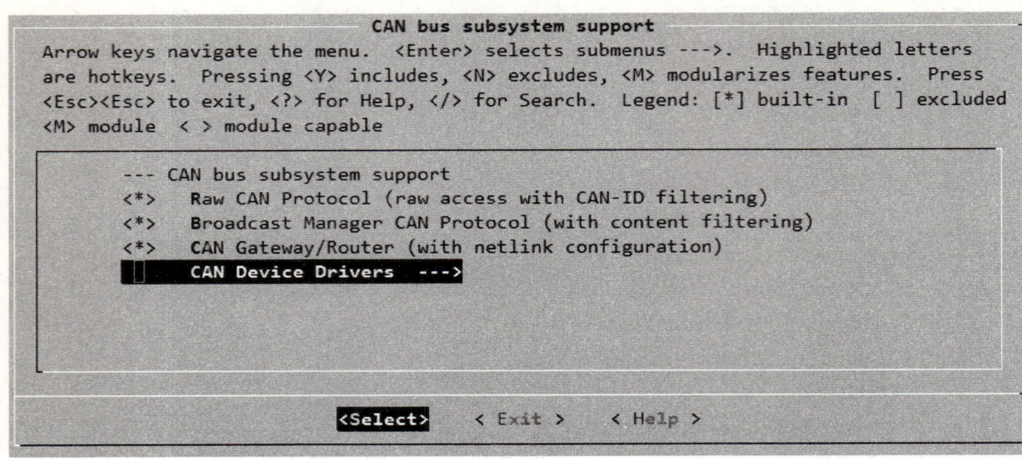

图 1.15 CAN－Bus 子系统配置界面

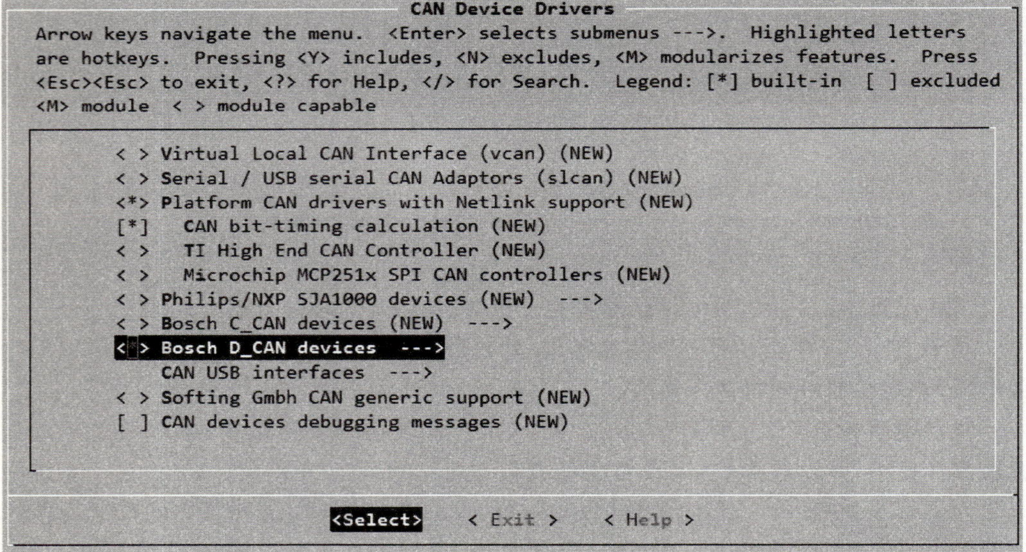

图 1.16 CAN 设备驱动配置界面

表 1.8 设备驱动配置项

选　项	说　明
Generic Driver Options --->	通用设备驱动选项
CBUS support --->	CBUS 支持，不清楚则不要选
<> Connector-unified userspace <-> kernelspace linker --->	统一的用户空间〈——〉内核空间连接器，工作在 Netlink socket 协议顶层，不确定则不选

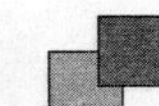

续表 1.8

选 项	说 明
<> Memory Technology Device (MTD) support --->	内存技术设备,如 Flash、RAM 等支持,通常需要选中
Device Tree and Open Firmware support --->	/proc 设备树支持,可选中
<> Parallel port support --->	并口支持,嵌入式系统通常不选
[ ] Block devices --->	块设备,选中,否则不能操作任何块设备
[ ] Misc devices --->	杂项设备,通常选中,如需用 eeprom 设备,则必选
SCSI device support --->	SCSI 设备支持,如要用 U 盘,则必选
<> Serial ATA and Parallel ATA drivers --->	SATA 和 PATA 设备支持,除非硬件支持,否则不选
[ ] Multiple devices driver support (RAID and LVM) --->	多设备支持(RAID&LVM),嵌入式通常不选
<> Generic Target Core Mod (TCM) and ConfigFS Infrastructure --->	TCM 存储引擎和 ConfigFS 控制
[ ] Network device support --->	网络设备支持,包括网卡、PHY 驱动、ppp 协议等选择
[ ] ISDN support --->	ISDN 支持
<> Telephony support --->	电话支持。在 Linux 下使用 Modem 拨号,无须使能该选项
Input device support --->	输入设备支持,包括键盘、鼠标、触摸屏、游戏杆等
Character devices --->	字符设备,包括 tty 等设备。特别注意,串口驱动配置也在这里面
<> I2C support --->	I^2C 支持。I^2C 协议和控制器配置
[ ] SPI support --->	SPI 支持。SPI 协议和 SPI 控制器
PPS support --->	PPS 支持
PTP clock support --->	PTP 时钟支持
[ ] GPIO Support --->	GPIO 支持
<> PWM Support --->	PWM 支持
<> Dallas's 1-wire support --->	Dallas 单总线支持
<> Power supply class support --->	电源管理类支持
<> Hardware Monitoring support --->	硬件监测支持,各种传感器
<> Generic Thermal sysfs driver --->	Thermal sysfs 接口支持
[] Watchdog Timer Support --->	看门狗支持,包括硬件看门狗和软件看门狗
Sonics Silicon Backplane --->	SSB 总线支持
Broadcom specific AMBA --->	博通 AMBA 总线支持
Multifunction device drivers --->	多功能设备驱动支持

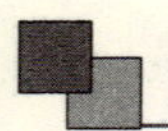

续表 1.8

选　项	说　明
[ ] Voltage and Current Regulator Support --->	电压和电流调节支持。如果有电源管理芯片，通常需要选中
<> Multimedia support --->	多媒体支持。V4L2 在这里面配置
Graphics support --->	图形支持。Framebuffer、背光、LCD、开机 LOGO 等配置
<> Sound card support --->	声卡支持
[ ] HID Devices --->	HID 设备，使用 USB 鼠标键盘等 HID 设备必须选中该选项
[] USB support --->	USB 支持
<> MMC/SD/SDIO card support --->	SD/MMC 设备支持
<> Sony MemoryStick card support (EXPERIMENTAL) --->	Sony 记忆棒支持
[] LED Support --->	LED 子系统和驱动
[ ] Accessibility support --->	易用性支持，嵌入式通常不选
[*] Real Time Clock --->	实时时钟，包括处理器内部时钟和外扩时钟选择
[ ] DMA Engine support --->	引擎支持
[ ] Auxiliary Display support --->	辅助显示支持
<> Userspace I/O drivers --->	用户空间 I/O 驱动(uio 支持)
Virtio drivers --->	Virtio 驱动
[*] Staging drivers --->	分阶段驱动
Hardware Spinlock drivers --->	硬件 Spinlock 驱动
[ ] IOMMU Hardware Support --->	IOMMU 硬件支持，根据具体硬件选择
[ ] Virtualization drivers --->	虚拟化驱动
[ ] Generic Dynamic Voltage and Frequency Scaling (DVFS) support --->	通用的动态电压和频率调节

6. 文件系统

进入 File systems 后是内核文件系统配置界面，可以看到很多文件系系统配置选项，如图 1.17 所示。

一个完整的嵌入式 LInux 系统往往会支持多种文件系统，但绝非 File systems 菜单下的全部。这里仅对当前主流系统比较常用的一些文件系统配置项进行介绍，如表 1.9所列。

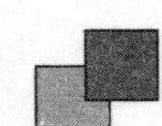

```
                          File systems
 Arrow keys navigate the menu.  <Enter> selects submenus --->.  Highlighted letters
 are hotkeys.  Pressing <Y> includes, <N> excludes, <M> modularizes features.  Press
 <Esc><Esc> to exit, <?> for Help, </> for Search.  Legend: [*] built-in  [ ] excluded
 <M> module  < > module capable

        < > Second extended fs support
        < > Ext3 journalling file system support
        < > The Extended 4 (ext4) filesystem
        < > Reiserfs support
        < > JFS filesystem support
        < > XFS filesystem support
        < > GFS2 file system support
        < > Btrfs filesystem (EXPERIMENTAL) Unstable disk format
        < > NILFS2 file system support (EXPERIMENTAL)
        [ ] Dnotify support
        [ ] Inotify support for userspace
        [ ] Filesystem wide access notification
        [ ] Quota support
        ↓(+)

                  <Select>    < Exit >    < Help >
```

图 1.17 文件系统配置界面

表 1.9 文件系统配置常用选项和说明

选　项	说　明
<> Second extended fs support	Ext2 文件系统支持，建议选中或模块编译
<> Ext3 journalling file system support	Ext3 文件系统支持，建议选中或模块编译
<> The Extended 4 (ext4) filesystem	Ext4 文件系统支持，建议选中或模块编译
<> Reiserfs support	Reiserfs 是一种先进的文件系统，不过嵌入式中不常用
<> JFS filesystem support	IBM 开发的日志文件系统，嵌入式中不常用
<> XFS filesystem support	XFS 文件系统支持
<> GFS2 file system support	GFS2 文件系统支持
<> Btrfs filesystem (EXPERIMENTAL) Unstable disk format	BtrFS 文件系统支持。BtrFS 是一种新型文件系统，被称为下一代 Linux 文件系统
<> NILFS2 file system support (EXPERIMENTAL)	NiLFS2 文件系统支持
[ ] Dnotify support	文件系统通知系统，建议选中
[ ] Inotify support for userspace	用户空间 Inotify 支持，建议选中
[ ] Filesystem wide access notification	Fanotify 支持，能比 Inotify 传递更多信息
[ ] Quota support	磁盘配额支持。选中后可限制某个用户或者某组用户的磁盘占用空间。嵌入式中不常用

续表 1.9

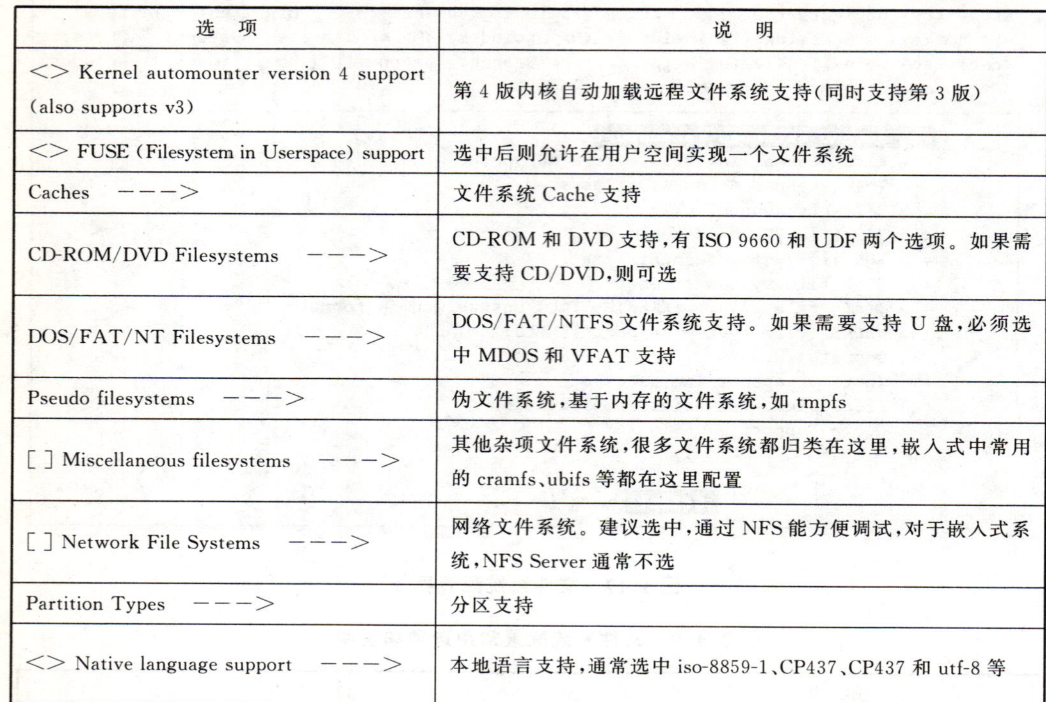

选 项	说 明
<> Kernel automounter version 4 support (also supports v3)	第 4 版内核自动加载远程文件系统支持(同时支持第 3 版)
<> FUSE (Filesystem in Userspace) support	选中后则允许在用户空间实现一个文件系统
Caches --->	文件系统 Cache 支持
CD-ROM/DVD Filesystems --->	CD-ROM 和 DVD 支持,有 ISO 9660 和 UDF 两个选项。如果需要支持 CD/DVD,则可选
DOS/FAT/NT Filesystems --->	DOS/FAT/NTFS 文件系统支持。如果需要支持 U 盘,必须选中 MDOS 和 VFAT 支持
Pseudo filesystems --->	伪文件系统,基于内存的文件系统,如 tmpfs
[ ] Miscellaneous filesystems --->	其他杂项文件系统,很多文件系统都归类在这里,嵌入式中常用的 cramfs、ubifs 等都在这里配置
[ ] Network File Systems --->	网络文件系统。建议选中,通过 NFS 能方便调试,对于嵌入式系统,NFS Server 通常不选
Partition Types --->	分区支持
<> Native language support --->	本地语言支持,通常选中 iso-8859-1、CP437、CP437 和 utf-8 等

1.6.3 编译内核

内核配置完成后,输入 make 命令即可开始编译内核。如果没有修改 Makefile 文件并指定 ARCH 和 CROSS_COMPILE 参数,则须在命令行中指定:

```
$ make ARCH=arm CROSS_COMPILE=arm-none-linux-gnueabi-
```

目前大多数主机都是多核处理器,为了加快编译进度,可以开启多线程编译,即在 make 的时候加上"-jN"即可,N 的值为处理器核心数目的 2 倍。例如对于 I7 4 核处理器,可将 N 设置为 8:

```
$ make ARCH=arm CROSS_COMPILE=arm-none-linux-gnueabi- -j8
```

采用多线程编译的优点是能加快编译进度;缺点是如果内核中有错误,某个编译线程遇到错误终止了编译,而其他编译线程却还在继续,则出错线程的错误提示通常会被其他编译线程的输出信息淹没,不利于排查。对于这种情况,建议改为单线程编译,直到错误排除。

如果编译不出错,编译完成后会生成 vmlinux、Image、zImage 等文件,各文件说明如表 1.10 所列。

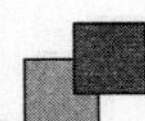

表1.10 内核编译生成文件说明

文 件	说 明	备 注
vmlinux	未经压缩、带调试信息和符号表的内核文件，elf格式	顶层目录下
arch/arm/boot/compressed/vmlinux	经过压缩的Image，并加入了解压头的elf格式文件	
arch/arm/boot/Image	将vmlinux去除调试信息、注释和符号表等，只包含内核代码和数据后得到的非elf格式文件	
arch/arm/boot/zImage	经过objcopy处理，能直接下载到内存中执行的内核映像文件	

1. zImage

zImage是通常情况下默认的压缩内核，可以直接加载到内存地址并开始执行。它从＜arch/arm/boot/compressed/vmlinux＞文件经过objcopy处理得到。在ARM Linux下最终生成zImage的各个参数记录在＜arch/arm/boot/.zImage.cmd＞文件中。AM3352内核生成zImage的实际参数为：

```
cmd_arch/arm/boot/zImage := /home/ctools/i686-arago-linux/usr/bin/arm-linux-gnueabihf-objcopy -O binary
-R .comment -S  arch/arm/boot/compressed/vmlinux arch/arm/boot/zImage
```

说明1：路径信息与实际具体编译环境有关。

说明2：如果在64位ubuntu下编译Linux内核，则在编译过程中很有可能出现“arm-fsl-linux-gnueabi/bin/as: error while loading shared libraries: libz.so.1: cannot open shared object file: No such file or directory”这样的错误，这是因为没有正确安装libz库，可使用“sudo apt-get install zlib1g:i386”命令解决。

2. uImage

ARM Linux系统大多数采用U-Boot引导，很少直接使用zImage映像，实际上更多的是uImage。uImage是U-Boot默认采用的内核映像文件，它是在zImage内核映像之前加上了一个长度为64字节信息头的映像。这64字节信息头包括映像文件的类型、加载位置、生成时间、大小等信息(可参考U-Boot源码include/image.h文件的image_header_t数据结构定义)。进入＜arch/arm/boot/＞目录，用ls命令查看，uImage文件大小比zImage大64字节：

```
$ cd arch/arm/boot
$ ls -la Image zImage uImage
-rwxrwxr-x 1 chenxibing chenxibing 6460852 Jul 25 09:24 Image
-rw-rw-r-- 1 chenxibing chenxibing 3135544 Jul 25 09:24 uImage
-rwxrwxr-x 1 chenxibing chenxibing 3135480 Jul 25 09:24 zImage
```

在U-Boot下，通过bootm命令可以引导uImage映像文件启动。

3. mkimage 工具

从 zImage 生成 uImage 需要用到 mkimage 工具。该工具可在编译 U-Boot 源码后从 tools 目录下获得,复制到系统/usr/bin 目录即可;对于 Ubuntu 系统,还可用 sudo apt-get install u-boot-tools 命令安装得到。进入 mkimage 文件所在目录执行该文件,或者在安装 mkimage 工具后,直接在终端输入 mkimage 命令,则可以得到 mkimage 工具的用法:

```
$ ./mkimage或者 mkimage
Usage: ./mkimage -l image
     -l ==> list image header information
     ./mkimage [-x] -A arch -O os -T type -C comp -a addr -e ep -n name -d data_file[:data_
file...] image
     -A ==> set architecture to 'arch'
     -O ==> set operating system to 'os'
     -T ==> set image type to 'type'
     -C ==> set compression type 'comp'
     -a ==> set load address to 'addr' (hex)
     -e ==> set entry point to 'ep' (hex)
     -n ==> set image name to 'name'
     -d ==> use image data from 'datafile'
     -x ==> set XIP (execute in place)
     ./mkimage [-D dtc_options] -f fit-image.its fit-image
     ./mkimage -V ==> print version information and exit
```

使用 mkimage 工具根据 zImage 制作 uImage 映像文件的命令如下:

```
$ mkimage [-x] -A arch -O os -T type -C comp -a addr -e ep -n name -d data_file
[:data_file...] image
```

命令参数中需要指定体系结构、操作系统类型、压缩方式和入口地址等信息,各参数说明如表 1.11 所列。

表 1.11 mkimage 参数说明

参　数	说　明
-A arch	指定处理器的体系结构为 arch,可能值有 alpha、arm、x86、ia64、mips、mips64、ppc、s390、sh、sparc、sparc64、m68k 等
-O os	指定操作系统类型为 os,可用值有 openbsd、netbsd、freebsd、4_4bsd、linux、svr4、esix、solaris、irix、sco、dell、ncr、lynxos、vxworks、psos、qnx、u-boot、rtems、artos 等
-T type	指定映像类型为 type,可能值有 standalone、kernel、ramdisk、multi、firmware、script、filesystem 等

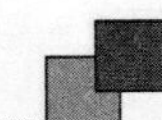

续表 1.11

参　数	说　明
-C comp	指定映像压缩方式为 comp，可能值有： none　不压缩（推荐，zImage 已经过 bzip2 压缩，通常无须再压缩） gzip　用 gzip 的压缩方式 bzip2　用 bzip2 的压缩方式
-a addr	指定映像在内存中的加载地址为 addr(16 进制)。制作好的映像下载到内存时，须按照该参数所指定的地址值来下载。U-Boot 的 bootm xxx 命令会判断 xxx 是否与 addr 相同： ①如果不同，则从 xxx 地址开始提取出这个 64 字节的头部，对其进行分析，然后把去掉头部的内核复制到 addr 地址中运行。 ②如果相同，则不做处理，仅将-e 指定的入口地址推后 64 字节，即跳过这 64 字节的头部信息
-e ep	指定映像运行的入口地址为 ep(16 进制)。ep 的值为 addr+0x40，也可设置为和 addr 相同
-n name	指定映像文件名为 name
-d data_file	指定制作映像的源文件，通常是 zImage
image	输出的 uImage 映像文件名称通常设置为 uImage

EPC-28x 处理器内存起始地址为 0x40000000，从 zImage 生成 uImage 映像文件的命令实际操作范例如下：

```
$ mkimage -A arm -O linux -T kernel -C none -a 0x40008000 -e 0x40008000 -n "Linux-2.6.35" -d arch/arm/boot/zImage arch/arm/boot/uImage
```

说明：内存地址与处理器相关，在不同处理器上可能有差异。

mkimage 除了可以制作 uImage 映像文件之外，还可以查看一个 uImage 映像文件的文件头信息，用法：

```
$ mkimage -l uImage_file
```

例如，用 mkimage 工具查看 EPC-28x 工控主板的 uImage 内核映像，可以得到如下信息：

```
$ mkimage -l uImage
Image Name:    Linux - 2.6.35.3 - 571 - gcca29a0 - g191
Created:        Tue Nov 17 11:57:47 2015
Image Type:    ARM Linux Kernel Image (uncompressed)
Data Size:     2572336 Bytes = 2512.05 kB = 2.45 MB
Load Address: 40008000
Entry Point:   40008000
```

如果只有 zImage 内核映像文件，需要转换成 uImage 映像文件，则只能通过上述命令来实现。但是如果有内核源码，那生成 uImage 的方法就简单很多。实际上，Linux

内核已经支持直接生成 uImage 格式映像文件，在<arch/arm/boot/Makefile>文件中给出了 uImage 的生成规则：

```
quiet_cmd_uimage = UIMAGE    $@
      cmd_uimage = $(CONFIG_SHELL) $(MKIMAGE) -A arm -O linux -T kernel \
                   -C none -a $(LOADADDR) -e $(STARTADDR) \
                   -n 'Linux-$(KERNELRELEASE)' -d $< $@
```

生成 uImage 的编译命令为 make uImage：

```
$ make ARCH=arm CROSS_COMPILE=arm-none-linux-gnueabi- -j8 uImage
```

ARM Linux 下最终生成 uImage 的各个参数记录在<arch/arm/boot/. uImage. cmd>文件中。对于在 EPC-28x 的 Linux 内核，实际参数为：

```
cmd_arch/arm/boot/uImage := /bin/bash/home/vmuser/prj/m28x/kernel/linux-2.6.35.3/scripts/
mkuboot.sh -A arm
-O linux -T kernel -C none -a 0x40008000 -e 0x40008000 -n 'Linux-2.6.35.3-571-gcca29a0-
g1914ba0' -d
arch/arm/boot/zImage arch/arm/boot/uImage
```

说明：路径信息与实际具体编译环境有关。

4. 编译内核模块

如果内核中有配置为<M>的模块或者驱动，则需要在编译内核后再通过 make modules 命令编译这些模块或者驱动：

```
$ make ARCH=arm CROSS_COMPILE=arm-none-linux-gnueabi-modules
```

编译得到的内核模块文件以“. ko”结尾，这些可以通过 insmod 命令插入到运行的内核中。

有的模块编译得到单一的“. ko”文件，且不依赖于其他模块，这样的模块可以直接用 insmod 命令插入系统而不会出现错误。

有的模块编译后则可能得到多个“. ko”文件，或者依赖于其他模块文件，且各文件插入还有顺序要求，这就是常说的模块依赖。对于这样的情况，用 insmod 命令手工尝试得到依赖关系，然后按顺序插入也是可以的，但不推荐这样做，毕竟很麻烦。

建议编译模块后，再通过 make modules_install 命令安装模块，可将编译得到的全部模块安装到某一目录下，并且还会生成模块的依赖关系文件。默认情况下会将内核模块安装到编译机器的“/”目录下，这一方面需要 root 权限，另一方面容易与主机文件混淆。建议通过 INSTALL_MOD_PATH 参数指定模块安装路径：

```
$ make ARCH=arm CROSS_COMPILE=arm-none-linux-gnueabi-
INSTALL_MOD_PATH=/home/chenxibing/work/rootfs  modules_install
```

安装后将在安装目录下生成“lib/work/rootfs modules_install modules/内核版本/”目录，该目录下通常有下列文件和目录：

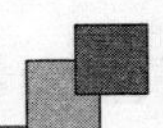

```
build         modules.alias        modules.builtin        modules.dep        modules.devname
modules.softdep      modules.symbols.bin      kernel/      modules.alias.bin
modules.builtin.bin      modules.dep.bin      modules.order      modules.symbols      source
```

所有的内核模块都在 kernel 目录下，modules.dep 是全部模块的依赖关系文件。将"lib/modules/内核版本/"复制到目标系统后根目录后，就可以用 modprobe 命令进行模块安装，而不用手工逐一加载各个模块。该文件内容多少与内核模块多少相关，这里摘取一个实例片段进行说明：

```
kernel/drivers/net/bonding/bonding.ko:                                                   (1)
kernel/drivers/usb/serial/usbserial.ko:                                                  (2)
kernel/drivers/usb/serial/ftdi_sio.ko: kernel/drivers/usb/serial/usbserial.ko            (3)
```

每行开头至冒号(:)之前的表示一个内核模块，冒号之后的表示该模块所依赖的其他模块，必须先加载后面的模块才能加载该模块文件。冒号后面为空则表示该模块没有依赖关系。

第(1)行表示模块文件 bonding.ko 没有依赖关系，可以直接用 insmod 命令加载到内核中：

```
# insmod kernel/drivers/net/bonding/bonding.ko
```

用 insmod 加载模块时，必须指明文件路径，否则不能加载。用 modprobe 命令加载则无需带路径：

```
# modprobe bonding
```

第(2)和(3)行则共同说明了模块文件 ftdi_sio.ko 依赖于 usbserial.ko 文件，usbserial.ko 没有依赖文件。用 insmod 命令用法如下：

```
# indmod kernel/drivers/usb/serial/usbserial.ko
# insmod kernel/drivers/usb/serial/ftdi_sio.ko
```

用 modprobe 命令就简单了：

```
# modprobe ftdi_sio
```

1.6.4 运行内核

得到 uImage 映像文件后，将 uImage 加载到内存地址 ep-0x40 处，通过 bootm 命令即可运行内核：

```
# tftp 40007fc0 uImage
# bootm 40007fc0
```

uImage 启动后会打印文件头信息并进行校验和计算，校验通过后开始内核自解压并运行：

```
## Booting kernel from Legacy Image at 40007fc0 ...
   Image Name:    Linux - 2.6.35.3 - 571 - gcca29a0 - gd43
   Image Type:    ARM Linux Kernel Image (uncompressed)
   Data Size:     2653928 Bytes =   2.5 MB
   Load Address: 40008000
   Entry Point:  40008000
   Verifying Checksum ... OK
   Loading Kernel Image ... OK
OK

Starting kernel ...

Uncompressing Linux... done, booting the kernel.
……
以下省略
```

1.7 Linux 内核裁剪实例

从零开始配置内核是不明智的,建议在某一个默认配置的基础上进行修改,以达到自己产品的实际需求。

裁剪和配置内核的基本原则:

- 基于某一个最接近的主板配置来修改;
- 选中必须的、能确定的选项;
- 不能确定的则不要改变原来配置;
- 可选可不选的,建议根据 help 信息决定或者不选;
- 一次改动不要太多,渐进式修改和验证;
- 注意及时备份配置文件,出现意外可以退回恢复。

下面给出一些常见功能的配置裁剪实例,很多功能与所采用的主板硬件相关,与其他不同主板的内核配置上不一定完全相同,但还是有一些参考意义。

1.7.1 GPIO 子系统配置

Linux 2.6 以上内核引入了子系统,GPIO 子系统将全部 GPIO 的操作接口都通过"/sys/class/gpio/"目录导出,方便用户使用。

输入下列命令,进入内核配置菜单:

```
$ make ARCH=arm menuconfig
```

在主菜单界面中选择 Device Drivers:

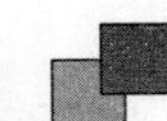

```
[ * ] Networking support    --->
    Device Drivers    --->
    File systems    --->
    Kernel hacking    --->
```

进入 Device Drivers 界面，选择并进入 GPIO Support：

```
[ * ] SPI support    --->
    PPS support    --->
    PTP clock support
- * - GPIO Support    --->
< * > PWM Support    --->
```

在 GPIO Support 中选中/sys/class/gpio…：

```
--- GPIO Support
[ * ]    /sys/class/gpio/... (sysfs interface)
    *** Memory mapped GPIO drivers: ***
...
```

配置后重新编译内核，使用新内核的系统即可通过"/sys/class/gpio/"访问系统的 GPIO 了。

1.7.2　LED 子系统配置

Linux LED 子系统提供了"/sys/class/leds/"的访问接口，启用 LED 子系统能很方便地操作系统的 LED 资源。

在 Device Drivers 配置界面，选中 LED Support 支持：

```
< * > MMC/SD/SDIO card support    --->
<> Sony MemoryStick card support (EXPERIMENTAL)    --->
[ * ] LED Support    --->
[ ] Accessibility support    --->
```

进入 LED Support 子菜单，选中 LED 类支持和 LED 触发器支持，并根据需要设置触发器：

```
--- LED Support
[ * ]    LED Class Support
        *** LED drivers ***
...
[ * ]    LED Trigger support
        *** LED Triggers ***
< * >    LED Timer Trigger
< * >    LED Heartbeat Trigger
<>    LED backlight Trigger
< * >    LED GPIO Trigger
< * >    LED Default ON Trigger
```

只要将系统的 LED 设备驱动添加到 LED 子系统中,即可通过“/sys/class/leds/”接口来进行访问。

1.7.3 串口配置

串口是嵌入式 Linux 必不可少的外设,默认控制台通常就是串口,所以必须在内核中使能串口以及串口控制台支持。

在 Device Drivers 配置界面选择 Character devices:

```
    Input device support    --->
    Character devices    --->
-*- I2C support    --->
```

进入 Character devices 配置菜单,选择 Serial drivers:

```
[*] /dev/kmem virtual device support
    Serial drivers    --->
[ ] ARM JTAG DCC console
```

进入 Serial drivers,在配置界面进行串口控制器配置。嵌入式 Linux 默认控制台是串口,所以还须使能串口控制台支持。串口控制器与具体处理器相关,需要根据硬件进行选择,很多处理器移植代码默认选中自身的串口驱动支持,例如,EPC-28x 已经默认选中了“i. MXS Application serial port support”:

```
<M> 8250/16550 and compatible serial support
 *** Non-8250 serial port support ***
<*> i.MXS debug serial port support
<*> i.MXS Application serial port support
...
```

1.7.4 USB Host 驱动配置

USB 可以外接多种设备,不同设备的驱动配置也是不同的。下面以常用的 U 盘、USB 鼠标键盘配置为例进行介绍。

1. 使用 U 盘

U 盘在 Linux 系统下被认为是 SCSI 设备,所以必须在内核中选择支持 SCSI。在主菜单界面选择 Device Drivers 进入设备驱动配置界面,选择 SCSI device support:

```
[*] Block devices    --->
[*] Misc devices    --->
    SCSI device support    --->
<> Serial ATA and Parallel ATA drivers    --->
```

进入 SCSI device support 配置界面,进行如下配置:

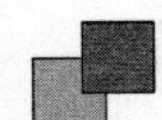

```
<> RAID Transport Class
<*> SCSI device support
<> SCSI target support
[*] legacy /proc/scsi/ support
    *** SCSI support type (disk, tape, CD-ROM) ***
<*> SCSI disk support
<> SCSI tape support
<> SCSI OnStream SC-x0 tape support
```

然后在驱动中配置 USB 控制器。进入 Device Drivers，选中 USB support：

```
<> Sound card support   --->
[ ] HID Devices   --->
[*] USB support   --->
<*> MMC/SD/SDIO card support   --->
```

进入 USB support 菜单，选中 Support for Host-side USB，并根据处理器的控制器情况配置 USB 控制器。下面是 EPC-28x 处理器 USB 控制器的配置：

```
--- USB support
<*>     Support for Host-side USB
[*]     USB device filesystem (DEPRECATED)
[*]     USB device class-devices (DEPRECATED)
[*]     USB runtime power management (suspend/resume and wakeup)
<*>       EHCI HCD (USB 2.0) support
[*]       Support for Freescale controller
[*]         Support for Host1 port on Freescale controller
[*]         Support for DR host port on Freescale controller
[*]   Root Hub Transaction Translators
```

使用 U 盘时必须使能 USB 大容量类支持，选中 USB Mass Storage support：

```
...
<*>     USB Mass Storage support
[ ]   USB Mass Storage verbose debug
```

大多数情况下，U 盘都采用 FAT 格式，为了能正常使用 U 盘，还须在内核中使能 FAT 支持。菜单路径和配置如下：

```
File systems   --->
    DOS/FAT/NT Filesystems   --->
        <*> MSDOS fs support
        <*> VFAT (Windows-95) fs support
        (437) Default codepage for FAT
        (iso8859-1) Default iocharset for FAT
        <> NTFS file system support
```

保存配置,重新编译内核,基于新内核的系统就能使用 U 盘了。

2. 使用 USB 键盘和鼠标

使用 USB 键盘或者鼠标时,需要在内核中使能 HID 支持。在 Device Drivers 菜单界面选中 HID Devices:

```
<*> Sound card support   --->
[*] HID Devices   --->
[*] USB support   --->
<*> MMC/SD/SDIO card support   --->
```

进入 HID Devices,选中 USB Human Interface Device (full HID) support:

```
--- HID Devices
-*-     Generic HID support
[ ]       /dev/hidraw raw HID device support
          *** USB Input Devices ***
<*>     USB Human Interface Device (full HID) support
[ ]     PID device support
[ ]     /dev/hiddev raw HID device support
        Special HID drivers   --->
```

另外,还须使能 Event 支持。在 Device Drivers 配置界面,选择 Input device support:

```
<> Telephony support   --->
    Input device support   --->
    Character devices   --->
-*- I2C support   --->
```

进入 Input device support,选中 Event interface:

```
<>     Joystick interface
<*>     Event interface
<>     Event debugging
```

当然,还需要 USB Host 支持,参考前面"使用 U 盘"配置部分配置好 USB 控制器。保存配置并编译内核,使用新内核的系统即可支持 USB 键盘和鼠标。

1.7.5 USB Gadget 驱动配置

USB Gadget 能通过 USB Device 实现诸如 U 盘模拟、USB 串口、USB 网卡等多种功能。

首先在内核配置使能 USB Gadget Support:

```
Device Drivers   --->
    [*] USB support   --->
        <*>     USB Gadget Support   --->
```

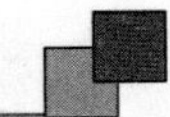

然后进入 USB Gadget Support，根据实际情况选择 USB 控制器，如下是 AM335x 的 USB 控制器选择：

```
<*>  USB Peripheral Controller (Inventra HDRC USB Peripheral (TI, ADI, ...))  --->
```

最后，在配置菜单中根据实际需要选择、配置相应的功能。对于 USB Gadget 的功能，建议编译为模块，需要的时候插入模块，用完后将模块卸载：

```
<M>    USB Gadget Drivers
<>      Gadget Zero (DEVELOPMENT)
<>      Audio Gadget (EXPERIMENTAL)
<M>      Ethernet Gadget (with CDC Ethernet support)
[*]        RNDIS support
...
<M>      File - backed Storage Gadget (DEPRECATED)
[]       File - backed Storage Gadget testing version
<M>      Mass Storage Gadget
<>      Serial Gadget (with CDC ACM and CDC OBEX support)
```

1.7.6 SD/MMC 驱动配置

在 Device Drivers 菜单中使能 MMC/SD/SDIO card suppcrt：

```
Device Drivers   --->
    <*> MMC/SD/SDIO card support   --->
```

进入 MMC/SD/SDIO card support，使能 MMC block device driver。在 MMC/SD/SDIO Host Controller Drivers 下选择处理器对应的 SD/MMC 控制器：

```
--- MMC/SD/SDIO card support
...
     *** MMC/SD/SDIO Card Drivers ***
<*>MMC block device driver
(8)      Number of minors per block device
[*]       Use bounce buffer for simple hosts
<>      SDIO UART/GPS class support
<>      MMC host test driver
      *** MMC/SD/SDIO Host Controller Drivers ***
...
[*] Freescale i.MX Secure Digital Host Controller Interface
<*>     MXS MMC support
```

另外，还须根据 SD/MMC 卡的文件系统格式在内核中配置相应的文件系统支持。如果是 FAT 格式，须参考前面“使用 U 盘”中 VFAT 的配置；如果采用 Ext2/3/4 格式，则进行如下配置：

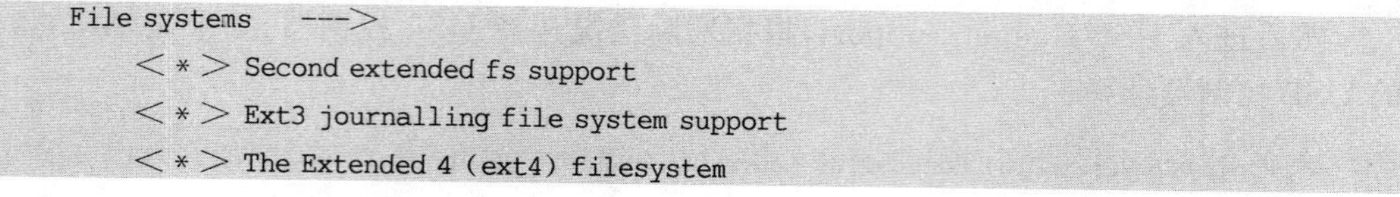

```
File systems    --->
      <*> Second extended fs support
      <*> Ext3 journalling file system support
      <*> The Extended 4 (ext4) filesystem
```

1.7.7 网卡驱动配置

配置网卡首先要在主菜单中使能网络，即选中 Networking support：

```
    Power management options    --->
[*] Networking support    --->
    Device Drivers    --->
    File systems    --->
```

为了正常使用网络，通常还需在 Networking options 中配置 TCP/IP：

```
[*] Networking support    --->
      Networking options    --->
            <*> Packet socket
            <*> Unix domain sockets
            <> PF_KEY sockets
            [*] TCP/IP networking
            [*]     IP: multicasting
            []     IP: advanced router
            [*]     IP: kernel level autoconfiguration
            [*]         IP: DHCP support
            [*]         IP: BOOTP support
            [*]         IP: RARP support
```

只有开启 Networking support 支持后才能在 Device Drivers 菜单中看到 Network device support 子菜单：

```
Device Drivers    --->
      [ ] Multiple devices driver support (RAID and LVM)    --->
      <> Generic Target Core Mod (TCM) and ConfigFS Infrastructure    --->
      [*] Network device support    --->
      [ ] ISDN support    --->
      <> Telephony support    --->
      Input device support    --->
```

选中 Network device support 并进入，根据主板实际硬件，在 Ethernet driver support 中配置物理网卡。基于 EPC-28x 的主板网卡配置示例如下：

```
[*]    --- Ethernet (10 or 100Mbit)    --->
     ...
<*>     FEC ethernet controller (of ColdFire and some i.MX CPUs)
[*]     Second FEC ethernet controller (on some ColdFire CPUs)
```

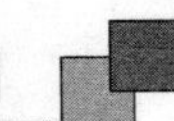

1.7.8 NFS Client 配置

使用 NFS 文件系统时，首先需要保证网卡可用，并且在内核中已经配置了网卡。在 File system 配置界面使能 Network File Systems 并进行配置：

```
File systems    --->
    [ * ] Network File Systems    --->
        < * >    NFS client support
        [ * ]    NFS client support for NFS version 3
        [ * ]      NFS client support for the NFSv3 ACL protocol extension
        [ * ]    NFS client support for NFS version 4
        [ * ]      NFS client support for NFSv4.1 (EXPERIMENTAL)
        [ * ]  Root file system on NFS
```

选中 Root file system on NFS，则能够通过 NFS 挂载服务器上的根文件系统，这点在裁剪文件系统中特别有用。

1.7.9 PPP 拨号配置

PPP 拨号配置在 Device Drivers→Network device support 菜单项下。选中并使能 PPP (point-to-point protocol) support 及子选项，即可使用 PPP 拨号功能。这里以模块方式编译：

```
Device Drivers    --->
    [ * ] Network device support    --->
        <M>    PPP (point - to - point protocol) support
        <M>      PPP BSD - Compress compression
        <M>      PPP Deflate compression
        [ * ]    PPP filtering
        <M>      PPP MPPE compression (encryption) (EXPERIMENTAL)
        [ * ]    PPP multilink support (EXPERIMENTAL)
        <M>      PPP over Ethernet (EXPERIMENTAL)
        <M>      PPP support for async serial ports
        <M>      PPP support for sync tty ports
```

编译内核后通过 make modules 编译模块，在<drivers/net/ppp/>目录下会生成 slhc.ko、pppox.ko、pppoe.ko 等模块。将这些模块复制到目标系统中，然后按照下列顺序依次插入模块：

```
# insmod slhc.ko
# insmod ppp_generic.ko
# insmod pppox.ko
# insmod pppoe.ko
```

插入模块后生成/dev/ppp 设备节点，通过 PPP 拨号脚本即可进行拨号了。

1.7.10 MTD 配置

在内核配置主菜单界面选择进入 Device Drivers 界面，选择 Memory Technology Device(MTD) support：

```
<> Connector - unified userspace <-> kernelspace linker --->
<*> Memory Technology Device (MTD) support --->
    Device Tree and Open Firmware support --->
<> Parallel port support --->
```

并进入 Memory Technology Device (MTD) support，进行如下配置：

```
--- Memory Technology Device (MTD) support
<>   MTD tests support (DANGEROUS)
<>    RedBoot partition table parsing
[*]   Command line partition table parsing
...
<*>    Direct char device access to MTD devices
-*-    Common interface to block layer for MTD translation layers
<*>    Caching block device access to MTD devices
...
<*>    NAND Device Support --->
```

进入 NAND Device Support，对系统 NAND 控制器进行选择：

```
--- NAND Device Support
[ ]  Verify NAND page writes
[ ]  Support software BCH ECC
[ ]  Enable chip ids for obsolete ancient NAND devices
<>    GPIO NAND Flash driver
<*>    NAND Flash device on OMAP2, OMAP3 and OMAP4
```

保存配置并编译内核。采用新内核启动的系统，在驱动无误的情况下可以看到系统的 MTD 分区信息。如下是 EPC-28x 进入系统后的情况，可通过/proc/mtd 文件查看：

```
[root@M283 ~] # cat /proc/mtd
dev:    size   erasesize  name
mtd0: 00c00000 00020000 "reserve"
mtd1: 00080000 00020000 "reserve"
mtd2: 00080000 00020000 "reserve"
mtd3: 00080000 00020000 "reserve"
mtd4: 00080000 00020000 "reserve"
mtd5: 04000000 00020000 "rootfs"
mtd6: 02e00000 00020000 "opt"
```

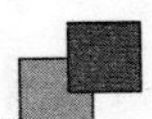

1.7.11 UBIFS文件系统配置

UBIFS是工作于UBI子系统上的文件系统，而UBI又工作于MTD设备上，所以首先需要在MTD中使能UBI：

```
Device Drivers  --->
    <*> Memory Technology Device (MTD) support  --->
        <*>   Enable UBI - Unsorted block images  --->
```

进入"Enable UBI-Unsorted block images"，对UBI进行配置：

```
--- Enable UBI - Unsorted block images
(4096) UBI wear-leveling threshold
(1)   Percentage of reserved eraseblocks for bad eraseblocks handling
<>    MTD devices emulation driver (gluebi)
[ ]   UBI debugging
```

其中，Percentage of reserved eraseblocks for bad eraseblocks handling设置用于坏块管理的保留块的百分比，默认是1%，可以适当调整大一些，不过必须与U-Boot中的设置一致。

还须在文件系统设置中使能和配置UBIFS：

```
File systems  --->
    [*] Miscellaneous filesystems  --->
        <*>   UBIFS file system support
            [*]    Extended attributes support
            [*]    Advanced compression options
            [*]      LZO compression support (NEW)
            [*]      ZLIB compression support (NEW)
```

1.7.12 CAN驱动配置

前面已经提到过，CAN设备驱动的配置路径不在Devie Drivers下，而是在Networking support中。进入内核配置主菜单，选择Networking support：

```
    Power management options  --->
[*] Networking support  --->
    Device Drivers  --->
    File systems  --->
```

选中CAN bus subsystem support：

```
  --- Networking support
        Networking options  --->
[ ]     Amateur Radio support  --->
<*>     CAN bus subsystem support  --->
<>      IrDA (infrared) subsystem support  --->
```

进入 CAN bus subsystem support，选中 Raw CAN Protocol 和 Broadcast Manager CAN Protocol：

```
  --- CAN bus subsystem support
 <*>    Raw CAN Protocol (raw access with CAN - ID filtering)
 <*>    Broadcast Manager CAN Protocol (with content filtering)
 <>     CAN Gateway/Router (with netlink configuration) (NEW)
        CAN Device Drivers   --->
```

然后进入 CAN Device Drivers，对 CAN 设备驱动进行配置，如下：

```
CAN Device Drivers   --->
    <*> Virtual Local CAN Interface (vcan) (NEW)
    <> Serial / USB serial CAN Adaptors (slcan) (NEW)
    <> Platform CAN drivers with Netlink support (NEW)
    <*> Freescale FlexCAN
```

1.8 EPC-28x 平台内核快速编译

从 EPC-28x 光盘内获取内核源码包 EPC-28x. xxxxx. tar. bz2，然后把它复制到 Ubuntu 下面，执行如下步骤：

1. 解压缩

```
vmuser@Linux - host ~ $  tar -vxjf EPC-28x.xxxxx.tar.bz2
```

解压后产生内核目录 linux-2.6.35.3。

2. 编译内核

EPC-28x 内核源码的 Makefile 文件内已经配置好了 ARCH 和 CROSS_COMPILE，所以在 make 时无须指定 ARCH 和 CROSS_COMPILE。

EPC-28x 的源码已经包含配置好的. config 文件，无须 make menuconfig 配置即可使用默认配置，除非需要改动内核配置。

```
vmuser@Linux - host ~ $  cd linux-2.6.35.3
vmuser@Linux - host ~/ linux-2.6.35.3 $  make uImage
```

编译完成后将得到内核文件<arch/arm/boot/uImage>。

另外，在执行 make distclean 或者 make mrproper 之前，须先将. config 配置文件备份，如：

```
vmuser@Linux - host ~/ linux-2.6.35.3 $ cp .config config-bak
```

第2章

Linux 设备驱动基础

【本章导读】

嵌入式 Linux 产品开发时，很大一部分工作量是驱动开发。驱动程序的好坏直接影响和决定着产品的稳定性，稳定的驱动程序是产品可靠性的基石，所以驱动开发对嵌入式 Linux 开发至关重要。

编写 Linux 驱动，首先要具备相关的电路基础知识，只有了解硬件的基本工作原理，才能编写出可靠的驱动程序。同时，必须对 Linux 驱动体系有清晰的认识，才能将设备在 Linux 下驱动起来。本章主要讲述 Linux 设备驱动的相关概念，从 Linux 内核模块开始，带领读者逐步认识 Linux 设备驱动体系。这些都是编写 Linux 设备驱动的基础，需要牢牢把握。

2.1 Linux 内核模块

2.1.1 Linux 和模块

在 32 位系统上，Linux 内核将 4 GB 空间分为 0～3 GB 的用户空间和 3～4 GB 的内核空间[注1]。用户程序运行在用户空间，可通过中断或者系统调用进入内核空间；Linux 内核以及内核模块则只能在内核空间运行。

Linux 内核具有很强的可裁剪性，很多功能或者外设驱动都可以编译成模块，在系统运行中动态插入或者卸载，此过程中无须重启系统。模块化设计使得 Linux 系统很灵活，可以将一些很少用到或者暂时不用的功能编译为模块，需要的时候再动态加载进内核，从而减小内核的体积，加快启动速度，这对嵌入式应用极为重要。

2.1.2 编写内核模块

1. 头文件

内核模块需要包含内核相关头文件，不同模块根据功能的差异所需要的头文件也

注 1：目前内核已经支持用户和内核空间 3∶1、2∶2、1∶3 比例划分。

不相同,但是<linux/module.h>和<linux/init.h>是必不可少的。

```
#include <linux/module.h>
#include <linux/init.h>
```

2. 模块初始化

模块的初始化负责注册模块本身。如果一个内核模块没有被注册,则其内部的各种方法无法被应用程序使用,只有已注册模块的方法才能够被应用程序使用并发挥各方法的实际功能。模块并不是内核内部的代码,而是独立于内核之外[注2],通过初始化,能够让内核之外的代码来替内核完成本应该由内核完成的功能。模块初始化的功能相当于模块与内核之间衔接的桥梁,告知内核"我进来了,我已经做好准备为您服务了"。

模块的初始化定义通常如程序清单 2.1 所示。

程序清单 2.1　模块初始化定义

```
static int __init module_init_func(void)
{
        初始化代码
}
module_init(module_init_func);
```

几点说明:

① 模块初始化函数一般都须声明为 static,因为初始化函数对于其他文件没有任何意义。

② __init 表示初始化函数仅仅在初始化期间使用,一旦初始化完毕,则将释放初始化函数所占用的内存,类似的还有__initdata。

③ module_init 是必须的,没有这个定义,则内核将无法执行初始化代码。module_init 宏定义会在模块的目标代码中增加一个特殊的代码段,用于说明该初始化函数所在的位置。

当使用 insmod 将模块加载进内核的时候,初始化函数的代码将会被执行。模块初始化代码只与内核模块管理子系统打交道,并不与应用程序交互。

3. 模块退出

当系统不再需要某个模块时,可以卸载这个模块,从而释放该模块所占用的资源。模块的退出相当于告知内核"我要离开了,将不再为您服务了"。

实现模块退出的函数常称为模块的退出函数或者清除函数,一般定义如程序清单 2.2 所示。

注 2:当内核树内某部分代码被配置为模块时,可理解为:这部分代码已经不属于当前配置下的内核了。

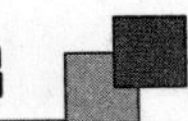

程序清单 2.2　模块退出函数

```
static void __exit module_exit_func(void)
{
    模块退出代码
}
module_exit(module_exit_func);
```

几点说明：

① 模块退出函数没有返回值。

② __exit 标记这段代码仅用于模块卸载。

③ module_exit 不是必须的。但是，没有 module_exit 定义的模块无法被卸载，如果需要支持模块卸载，则必须有 module_exit。

当使用 rmmod 卸载模块时，退出函数的代码将被执行。模块退出代码只与内核模块管理子系统打交道，并不直接与应用程序交互。

4. 许可证

Linux 内核是开源的，遵守 GPL 协议，所以要求加载进内核的模块也最好遵循相关协议。为模块指定遵守的协议用 MODULE_LINCENSE 来声明，如：

```
MODULE_LICENSE("GPL");
```

内核能够识别的协议有 GPL、GPL v2、GPL and additional rights(GPL 及附加权利)、Dual BSD/GPL(BSD/GPL 双重许可)、Dual MPL/GPL(MPL/GPL 双重许可)以及 Proprietary(私有)。

如果一个模块没有指定任何许可协议，则会被认为是私有协议。采用私有协议的模块，加载过程中会出现警告，并且不能被静态编译进内核。

5. 符号导出

在 Linux 2.6 中，所有的内核符号默认都是不导出的。如果希望一个模块的符号能被其他模块使用，则必须显式地用 EXPORT_SYMBOL 将符号导出，如：

```
EXPORT_SYMBOL(module_symbol);
```

6. 模块描述

模块编写者还可以为所编写的模块增加一些其他描述信息，如模块作者、模块本身的描述或者模块版本等，例如：

```
MODULE_AUTHOR("Abing <Linux@zlgmcu.com>");
MODULE_DESCRIPTION("ZHIYUAN ecm1352 beep Driver");
MODULE_VERSION("V1.00");
```

模块描述以及许可证声明一般放在文件末尾。

7. 编　译

模块代码编写完毕，则需要进行编译，这样得到的模块文件才能使用。编译模块需要内核代码，并配置和编译内核代码；就算有源码，但是没经过编译，也是不能用于编译模块的。编译模块的内核配置必须与所运行内核的编译配置一样，否则可能无法加载或者运行。

在 Linux 2.6 中，编译内核很简单。假定一个模块文件 hello.c，欲编译得到 hello.ko 文件，则只须在 Makefile 文件中编写一行：

```
obj-m := hello.o
```

再假定内核源码在～/linux 目录下，则在 Shell 中输入：

```
make -C ~/linux M=`pwd` modules
```

就可以得到 hello.ko 模块文件。

如果一个模块由 file1.c 和 file2.c 等多个文件组成，要编译得到 module.ko 文件，则 makefile 内容如下：

```
obj-m := module.o
module-objs := file1.o file2.o
```

当然，这样编译比较繁琐，利用 GNU make 的强大功能重写 Makefile，简化编译。程序清单 2.3 是 Linux 2.6 在内核树之外编译内核模块的典型 Makefile 文件。

程序清单 2.3　Linux 2.6 内核模块 Makefile 范例

```
# Makefile2.6
   ifneq ($(KERNELRELEASE),)
#kbuild syntax. dependency relationshsip of files and target modules are listed here.
obj-m := beepdrv.o
else
PWD   := $(shell pwd)
KVER = 2.6.27.8
KDIR := /home/chenxibing/lpc3250/linux-2.6.27.8
all:
    $(MAKE) -C $(KDIR) M=$(PWD) modules
clean:
    rm -rf .*.cmd *.o *.mod.c *.ko .tmp_versions
endif
```

这是 Linux 2.6 编译内核模块的通用 Makefile，只须修改 obj-m 和 KDIR 为实际环境的值，在 Shell 下输入 make 就可以完成模块编译注3。

注 3：对 ARM 平台而言，如果内核源码的 Makefile 中没有指定 ARCH 和 CROSS_COMPILE 的值，则需要在 make 命令中指定，例如：

```
$make ARCH=arm CROSS_COMPILE=arm-linux-gnueabi-
```

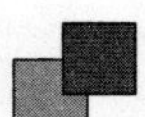

8. 加载和卸载

加载模块使用 insmod 命令，卸载模块使用 rmmod 命令。例如，加载和卸载 hello.ko 模块：

```
#insmod hello.ko
#rmmod hello.ko
```

加载和卸载模块必须具有 root 权限。

对于可接收参数的模块，加载模块的时候为变量赋值即可，卸载模块无需参数。假如 hello.ko 模块有变量 num，插入的时候设置 num 的值为 8，则加载和卸载命令为：

```
#insmod hello.ko num=8
#rmmod hello.ko
```

2.1.3　最简单的内核模块

这是第一个内核模块程序，也是最简单的内核模块，仅仅完成模块的加载和卸载功能，同时打印提示信息，完整的代码如程序清单 2.4 所示。

程序清单 2.4　第一个内核模块的代码

```
#include <linux/module.h>
#include <linux/init.h>

static int __init hello_init(void)
{
        printk("Hello, I'm ready! \n");
        return 0;
}

static void __exit hello_exit(void)
{
        printk("I'll be leaving, bye! \n");
}

module_init(hello_init);
module_exit(hello_exit);

MODULE_LICENSE("GPL");
```

可以看到，这个最简单的内核模块涉及的知识点都是上一小节所讲述的内容，唯一多了一点就是用 printk 函数打印信息。

printk 函数是由内核定义并导出给模块使用的一个 printf 的内核版本，用法基本与 printf 函数相同，不过 printk 不支持浮点数。

编写 Makefile 文件,编译后得到 hello.ko 模块,插入内核将会打印初始化代码中的提示信息,卸载模块则会打印退出函数所打印的信息:

```
# insmod  hello.ko
Hello, I'm ready!
# rmmod  hello
I'll be leaving, bye!
```

注意,如果在 PC Linux 下编译、插入/卸载驱动模块,由于各发行版控制台打印级别设置不同,可能在一些发行版上看不到提示信息打印,则可以输入 dmesg 命令查看或者另打开一个终端,输入 tail-f /var/log/messages 命令实时查看提示信息。

2.1.4 带参数的内核模块

1. 模块参数

Linux 内核允许模块在加载的时候指定参数。模块接收参数传入能够实现一个模块在多个系统上运行,或者根据插入时参数的不同提供多种不同的服务。

模块参数必须使用 module_param 宏来声明,通常放在文件头部。module_param 需要 3 个参数:变量名称、类型以及用于 sysfs 入口的访问掩码。模块最好为参数指定一个默认值,以防加载模块的时候忘记传参而带来错误。如下的示例在插入模块时候如果没有指定 num 参数的话,则模块将会使用默认值 5:

```
static int num = 5;
module_param(num, int, S_IRUGO);
```

说明:

① 内核模块支持的参数类型有 bool、invbool、charp、int、short、long、uint、ushort 和 ulong。

② 访问掩码的值在<linux/stat.h>定义,S_IRUGO 表示任何人都可以读取该参数,但不能修改。

③ 支持传参的模块须包含 moduleparam.h 头文件。

2. 完整范例

这里将给出一个能够接收参数的模块范例,与上一个范例对比一下,体会其中的差异和用法。如程序清单 2.5 所示的模块可以接收一个整型参数 num 和一个字符串变量 whom,加载模块的时候打印这两个变量的值。

程序清单 2.5 可接收参数的内核模块

```
#include <linux/module.h>
#include <linux/init.h>
```

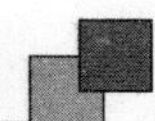

```
3
4  static int num = 3;
5  static char * whom = "master";
6
7  module_param(num, int, S_IRUGO);
8  module_param(whom, charp, S_IRUGO);
9
10 static int __init hello_init(void)
11 {
12         printk(KERN_INFO " %s, I get %d\n", whom, num);
13         return 0;
14 }
15
16 static void __exit hello_exit(void)
17 {
18         printk("I'll be leaving, bye! \n");
19 }
20
21 module_init(hello_init);
22 module_exit(hello_exit);
23
24 MODULE_LICENSE("GPL");
```

在 2.1.2 小节讲模块参数的时候提到，接收参数的模块代码需要包含 moduleparam.h 文件，而程序清单 2.5 中却没有，这是因为 moduleparam.h 文件已经包含在 module.h 文件中了。

程序清单 2.5 第 12 行的 printk 语句中的 KERN_INFO 表示这条打印信息的级别。printk 能分级别打印，这也是与 printf 不同的地方。Linux 内核在＜linux/kernel.h＞文件中定义了 7 个打印级别，各级别的定义和说明如程序清单 2.6 所示。

程序清单 2.6　Linux 内核定义的打印级别

```
#define KERN_EMERG      "<0>"   /* system is unusable                   */
#define KERN_ALERT      "<1>"   /* action must be taken immediately     */
#define KERN_CRIT       "<2>"   /* critical conditions                  */
#define KERN_ERR        "<3>"   /* error conditions                     */
#define KERN_WARNING    "<4>"   /* warning conditions                   */
#define KERN_NOTICE     "<5>"   /* normal but significant condition     */
#define KERN_INFO       "<6>"   /* informational                        */
#define KERN_DEBUG      "<7>"   /* debug-level messages                 */
```

编译文件可得到内核模块，假定文件名为 hellop.ko。不带参数插入内核，各变量将使用默认值：

```
# insmod hellop.ko
master, I get 3
```

加载模块的时候指定参数的值：

```
# insmod  hellop.ko whom="MASTER" num=5
MASTER, I get 5
```

卸载模块：

```
# rmmod hellop
I'll be leaving, bye!
```

2.2 Linux 设备

2.2.1 Linux 设备和分类

Linux 系统中的设备可以分为字符设备、块设备和网络设备这 3 类。

① 字符设备：字符设备是能够像字节流一样被访问的设备，当对字符设备发出读/写请求时，相应的 I/O 操作立即发生。Linux 系统中很多设备都是字符设备，如字符终端、串口、键盘、鼠标等。在嵌入式 Linux 开发中，接触最多的就是字符设备以及驱动。

② 块设备：块设备是 Linux 系统中进行 I/O 操作时必须以块为单位进行访问的设备，能够安装文件系统。块设备驱动会利用一块系统内存作为缓冲区，因此，对块设备发出读/写访问，并不一定立即产生硬件 I/O 操作。Linux 系统中常见的块设备有如硬盘、软驱等。

③ 网络设备：网络设备既可以是网卡这样的硬件设备，也可以是一个纯软件设备，如回环设备。网络设备由 Linux 的网络子系统驱动，负责数据包的发送和接收，而不是面向流设备，因此，在 Linux 系统文件系统中网络设备没有节点。对网络设备的访问是通过 socket 调用产生，而不是普通的文件操作，如 open/close 和 read/write 等。

2.2.2 设备节点和设备号

1. 设备节点

设备(包括硬件设备)在 Linux 系统下表现为设备节点，也称设备文件。设备文件是一种特殊的文件，它们存储在文件系统中(通常在/dev 目录下)，但仅占用文件目录项而不涉及存储数据。事实上，它们仅仅记录了其所属的设备类别、主设备号和从设备号等设备相关信息。

来看两个典型的设备文件的详细信息：

```
chenxibing@gitserver-zhiyuan:~$ ls -l /dev/ttyS0 /dev/sda1
brw-rw---- 1 root disk     8,  1 2011-01-07 17:48 /dev/sda1
crw-rw---- 1 root dialout 4, 64 2011-01-07 17:48 /dev/ttyS0
```

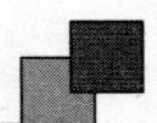

以/dev/ttyS0的信息为例，对其中几项进行说明，如图2.1所示。其中，/dev/ttyS0是设备节点名称，c表示该设备是字符设备，主设备号为4，从设备号为64，该设备节点对应于系统的串口0。

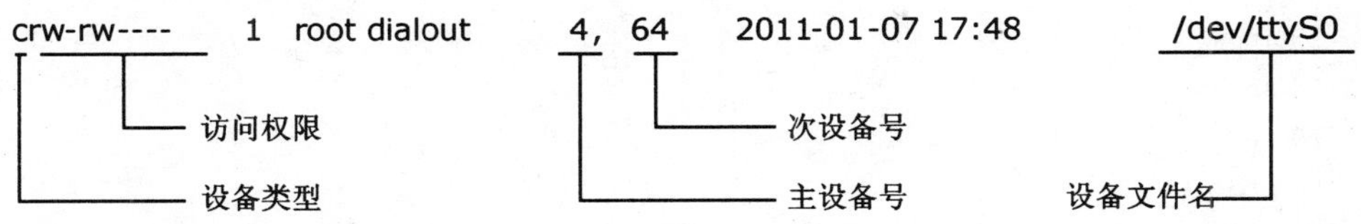

图2.1 设备文件说明

设备分为字符设备、块设备和网络设备；而网络设备没有设备节点，所以设备文件基本上就分为字符设备文件和块设备文件两类。在设备节点属性中，分别以c和b来表示，即c表示字符设备节点文件、b表示块设备节点文件。

当程序打开一个设备文件时，内核就可以获取对应设备的设备类型、主设备号和次设备号等信息，内核也就知道了程序需要操作哪个设备驱动程序。程序随后对这个文件的操作都会调用相应驱动程序的函数，同时把从设备号传递给驱动程序。

2. 设备编号

设备编号由主设备号和从设备号构成。在Linux内核中，使用dev_t类型来保存设备编号。在2.6版本的Linux内核中，dev_t是一个32位数，高12位是主设备号，低20位是次设备号。

主设备号标识设备对应的驱动程序，告诉Linux内核使用哪个驱动程序来驱动该设备。如果多个设备使用同一个驱动程序，则它们拥有相同的主设备号。例如，/dev/ttyS0～3这4个设备拥有相同的主设备号4，说明它们使用同一份驱动：

```
chenxibing@gitserver - zhiyuan:～ $ ls -l /dev/ttyS *
crw-rw---- 1 root dialout 4, 64 2011 - 01 - 07 17:48 /dev/ttyS0
crw-rw---- 1 root dialout 4, 65 2011 - 01 - 07 17:48 /dev/ttyS1
crw-rw---- 1 root dialout 4, 66 2011 - 01 - 07 17:48 /dev/ttyS2
crw-rw---- 1 root dialout 4, 67 2011 - 01 - 07 17:48 /dev/ttyS3
```

主设备号由系统来维护，尽管Linux 2.6可以容纳大量的设备，但是在使用主设备号的时候注意一定不要使用系统已经使用的主设备号。一般来说，231～239这几个设备号是系统没有分配的，用户可以自行安排使用。当前运行系统占用了哪些主设备号可通过查看/proc/devices文件得到，例如：

```
[root@zlg /]# cat /proc/devices
Character devices:
  1 mem
  4 /dev/vc/0
  4 tty
  4 ttyS
```

```
  5 /dev/tty
  5 /dev/console
  7 vcs
 10 misc
 13 input
 14 sound
 29 fb
 90 mtd
116 alsa
180 usb
189 usb_device
252 usbmon
253 ubi0
254 rtc
Block devices:
259 blkext
  7 loop
  8 sd
 31 mtdblock
 65 sd
 66 sd
 67 sd
 68 sd
 69 sd
 70 sd
 71 sd
128 sd
129 sd
130 sd
131 sd
132 sd
133 sd
134 sd
135 sd
```

从设备号也称次设备号,用于确定该设备文件所指定的设备。如果一个设备驱动可以驱动一组相似的设备,此时就需要依赖于次设备号对这些外设进行区分。

获取一个设备的设备编号时,应当使用<linux/kdev_t.h>中定义的宏,而不应当对设备号的位数和表述结构做任何假设,因为这样会导致不兼容以前的内核,或者未来版本设备号结构、表述方式发生变化。例如,获取一个设备 dev 的主次设备号,可用:

```
MAJOR(dev_t dev);
MINOR(dev_t dev);
```

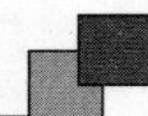

如果已知一个设备的主次设备号，需要转换成 dev_t 类型的设备编号，则应当使用：

```
MKDEV(int major, int minor);
```

3. 获取和释放设备编号

建立一个设备节点之前，驱动程序首先应当为这个设备获得一个可用的设备号，注销设备需要释放所占用的设备号。设备号的生命周期是从设备注册到设备注销，在此期间，所占用的设备号不能被其他驱动使用。Linux 内核支持静态获取和动态获取设备号，下面以字符设备为例讲述设备号的获取与释放。

(1) 静态获取主设备号

静态设备号的方式适用于下列情况：

- 该驱动只在特定系统运行，且系统设备号使用情况明确；
- 系统应用要求，如为了快速启动等。

如果要从系统获得几个或者几个既定的主设备号，则可用 register_chrdev_region 函数来获取。该函数在<linux/fs.h>中声明，函数定义如下：

```
int register_chrdev_region(dev_t first,unsigned int count,char * name);
```

这个函数可以向系统注册一个或者多个主设备号，first 是起始编号，count 是主设备号的数量，name 是设备名称。注册成功返回 0，否则返回错误码。

(2) 动态获取主设备号

如果事先不知道设备的设备号，或者一个驱动可能在多个系统上运行，则为了避免出现设备号冲突，必须采用动态设备号。调用 alloc_chrdev_region 函数可以从系统获得一个或者多个主设备号。alloc_chrdev_region 函数在<linux/fs.h>中定义：

```
alloc_chrdev_region(dev_t * dev,unsigned int firstminor,unsigned int count,char * name);
```

alloc_chrdev_region 函数可以从系统动态获得一个或者多个主设备号。dev 用于保存已经获得的编号范围的第一个值；firstminor 是第一个次设备号，通常是 0；count 是获得的编号数量；name 是设备名称。

动态获取得到的设备号一定要用一个全局变量保存下来，以便卸载使用；否则，该设备号将不能被释放。程序清单 2.7 是一个动态获取设备号的使用范例。

程序清单 2.7　动态获取设备号

```
ret = alloc_chrdev_region(&devno, minor, 1, "char_cdev");   /* 从系统获取主设备号 */
major = MAJOR(devno);                                        /* 保存获得的主设备号   */
if (ret < 0) {
    printk(KERN_ERR "cannot get major %d \n", major);
    return -1;
}
```

一个设备号一旦被系统分配，就会出现在/proc/devices 文件中。为了使用方便，除非特殊情况，须尽量采用动态分配设备号。

(3) 释放设备号

设备注销的时候必须释放占用的主设备号，调用 unregister_chrdev_region 可以释放设备号。函数原型：

```
void unregister_chrdev_region(dev_t from, unsigned count);
```

2.2.3 设备的注册和注销

2.6 内核用 cdev 数据结构来描述字符设备，cdev 在<linux/cdev.h>中定义，如程序清单 2.8 所示。

程序清单 2.8 cdev 结构定义

```
struct cdev {
    struct kobject                kobj;
    struct module                 * owner;
    const struct file_operations     * ops;
    struct list_head          list;
    dev_t                     dev;
    unsigned int              count;
};
```

kobj 是 2.6 内核设备模型的基本结构，cdev 可以被设备模型管理；owner 表示所属对象，一般设置为 THIS_MODULE；ops 是与设备相关联的操作方法；dev 是 2.6 内核中设备的设备号。

使用 cdev 的大体步骤是先分配 cdev 结构，然后初始化，最后往系统添加；如果不再需要，可以从系统中删除。

1. 分配 cdev 结构

注册设备之前，必须分配并注册一个或者多个 cdev 结构，可用 cdev_alloc 实现，如：

```
struct cdev * char_cdev = cdev_alloc();              /* 分配 char_cdev 结构 */
```

2. 初始化 cdev 结构

初始化 cdev 结构通过调用 cdev_init()实现。cdev_init()函数原型：

```
void cdev_init(struct cdev * cdev, const struct file_operations * fops)
```

其中，参数 fops 用于指定设备的操作方法，在此结构中定义与设备相关的各种操作方法。假定一个设备需要实现除打开关闭之外，还须实现 read、write 以及 ioctl 方法，则文件操作接口 fops 结构可以用程序清单 2.9 这样的方式定义。

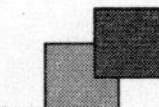

程序清单 2.9　fops 结构定义

```
struct file_operations char_old_fops = {
    .owner       = THIS_MODULE,
    .read        = char_old_read,
    .write       = char_old_write,
    .open        = char_old_open,
    .release     = char_old_release,
    .ioctl       = char_old_ioctl
};
```

定义好 fops 后，cdev 初始化很简单：

```
cdev_init(char_cdev, &char_cdev_fops);            /* 初始化 char_cdev 结构 */
```

3. 往系统添加一个 cdev

分配到 cdev 结构并初始化后，就可以通过调用 cdev_add 将 cdev 添加到系统中了。不过在调用 cdev_add 之前，还须设置 cdev 的 owner 成员，一般设置为 THIS_MODULE，设置完毕通过 cdev_add 添加，如程序清单 2.10 所示。

程序清单 2.10　cdev_add 添加 cdev 设备

```
char_cdev->owner = THIS_MODULE;

if (cdev_add(char_cdev, devno, 1) != 0) {             /* 增加 char_cdev 到系统中 */
    printk(KERN_ERR "add cdev error! \n");
    goto error1;
}
```

必须检查 cdev_add 的返回值，因为 cdev_add 不一定保证成功，添加成功返回 0，失败返回返回错误码。

4. 删除 cdev

将一个 cdev 结构从系统删除，调用 cdev_del()就可以了，如：

```
cdev_del(char_cdev);                              /* 移除字符设备 */
```

2.6 内核中依然实现了 2.4 内核的字符驱动注册接口函数 register_chardev()和对应的注销函数 unregister_chrdev()：

```
int register_chrdev(unsigned int major, const char * name, const struct file_operations * fops);
void unregister_chrdev(unsigned int major, const char * name);
```

这两个函数封装实际上是对 cdev 的使用方法进行了封装，只是同一个主设备号允许的次设备号最多为 256 个，并且能一次性完成设备号和设备的注册与注销。尽管在很多文献里面都不建议再使用对函数，担心将来版本不再支持这对函数，但实际上在嵌入式 Linux 领域,使用的内核版本相对稳定,在满足次设备号的限制条件下,还是可以使用的,并且这样能够简化驱动编写。

2.3 Linux 设备和驱动

2.3.1 驱动在 Linux 中的地位

驱动是 Linux 系统中设备和用户之间的桥梁,Linux 系统中,访问设备必须通过设备驱动进行操作,用户程序是不能直接操作设备的。Linux 系统中硬件、驱动和用户程序的关系如图 2.2 所示。

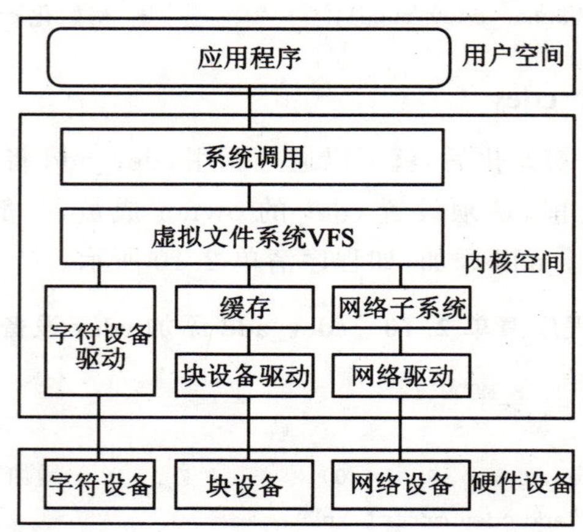

图 2.2　Linux 中设备、驱动和应用程序关系图

驱动程序运行于内核空间,用户程序只能通过内核提供的系统调用,经由 VFS 以及驱动程序才能访问和操作硬件,硬件设备传递的数据也必须经过驱动、VFS 和系统调用才能被用户程序接收。所以说,设备驱动是应用程序访问系统设备以及进行数据传递的桥梁和通道。

2.3.2 驱动的基本要素

Linux 设备驱动是具有入口和出口的一组方法的集合,各方法之间相互独立。驱动内部逻辑结构如图 2.3 所示。

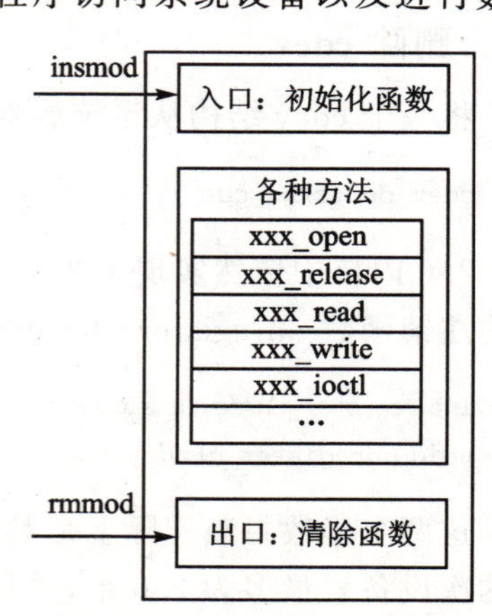

图 2.3　Linux 驱动程序逻辑结构

Linux 设备在内核中是用设备号进行区分的,而决定这些设备号的正是设备驱动程序。另外,在用户空间如何管理这些设备也与驱动程序息息相关。一个完整的设备驱动必须具备以下基本要素:

① 驱动的入口和出口。驱动入口和出口部分

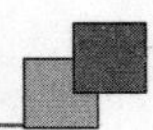

的代码并不与应用程序直接交互，仅仅与内核模块管理子系统有交互。在加载内核的时候执行入口代码，卸载的时候执行出口代码。这部分代码与内核版本关系较大，严重依赖于驱动子系统的架构和实现。

② 操作设备的各种方法。驱动程序实现了用于系统服务的各种方法，但是这些方法并不能主动执行、发挥相应的功能，只能被动地等待应用程序的系统调用；只有经过相应的系统调用，各方法才能发挥相应的功能。如应用程序执行 read()系统调用，内核才能执行驱动 xxx_read()方法的代码。这部分代码主要与硬件和需要实现的操作相关。

③ 提供设备管理方法支持，包括设备号的分配和设备的注册等。这部分代码与内核版本以及最终所采用的设备管理方法相关，如采用 udev，则驱动必须提供相应的支持代码。

2.3.3　驱动和应用程序的差别

驱动程序与普通应用程序有很大不同，主要表现在以下 3 个方面：

① 在程序组成和逻辑方面，普通应用程序一般由始至终完成某个任务，而驱动程序内部各方法之间相互独立，没有逻辑联系。

② 在系统资源访问方面，内核模块运行在内核态，可以操作系统的任何资源，包括硬件；但是应用程序却不能直接访问系统硬件，只有借助驱动程序才能访问硬件。

③ 在出错危害性方面，应用程序出错或者崩溃一般不会引起内核崩溃，可以通过杀死程序进程终止；但是内核模块出错，有可能导致内核崩溃，一旦内核崩溃，只能复位系统。

2.3.4　驱动的入口和出口

驱动的入口与模块的初始化类似，基本功能是向系统注册驱动本身；同时，还须完成驱动所需资源的申请，如设备号的获取、中断的申请以及设备的注册等工作，在一些驱动中还需要进行相关的硬件初始化。驱动的出口与驱动的入口相反，从系统中注销驱动本身，同时须按照与入口相反的顺序对所占用的资源进行释放。

驱动的入口和出口代码，与 Linux 内核版本关系很大，更确切地说是与内核驱动管理子系统关系很大。由于 Linux 内核驱动管理系统的不断升级发展，驱动管理机制发生了变化，某些数据结构发生了变化，提供的接口函数也有不少变化，这些都直接影响到驱动的注册和注销。

下面给出一个驱动，其仅仅实现驱动的入口和出口，并没有实现操作设备的方法。驱动默认采用静态设备号，在驱动入口代码中注册设备，在出口代码中注销设备，源代码如程序清单 2.11 所示。通过这个驱动可以很好地理解驱动模块的注册和注销方法。

程序清单 2.11 只有入口和出口的驱动程序代码

```
1   #include <linux/init.h>
2   #include <linux/module.h>
3   #include <linux/fs.h>
4
5   #define DEVICE_NAME          "char_null"
6   static int major = 232;          /* 保存主设备号的全局变量 */
7
8   static int __init char_null_init(void)
9   {
10      int ret;
11
12      ret = register_chrdev(major, DEVICE_NAME, &major);/* 申请设备号和注册 */
13      if (major > 0) {            /* 静态设备号  */
14          if (ret < 0) {
15              printk(KERN_INFO " Can't get major number! \n");
16              return ret;
17          }
18      } else {                   /* 动态设备号  */
19          printk(KERN_INFO " ret is %d\n", ret);
20          major = ret;             /* 保存动态获取到的主设备号  */
21      }
22      printk(KERN_INFO " %s ok! \n", __func__);
23      return ret;
24  }
25
26  static void __exit char_null_exit(void)
27  {
28      unregister_chrdev(major, DEVICE_NAME);
29      printk(KERN_INFO " %s\n", __func__);
30  }
31
32  module_init(char_null_init);
33  module_exit(char_null_exit);
34
35  MODULE_LICENSE("GPL");
36  MODULE_AUTHOR("Chenxibing, linux@zlgmcu.com");
```

这个驱动代码仅仅完成了模块初始化和退出、设备号申请与释放、设备注册和注销这些功能。下面对这个程序进行简单分析：

- 第(1)～(3)行是所需要的头文件。
- 第(5)行定义设备名称为 char_null。

- 第(6)行用全局变量,用来设定设备的主设备号,默认为静态设备号,改为 0 则采用动态设备号。如果采用动态设备号,则必须用一个全局变量将获取到的主设备号保存下来,以便卸载设备的时候用。当然,如果驱动无须卸载、设备无须注销,就可以不用保存。
- 第(8)～(24)行是驱动的初始化代码,用了 register_chrdev 函数,同时完成了设备号的申请与设备注册。第(12)行的 register_chrdev 函数最后一个参数要求传入驱动操作方法 fops 的地址,这里没有实现 fops,但必须传入一个有效地址防止运行出错,这里用了 major 变量的地址。
- 第(20)行将动态获取的设备号保存到全局变量中,以供注销设备使用。
- 第(26)～(30)行完成设备注销。在第(28)行用 unregister_chrdev 完成设备注销与设备号释放。
- 第(32)～(33)行是模块入口和出口的宏。
- 第(35)～(36)是模块的协议和作者描述。

将这个驱动编译会得到 char_null.ko 模块,可以插入内核,也可从内核中卸载。插入内核后可以查看/proc/devices 文件,看设备号的分配情况。

将 major 的值改为 0,使用动态设备号重新编译驱动,再次插入内核,查看设备号的分配情况。

2.3.5 支持 udev 设备管理方法

Linux2.6 引入了动态设备管理,用 udev 作为设备管理器,相比之前的静态设备管理,在使用上更加方便灵活。udev 根据 sysfs 系统提供的设备信息来实现对/dev 目录下设备节点的动态管理,包括设备节点的创建、删除等。

后来出现了两个变种:mdev 和 eudev。mdev 是 BusyBox 自带的动态设备管理器,是 udev 的简化版;eudev 则是 Gentoo 开发的 udev 分支。无论是 udev,还是后来的 mdev 和 eudev,它们都是用户空间的设备管理器。只要系统采用动态设备管理,无论采用哪个管理器,对驱动编写的要求都是相同的。通常,以 udev 来指代动态设备管理器。

1. udev 和驱动

如果设备驱动不支持自动创建设备节点,则必须由驱动使用者来完成。驱动使用者必须根据驱动规定的主次设备号和设备名称来创建设备节点。例如,一个设备驱动中设定设备名为 led,主设备号 231,次设备号 0,则创建设备节点的命令为:

```
# mknod  /dev/led  c  231  0
```

已经分配的设备号会出现在/proc/devices 文件中。无论驱动采用静态设备节点还是动态设备节点,插入驱动后都可根据/proc/devices 文件中的信息来创建设备节点。

2.6 内核引入了新的设备管理机制 sysfs。sysfs 是 2.6 内核引入的用于管理设备的一种虚拟文件系统,挂载在/sys 目录下。sysfs 将实际连接到系统上的设备和总线组织成一个文件分级结构,每个设备在 sysfs 目录中都有唯一对应的目录,可被用户访问,用户空间程序可以利用这些信息实现与内核的交互。

若要编写一个能用 udev 管理的设备驱动,则需要在驱动代码中调用 class_create()来为设备创建一个 class 类,再调用 device_create()为每个设备创建对应的设备。

class_create()函数用于在 sysfs 的 class 目录下创建一个类,函数原型如程序清单 2.12所示。

程序清单 2.12　class_create 函数定义

```
#define class_create(owner, name)                    \
({                                                   \
    static struct lock_class_key __key;              \
    __class_create(owner, name, &__key);             \
)
extern struct class * __must_check __class_create(struct module * owner,
                                               const char * name,
                                               struct lock_class_key * key);
```

注意,__must_check 宏表示调用者必须检查函数的返回值,否则会产生告警。

与 class_create()对应的销毁函数是 class_destroy(),用于销毁在 class 目录下创建的类,函数原型如下:

```
void class_destroy(struct class * cls);
```

device_create()用于在 sysfs 系统中创建设备节点相关的 dev 等文件,函数原型如程序清单 2.13 所示。

程序清单 2.13　device_create 函数定义

```
extern struct device * device_create(struct class * cls, struct device * parent,
                                    dev_t devt, void * drvdata,
                                    const char * fmt, ...);
```

函数详细说明可查看第 2.10.1 小节的描述。与 device_create()对应的销毁函数是 device_destroy(),用于销毁在 sysfs 中创建的设备节点相关文件,函数原型如下:

```
void device_destroy(struct class * cls, dev_t devt);
```

下面这个示例将实现在/sys/class/目录下创建 char_cdev_class 目录,并在 sysfs 中创建 char_cdev%d 文件:

```
class_create(THIS_MODULE, "char_cdev_class");
evice_create(char_cdev_class, NULL, devno, NULL, "char_cdev" "%d", MINOR(devno));
```

2. 支持 udev 的驱动范例

这里将用前面提到的知识编写一个能自动创建设备节点的驱动程序。这个程序依

然只有入口和出口，但是与前一个程序相比，有几点不同：

① 直接使用 cdev 来操作；

② 支持自动创建设备节点；

③ 支持传入参数。

还是先看驱动代码，如程序清单 2.14 所示。驱动实现了设备注册和注销，并能在 sysfs 系统中自动创建设备信息文件。

程序清单 2.14 支持 udev 的空壳驱动

```
#include <linux/init.h>
#include <linux/module.h>
#include <linux/fs.h>
#include <linux/cdev.h>
#include <linux/device.h>

static int major = 232;                                    /* 静态设备号方式的默认值 */
static int minor = 0;                                      /* 静态设备号方式的默认值 */
module_param(major, int, S_IRUGO);
module_param(minor, int, S_IRUGO);

struct cdev *char_null_udev;                               /* cdev 数据结构 */
static dev_t devno;                                        /* 设备编号 */
static struct class *char_null_udev_class;

#define DEVICE_NAME      "char_null_udev"

static int __init char_null_udev_init(void)
{
    int ret;

    if (major > 0) {                                       /* 静态设备号 */
        devno = MKDEV(major, minor);
        ret = register_chrdev_region(devno, 1, "char_null_udev");
    } else {                                               /* 动态设备号 */
        ret = alloc_chrdev_region(&devno, minor, 1, "char_null_udev");
                                                           /* 从系统获取主设备号 */
        major = MAJOR(devno);
    }
    if (ret < 0) {
        printk(KERN_ERR "cannot get major %d \n", major);
        return -1;
    }
```

```

    char_null_udev = cdev_alloc();           /* 分配 char_null_udev 结构  */
    if (char_null_udev != NULL) {
        cdev_init(char_null_udev, &major); /* 初始化 char_null_udev 结构  */
        char_null_udev->owner = THIS_MODULE;
        if (cdev_add(char_null_udev, devno, 1) != 0) {
                                              /* 增加 char_null_udev 到系统中  */
            printk(KERN_ERR "add cdev error! \n");
            goto error;
        }
    } else {
        printk(KERN_ERR "cdev_alloc error! \n");
        return -1;
    }

    //在/sys/class/下创建 char_null_udev_class 目录
    char_null_udev_class = class_create(THIS_MODULE, "char_null_udev_
                                        class");
    if (IS_ERR(char_null_udev_class)) {
        printk(KERN_INFO "create class error\n");
        return -1;
    }
    /* 将创建/dev/char_null_udev0 文件  */
    //device_create(char_null_udev_class, NULL, devno, NULL, "char_null_udev"
    //"%d", MINOR(devno));
    /* 将创建/dev/char_null_udev 文件  */
    device_create(char_null_udev_class, NULL, devno, NULL, "char_null_udev");

    return 0;

error:
    unregister_chrdev_region(devno, 1);          /* 释放已经获得的设备号  */
    return ret;
}

static void __exit char_null_udev_exit(void)
{
    device_destroy(char_null_udev_class, devno);
    class_destroy(char_null_udev_class);
    cdev_del(char_null_udev);                             /* 移除字符设备  */
    unregister_chrdev_region(devno, 1);                     /* 释放设备号  */
}
```

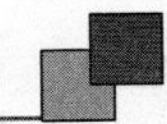

```
72
73  module_init(char_null_udev_init);
74  module_exit(char_null_udev_exit);
75
76  MODULE_LICENSE("GPL");
77  MODULE_AUTHOR("Chenxibing, linux@zlgmcu.com");
```

对文件进行简要分析：

- 第(1)～(5)行是所需要的头文件；
- 第(7)～(8)行用变量设定设备的主次设备号；
- 第(9)～(10)行是模块参数，驱动支持加载的时候指定主次设备号；
- 第(12)行定义一个 cdev 全局变量 char_null_udev；
- 第(13)行的 dev_t devno 用来保存设备编号；
- 第(14)行是定义 class 结构；
- 第(16)行定义设备名为 char_null_udev；
- 第(18)～(63)是模块的初始化代码，行完成设备注册以及设备节点创建：
  - 第(22)～(32)行根据 major 变量，可以静态或者动态获取设备编号：如果是设备号，则需要用 MKDEV 构建成设备编号(行(23))；如果是动态获取设备编号，则还需在(27)行获取主设备号；
  - 第(34)行通过 cdev_alloc 分配一个 cdev 数据结构 char_null_udev；
  - 如果分配成功，则在(36)～(37)行进行初始化；注意，cdev_init()的第 2 个参数本应该传入驱动操作方法 fops 的地址，但是没有实现 fops，就传入一个有效地址，防止运行错误；
  - 第(38)行通过 cdev_add 将 char_null_udev 添加到系统中，如果添加失败，则需要释放已经获取的设备号并退出；
  - 第(48)行在 sysfs 的 class 目录下创建 char_null_udev_class 目录；
  - 第(54)或(56)行是在 sysfs 系统中创建设备节点；
- 第(65)～(71)是模块的退出代码，完成资源释放工作：
  - 第(67)行删除 char_null_uedv 结构；
  - 第(68)行释放设备号；
  - 第(69)行删除 sysfs 中的设备节点；
  - 第(70)行销毁 sysfs 中的 class。

编译代码后得到 char_null_udev.ko 模块，插入系统则可以在/sys/class 目录下看到 char_null_udev 目录以及其他信息。先看 dev 文件：

```
# insmod  char_null_udev.ko
#cat /sys/class/char_null_udev_class/char_null_udev/dev
232:0
```

其中，udev 将根据 dev 文件来创建设备节点。

可以看到,在 sysfs 中创建的设备节点的主次设备号分别是 232,0。再看 uevent 文件:

```
#cat /sys/class/char_null_udev_class/char_null_udev/uevent
MAJOR=232
MINOR=0
DEVNAME=char_null_udev
```

除了看到主次设备号之外,还可以得知设备名称。

udev 根据 sysfs 目录中的内容,在/dev 目录下创建相应的设备节点,查看:

```
#ls -l /dev/char_null_udev
crw------- 1 root root 232, 0 2011-01-19 11:21 /dev/char_null_udev
```

2.3.6 设备驱动的操作方法

驱动是具有入口和出口的一组方法的集合,这一组方法才是驱动的核心内容。这是一组什么样的方法?如何将这一组方法与注册的字符设备关联起来,或者说系统如何知道用哪一组方法操作哪个设备?要解开这些谜团,得从定义在<linux/fs.h>文件中的字符驱动的核心数据结构 file_operations 开始。

1. fops 核心数据结构

file_operations 结构是一系列指针的集合,用来存储对设备提供各种操作的函数的指针,这些操作函数通常称为方法。file_operations 数据的定义如程序清单 2.15 所示。

程序清单 2.15 file_operations 数据结构定义

```
struct file_operations {
        struct module *owner;
        loff_t (*llseek) (struct file *, loff_t, int);
        ssize_t (*read) (struct file *, char __user *, size_t, loff_t *);
        ssize_t (*write) (struct file *, const char __user *, size_t, loff_t *);
        ssize_t (*aio_read) (struct kiocb *, const struct iovec *, unsigned long, loff_t);
        ssize_t (*aio_write) (struct kiocb *, const struct iovec *, unsigned long, loff_t);
        int (*readdir) (struct file *, void *, filldir_t);
        unsigned int (*poll) (struct file *, struct poll_table_struct *);
        int (*ioctl) (struct inode *, struct file *, unsigned int, unsigned long);
        long (*unlocked_ioctl) (struct file *, unsigned int, unsigned long);
        long (*compat_ioctl) (struct file *, unsigned int, unsigned long);
        int (*mmap) (struct file *, struct vm_area_struct *);
        int (*open) (struct inode *, struct file *);
        int (*flush) (struct file *, fl_owner_t id);
        int (*release) (struct inode *, struct file *);
```

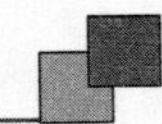

```
        int ( * fsync) (struct file * , struct dentry * , int datasync);
        int ( * aio_fsync) (struct kiocb * , int datasync);
        int ( * fasync) (int, struct file * , int);
        int ( * lock) (struct file * , int, struct file_lock * );
        ssize_t ( * sendpage) (struct file * , struct page * , int, size_t, loff_t * , int);
        unsigned long ( * get_unmapped_area)(struct file * , unsigned long,
                        unsigned long, unsigned long, unsigned long);
        int ( * check_flags)(int);
        int ( * dir_notify)(struct file * filp, unsigned long arg);
        int ( * flock) (struct file * , int, struct file_lock * );
        ssize_t ( * splice_write)(struct pipe_inode_info * , struct file * , loff_t * ,
                    size_t, unsigned int);
        ssize_t ( * splice_read)(struct file * , loff_t * , struct pipe_inode_info * ,
                    size_t, unsigned int);
        int ( * setlease)(struct file * , long, struct file_lock ** );
};
```

file_oprations 结构中定义了非常多的成员，但是对于大多数字符驱动而言，只需要实现其中很少的几个方法即可。下面对常用成员进行介绍：

1）owner 属主

```
struct module * owner
```

owner 是一个指向拥有这个结构的模块的指针，这个成员可阻止该模块还在使用时被卸载，通常初始化为 THIS_MODULE。

2）read 方法

```
ssize_t ( * read) (struct file * , char __user * , size_t, loff_t * );
```

read 方法用来从设备中获取数据。非负返回值表示成功读取的字节数(返回值是一个 signed size 类型，常常是目标平台本地的整数类型)。

3）write 方法

```
ssize_t ( * write) (struct file * , const char __user * , size_t, loff_t * );
```

发送数据给设备，非负返回值表示成功写入的字节数。

4）open 方法

```
int ( * open) (struct inode * , struct file * );
```

对应于设备的打开操作。如果驱动不实现打开操作，即将 open 设置为 NULL，则设备打开一直成功。

5）release 方法

```
int ( * release) (struct inode * , struct file * );
```

对应于设备的关闭操作。

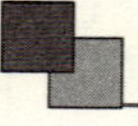

6) ioctl

```
int (*ioctl) (struct inode *, struct file *, unsigned int, unsigned long);
```

用 read、write 方法不方便实现，或者实现起来很复杂的操作，一般都可以放在 ioctl 中来进行，主要是做一些非标准操作，增加系统调用的硬件操作能力。如格式化软盘的一个磁道，这不是读也不是写操作，则可用 ioctl 方法实现。

注意，2.6.36 版本及之后的内核去掉了 ioctl 方法，取而代之的是 unlocked_ioctl 和 campat_ioctl：

```
long (*unlocked_ioctl) (struct file *, unsigned int, unsigned long);
long (*compat_ioctl) (struct file *, unsigned int, unsigned long);
```

两个函数不仅函数名称发生了变化，函数参数也有不同，与 ioctl 相比，没有了 inode 参数。但是对用户空间应用程序而言，使用上没有区别。通常，使用 unlocked_ioctl 来实现驱动的 ioctl 操作。

为了保证驱动代码在不同内核版本的兼容性，可在驱动代码中进行版本兼容处理，用 LINUX_VERSION_CODE 来进行版本判断和处理。例如：

```
#if LINUX_VERSION_CODE >= KERNEL_VERSION(2,6,36)
    .unlocked_ioctl    = char_cdev_ioctl
#else
    .ioctl     = char_cdev_ioctl
#endif
```

下文继续用 ioctl 来描述，实际应用中根据情况处理。

2. 为驱动定义 fops

前面编写的两个驱动实例都仅仅实现了驱动的入口和出口、设备的注册注销，并没有为驱动编写任何实际的操作方法。这样的驱动加载到内核中是不能为内核做任何事情的。

若要编写一个具有实际操作方法的驱动，首先得为驱动定义一个 file_operations 结构，通常称为 fops，在其中定义将要实现的各种方法。假如要在 char_cdev 的驱动中实现 open、release、read、write 和 ioctl 方法，则可以将 char_cdev 的 fops 定义为程序清单 2.16 所示的代码。

程序清单 2.16　字符设备的 fops

```
struct file_operations char_cdev_fops = {
    .owner          = THIS_MODULE,
    .read           = char_cdev_read,
    .write          = char_cdev_write,
    .open           = char_cdev_open,
    .release        = char_cdev_release,
    .ioctl          = char_cdev_ioctl
};
```

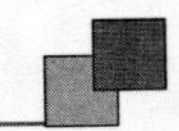

各成员的赋值顺序没有特定要求，不必实现的成员可设置为 NULL 或者不写。定义 char_cdev_fops 后，还需要分别实现 char_cdev_xxx 各方法的实际代码，并将 fops 与 char_cdev 关联起来。

3. 关联设备和 fops

即使已经为驱动定义了 fops，但是在与设备关联起来之前，内核是无法为设备找到对应操作方法的。所以，必须通过某种途径将 fops 与设备关联起来。

再回头来看 cdev_init()函数原型：

```
void cdev_init(struct cdev * cdev, const struct file_operations * fops)
```

第 2 个参数 * fops 要求传入一个 file_operations 的结构指针。前面介绍的两个范例中都忽略了这个参数，仅仅传递了一个合法地址，但不是 file_operations 结构指针，所以前面两个设备驱动无法与任何操作方法关联。

现在定义好了驱动的 fops 后，cdev_init()的正确用法应该是：

```
cdev_init(char_cdev, &char_cdev_fops);                //初始化 char_cdev 结构
```

cdev_init()将定义好的 char_cdev_fops 的地址赋给 char_cdev 的 fops 指针，将定义的驱动操作方法与某个主设备号关联起来。当 open 系统调用打开某个设备，则能够得知设备的主设备号，也就知道该用哪一组方法来操作这个设备了。fops 在设备驱动和系统调用之间的关系如图 2.4 所示。

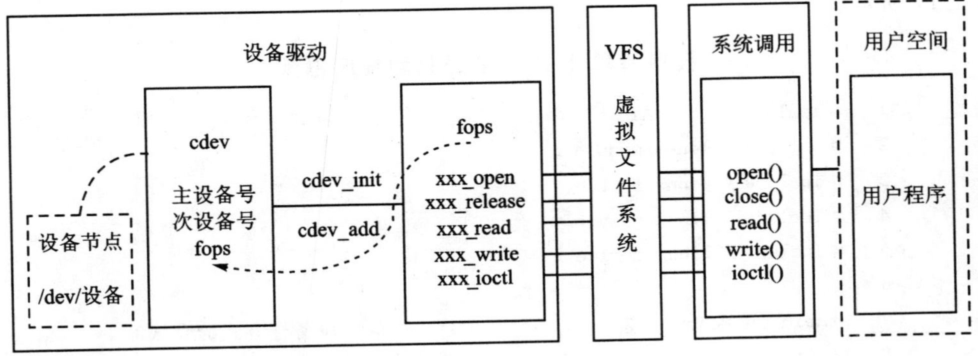

图 2.4　fops 在设备驱动和系统调用之间的关系

4. 驱动的方法和系统调用

驱动实现了 fops 方法，这个驱动就不再是空壳，就可以操作具体设备了。设备注册后，该设备的主设备号与 fops 之间对应关系就一直存在于内核中，直到驱动生命周期结束(被卸载)，应用程序发起系统调用，内核根据这个对应关系寻找正确的驱动程序来执行相关操作，如图 2.5 所示，步骤如下：

① 用户程序通过系统调用打开/dev/char 设备文件，获得主次设备号；

② 根据主设备号寻找对应的 fops；

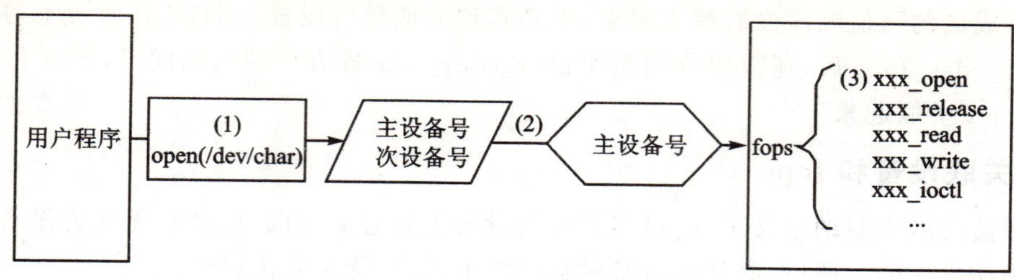

图 2.5 系统调用和驱动方法

③ 找到对应的 fops,执行驱动的 xxx_open 方法的代码。

2.4 字符驱动框架

2.4.1 字符驱动框架

接下来将前面讲述的编写驱动的知识融合起来,给出一个完整的字符驱动程序的框架,缩图如图 2.6 所示。

从略缩图来看,字符驱动框架很简单,与前面程序代码相比,只增加了 fops 的定义以及 char_cdev_xxx 各方法的实现(尽管差不多是空函数)。一般的字符驱动都可以套用这个框架,只是增加设备的实质性操作代码即可。字符驱动框架完整代码如程序清单 2.17 所示。

程序清单 2.17 字符驱动程序框架

```
#include <linux/init.h>
#include <linux/module.h>
#include <linux/fs.h>
#include <linux/cdev.h>
#include <linux/device.h>

static int major = 232;                    /* 静态设备号方式的默认值 */
static int minor = 0;                      /* 静态设备号方式的默认值 */
module_param(major, int, S_IRUGO);
module_param(minor, int, S_IRUGO);

struct cdev *char_cdev;                    /* cdev 数据结构 */
static dev_t devno;                        /* 设备编号 */
static struct class *char_cdev_class;

#define DEVICE_NAME            "char_cdev"

```

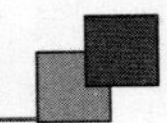

```
#include <linux/init.h>
#include <linux/module.h>
...                                                         相关头文件
                                                            相关变量和宏定义

static int char_cdev_open(struct inode *inode, struct file *file )
{                                                           open方法
}

static int char_cdev_release(struct inode *inode, struct file *file )
{                                                           release方法
}

static ssize_t char_cdev_read(struct file *file, char *buf,size_t count, loff_t *f_pos)
{                                                           read方法
}

static ssize_t char_cdev_write(struct file *file, const char *buf, size_t count, loff_t *f_pos)
{                                                           write方法
}

static int char_cdev_ioctl(struct inode *inode, struct file *file, unsigned int cmd, unsigned long arg)
{
}                                                           ioctl方法

struct file_operations char_cdev_fops = {
    .owner    = THIS_MODULE,
    .read     =char_cdev_read,
    .write    =char_cdev_write,                             fops定义
    .open     =char_cdev_open,
    .release  =char_cdev_release,
    .ioctl    =char_cdev_ioctl
};

static int __init char_cdev_init(void)
{
}                                                           模块初始化代码
module_init(char_cdev_init);

static void __exit char_cdev_exit(void)
{                                                           模块退出代码
}
module_exit(char_cdev_exit);
                                                            协议声明
MODULE_LICENSE("GPL");                                      模块描述
```

图 2.6　char_cdev 字符驱动框架略缩图

```
static int char_cdev_open(struct inode * inode, struct file * file )
{
    try_module_get(THIS_MODULE);
    printk(KERN_INFO DEVICE_NAME " opened! \n");
    return 0;
}

static int char_cdev_release(struct inode * inode, struct file * file )
{
    printk(KERN_INFO DEVICE_NAME " closed! \n");
    module_put(THIS_MODULE);
    return 0;
}

static ssize_t char_cdev_read (struct file * file, char * buf,size_t count,
                               loff_t * f_pos)
{
    printk(KERN_INFO DEVICE_NAME " read method! \n");
    return count;
}

static ssize_t char_cdev_write (struct file * file, const char * buf,
                                size_t count, loff_t * f_pos)
{
    printk(KERN_INFO DEVICE_NAME " write method! \n");
    return count;
}

static int char_cdev_ioctl (struct inode * inode, struct file * file,
                            unsigned int cmd, unsigned long arg)
{
    printk(KERN_INFO DEVICE_NAME " ioctl method! \n");
    return 0;
}

struct file_operations char_cdev_fops = {
    .owner          = THIS_MODULE,
    .read           = char_cdev_read,
    .write          = char_cdev_write,
    .open           = char_cdev_open,
    .release        = char_cdev_release,
    .ioctl          = char_cdev_ioctl
```

```
};

static int __init char_cdev_init(void)
{
    int ret;

    if (major > 0) {                                          /* 静态设备号 */
        devno = MKDEV(major, minor);
        ret = register_chrdev_region(devno, 1, "char_cdev");
    } else {                                                  /* 动态设备号 */
        ret = alloc_chrdev_region(&devno, minor, 1, "char_cdev");
                                                      /* 从系统获取主设备号 */
        major = MAJOR(devno);
    }
    if (ret < 0) {
        printk(KERN_ERR "cannot get major %d \n", major);
        return -1;
    }

    char_cdev = cdev_alloc();                           /* 分配 char_cdev 结构 */
    if (char_cdev != NULL) {
        cdev_init(char_cdev, &char_cdev_fops);  /* 初始化 char_cdev 结构 */
        char_cdev->owner = THIS_MODULE;
        if (cdev_add(char_cdev, devno, 1) != 0) {
                                                /* 增加 char_cdev 到系统中 */
            printk(KERN_ERR "add cdev error! \n");
            goto error;
        }
    } else {
        printk(KERN_ERR "cdev_alloc error! \n");
        return -1;
    }

    char_cdev_class = class_create(THIS_MODULE, "char_cdev_class");
    if (IS_ERR(char_cdev_class)) {
        printk(KERN_INFO "create class error\n");
        return -1;
    }

//device_create(char_cdev_class, NULL, devno, NULL, "char_cdev" "%d", MINOR(devno));
    device_create(char_cdev_class, NULL, devno, NULL, "char_cdev", NULL);
    return 0;
```

```
97
98  error:
99       unregister_chrdev_region(devno, 1);              /* 释放已经获得的设备号 */
100      return ret;
101 }
102
103 static void __exit char_cdev_exit(void)
104 {
105      cdev_del(char_cdev);                                    /* 移除字符设备 */
106      unregister_chrdev_region(devno, 1);                     /* 释放设备号 */
107      device_destroy(char_cdev_class, devno);
108      class_destroy(char_cdev_class);
109 }
110
111 module_init(char_cdev_init);
112 module_exit(char_cdev_exit);
113
114 MODULE_LICENSE("GPL");
115 MODULE_AUTHOR("Chenxibing, linux@zlgmcu.com");
```

对框架进行一些说明：

- 第(18)～(23)行是驱动 open 方法的实现代码，其中第(20)行的 try_module_get()用于增加模块引用计数，设备每被打开一次，模块引用计数加一；
- 第(25)～(30)行是驱动 release 方法的实现代码，其中(28)行的 module_put()用于递减模块引用计数，设备被关闭一次，模块引用计数减一；当引用计数为 0 时，模块可以被卸载；
- 第(32)～(36)行是驱动 read 方法的实现代码；
- 第(38)～(42)行是驱动 write 方法的实现代码；
- 第(44)～(48)行是驱动 ioctl 方法的实现代码；
- 第(50)～(57)行是驱动 fops 的定义；
- 在第(77)行通过 cdev_init()将 fops 与设备相关联。

尽管这是一个字符驱动框架，驱动的各种方法都没有实质性的内容，仅仅是在各种方法打印一条信息。只要有相关的系统调用，方法内的提示信息就会打印出来。

2.4.2 测试程序

驱动编写后都需要进行测试，这样才能知道驱动是否能工作、工作是否正常。驱动程序实现了哪些方法，测试程序就需要编写程序进行相关的系统调用，对各种方法进行测试。如果测试不完善，带来的问题是很难估计的。

对于已经实现的字符驱动框架，可以编写一个测试程序进行相应的系统调用，测试驱动所实现方法的代码是否被运行。程序清单 2.18 是一个测试范例程序。

程序清单 2.18 字符驱动测试程序

```
#include <stdio.h>
#include <stdlib.h>
#include <unistd.h>
#include <sys/ioctl.h>
#include <errno.h>
#include <fcntl.h>

#define DEV_NAME          "/dev/char_cdev"

int main(int argc, char *argv[])
{
        int i;
        int fd = 0;
        int dat = 0;

        fd = open (DEV_NAME, O_RDWR);
        if (fd < 0) {
                perror("Open "DEV_NAME" Failed! \n");
                exit(1);
        }

        i = read(fd, &dat, 1);
        if (!i) {
                perror("read "DEV_NAME" Failed! \n");
                exit(1);
        }

        dat = 0;
        i = write(fd, &dat, 1);
        if (!i) {
                perror("write "DEV_NAME" Failed! \n");
                exit(1);
        }

        i = ioctl(fd, NULL, NULL);
        if (!!i) {
                perror("ioctl "DEV_NAME" Failed! \n");
                exit(1);
        }

        close(fd);
        return 0;
}
```

测试程序对驱动的各种方法都进行了测试,测试结果如下:

```
char_cdev opened!
char_cdev read method!
char_cdev write method!
char_cdev ioctl method!
char_cdev closed!
```

各种方法的代码都能被系统调用执行。

2.5 第一个完整意义上的驱动

这一节将以 LED 驱动为例,讲述一个完整的有实际操作意义的驱动的实现过程。编写一个驱动之前,必须根据硬件电路的特性为硬件设计合理的驱动方法。就 LED 指示灯而言,通常都是通过点亮或者熄灭指示灯,以指示不同的运行状态信息,显然,用 read 和 write 这样的标准系统操作是不方便操作的。对于 LED 这样的硬件 I/O 操作,驱动时首选 ioctl 方法来实现相应的功能。

ioctl 系统调用主要用于增加系统调用的硬件控制能力,它可以构建自己的命令,也能接收参数。通过 ioctl 控制硬件 I/O,必须在驱动中为 ioctl()系统调用设计一些控制命令,通过不同的命令实现不同的硬件控制。

2.5.1 ioctl 命令

先看一个用户程序通过 ioctl 系统调用控制 LED 的例子:

```
ioctl(fd, SET_LED_ON, 2);
```

其中,SET_LED_ON 是命令,2 是与命令相关的参数,至于参数具体表达什么含义,完全由驱动编写者来定义。

1. ioctl 命令构成

ioctl 操作与硬件平台相关,使用 ioctl 的驱动需要包含<linux/ioctl.h>文件。然而实际上,这个文件却只是包含了一个与硬件平台相关的<asm/ioctl.h>文件,ARM 处理器使用通用的 ioctl 最终使用<asm-generic/ioctl.h>。

每个 ioctl 命令实际上都是一个 32 位整型数,各字段和含义如表 2.1 所列。

表 2.1 ioctl 命令各字段含义说明

字 段	31~30	29~16	15~8	7~0
含 义	00 没有参数:_IO 01 写:_IOW 10 读:_IOR 11 读写:_IOWR	参数长度	驱动的幻数,或者说特征码,常用 ASCII 字符表示,用于标识驱动	功能号,用于区分命令功能

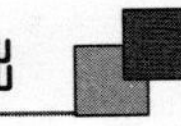

例如，0x82187201是带长度为0x218的参数读命令，功能号为1，幻数用ASCII表示是“r”，实际上这个命令是<linux/msdos_fs.h>中的VFAT_IOCTL_READDIR_BOTH命令：

```
#define VFAT_IOCTL_READDIR_BOTH        _IOR('r', 1, struct __fat_dirent[2])
```

2. 构造ioctl命令

为驱动构造ioctl命令，首先要为驱动选择一个可用的幻数作为驱动的特征码，以区分不同驱动的命令。内核已经使用了很多幻数，为了防止冲突，最好不要再使用这些系统已经占用的幻数来作为驱动的特征码。已经被使用的幻数列表详见Documentation/ioctl/ioctl-number.txt文件。在不同平台上，幻数使用情况都不同，为防止冲突，可以选择其他平台使用的幻数来用。

选定幻数后，可以这样来进行定义：

```
#define LED_IOC_MAGIC     'z'
```

ioctl命令字段的bit[31：30]表示命令的方向，分别表示使用_IO、_IOW、_IOR和_IOWR这几个宏定义，分别用于构造不同的命令：

_IO(type,nr)	构造无参数的命令编号
_IOW(type,nr,size)	构造往驱动写入数据的命令编号
_IOR(type,nr,size)	构造从驱动中读取数据的命令编号
_IOWR(type,nr,size)	构造双向传输的命令编号

这些宏定义中，type是幻数，nr是功能号，size是数据大小。

例如，为LED驱动构造ioctl命令，由于控制LED无需数据传输，则可以这样定义：

```
#define SET_LED_ON          _IO(LED_IOC_MAGIC, 0)
#define SET_LED_OFF         _IO(LED_IOC_MAGIC, 1)
```

如果想在ioctl中往驱动写入一个int型的数据，可以这样定义：

```
#define CHAR_WRITE_DATA     _IOW(CHAR_IOC_MAGIC, 2, int)
```

类似的，要从驱动中读取int型的数据，则定义为：

```
#define CHAR_READ_DATA      _IOR(CHAR_IOC_MAGIC, 3, int)
```

注意：同一份驱动的ioctl命令定义，无论有无数据传输以及数据传输方向是否相同，各命令的序号都不能相同。

定义完所需的全部命令后，还须定义一个命令的最大编号，防止传入参数超过编号范围。

3. 解析ioctl命令

驱动程序必须对传入的命令进行解析，包括传输方向、命令类型、命令编号以及参

数大小,可以分别通过下面的宏定义完成:

_IOC_DIR(nr)　　解析命令的传输方向

_IOC_TYPE(nr)　　解析命令类型

_IOC_NR(nr)　　解析命令序号

_IOC_SIZE(nr)　　解析参数大小

如果解析发现命令出错,则可以返回-ENOTTY,如:

```
if (_IOC_TYPE(cmd) != LED_IOC_MAGIC) {
    return -ENOTTY;
}
if (_IOC_NR(cmd) >= LED_IOC_MAXNR) {
    return -ENOTTY;
}
```

2.5.2　内核空间的 ioctl

内核空间 iotcl 函数原型,即驱动的 ioctl 方法定义如下:

```
int (*ioctl) (struct inode *inode, struct file *filp, unsigned int cmd, unsigned long arg);
```

定义的 ioctl 命令通过 cmd 传递,数据通过 arg 传递。驱动得到 cmd 命令和 arg 参数后,须首先用解析 ioctl 命令的宏定义对命令和参数进行解析判断,没有问题再进行后续处理。

2.5.3　用户空间的 ioctl

前面已经见过 ioctl 系统调用方法了,对比内核空间的 ioctl 函数原型会发现两者是不同的。用户空间的 ioctl 系统调用原型如下:

```
int ioctl (int fd, unsigned long cmd, ...)
```

fd 是被打开的设备文件,cmd 是操作设备的命令,"..."代表可变数目的参数表,通常用 char *argp 来定义,如果 cmd 命令不需要参数,则传入 NULL 即可。

2.5.4　LED 驱动范例

1. 背景交代

该驱动范例基于 EPC-28x 工控主板(处理器为 i. MX28x)。该主板硬件提供一个 Error 指示灯,由处理器的 GPIO1_23 控制,低电平点亮。

EPC-28x 的 BSP 实现了 GPIO 底层接口移植,可直接调用 gpio_direction_output、gpio_set_value 等操作接口函数。

i. MX28 系列处理器的 I/O 端口分为 7 个 BANK,GPIO 序号=BANK x 32 + N,例如 GPIO1_23 的排列序号是 1 x 32 + 23,等于 55。

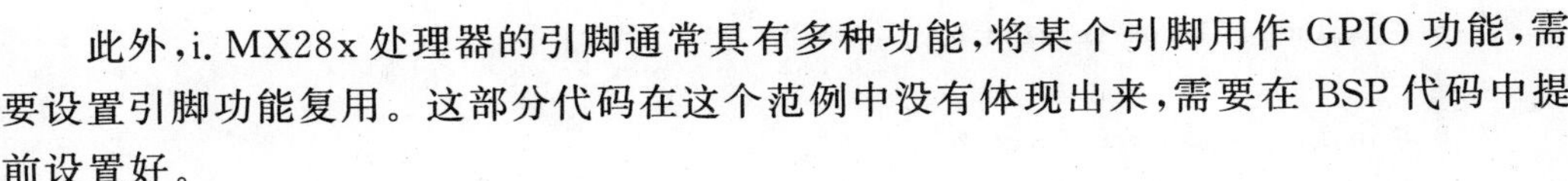

此外，i. MX28x 处理器的引脚通常具有多种功能，将某个引脚用作 GPIO 功能，需要设置引脚功能复用。这部分代码在这个范例中没有体现出来，需要在 BSP 代码中提前设置好。

2. 头文件

LED 设备驱动采用 ioctl 方法，首先需要定义 ioctl 的操作命令。程序清单 2.19 定义了 2 个操作命令：LED_ON 和 LED_OFF。

程序清单 2.19 LED 驱动头文件

```
#ifndef _LED_DRV_H
#define _LED_DRV_H

#define LED_IOC_MAGIC   'L'
#define LED_ON          _IO(LED_IOC_MAGIC, 0)
#define LED_OFF         _IO(LED_IOC_MAGIC, 1)

#define LED_IOCTL_MAXNR          2

#endif /* _LED_DRV_H */
```

3. 驱动实现

根据 LED 的设备特点，驱动只须实现 open、release 和 ioctl 这 3 种方法，因此，fops 中不再为其他不用实现的成员赋值。

由于涉及具体的硬件平台，需要操作硬件资源，因此，驱动中必须包含平台相关的头文件，如 hardware. h、gpio. h 等。

在 open 和 release 方法中，将 LED 对应的 GPIO 端口设置为输出并且使 LED 处于熄灭状态。在 ioctl 中根据传入的命令，分别使 LED 控制端口输入高电平或者低电平，达到了点亮和熄灭 LED 的目的。

另外，由于 ioctl 在不同版本可能存在变化，故要做好兼容处理。这个驱动范例中也实现了这一点，参考代码第 39～43 行和第 74～78 行。要实现内核版本识别，则需要在头文件中包含<linux/version. h>。

程序清单 2.20 是 LED 驱动的一个实现范例，驱动不复杂，不再做过多讲解。

程序清单 2.20 LED 驱动实现范例

```
1 #include <linux/init.h>
2 #include <linux/module.h>
3 #include <linux/fs.h>
4 #include <linux/cdev.h>
5 #include <linux/device.h>
```

```
#include <linux/version.h>

#include <asm/mach/arch.h>
#include <mach/hardware.h>
#include <mach/gpio.h>
#include <asm/gpio.h>

#include "led_drv.h"

static int major;
static int minor;
struct cdev *led;                                          /* cdev 数据结构      */
static dev_t devno;                                        /* 设备编号          */
static struct class *led_class;

#define DEVICE_NAME        "led"

#define GPIO_LED_PIN_NUM    55                             /* gpio 1_23         */

static int led_open(struct inode *inode, struct file *file )
{
    try_module_get(THIS_MODULE);
    gpio_direction_output(GPIO_LED_PIN_NUM, 1);
    return 0;
}

static int led_release(struct inode *inode, struct file *file )
{
    module_put(THIS_MODULE);
    gpio_direction_output(GPIO_LED_PIN_NUM, 1);
    return 0;
}

#if LINUX_VERSION_CODE >= KERNEL_VERSION(2,6,36)
int led_ioctl(struct file *filp, unsigned int cmd, unsigned long arg)
#else
static int led_ioctl(struct inode *inode, struct file *file, unsigned int cmd,
                     unsigned long arg)
#endif
{
    if (_IOC_TYPE(cmd) != LED_IOC_MAGIC) {
        return -ENOTTY;
    }
```

```

    if (_IOC_NR(cmd) > LED_IOCTL_MAXNR) {
        return -ENOTTY;
    }

    switch(cmd) {
    case LED_ON:
        gpio_set_value(GPIO_LED_PIN_NUM, 0);
        break;

    case LED_OFF:
        gpio_set_value(GPIO_LED_PIN_NUM, 1);
        break;

    default:
        gpio_set_value(27, 0);
        break;
    }

    return 0;
}

struct file_operations led_fops = {
    .owner    = THIS_MODULE,
    .open     = led_open,
    .release  = led_release,
#if LINUX_VERSION_CODE >= KERNEL_VERSION(2,6,36)
    .unlocked_ioctl    = led_ioctl
#else
    .ioctl    = led_ioctl
#endif
};

static int __init led_init(void)
{
    int ret;

    gpio_free(GPIO_LED_PIN_NUM);
    if (gpio_request(GPIO_LED_PIN_NUM, "led_run")) {
        printk("request %s gpio faile \n", "led_run");
        return -1;
    }
```

```

    ret = alloc_chrdev_region(&devno, minor, 1, "led");
                                                  /* 从系统获取主设备号    */
    major = MAJOR(devno);
    if (ret < 0) {
        printk(KERN_ERR "cannot get major %d \n", major);
        return -1;
    }

    led = cdev_alloc();                           /* 分配 led 结构        */
    if (led != NULL) {
        cdev_init(led, &led_fops);                /* 初始化 led 结构      */
        led->owner = THIS_MODULE;
        if (cdev_add(led, devno, 1) != 0) {       /* 增加 led 到系统中    */
            printk(KERN_ERR "add cdev error! \n");
            goto error;
        }
    } else {
        printk(KERN_ERR "cdev_alloc error! \n");
        return -1;
    }

    led_class = class_create(THIS_MODULE, "led_class");
    if (IS_ERR(led_class)) {
        printk(KERN_INFO "create class error\n");
        return -1;
    }

    device_create(led_class, NULL, devno, NULL, "led");
    return 0;

error:
    unregister_chrdev_region(devno, 1);           /* 释放已经获得的设备号  */
    return ret;
}

static void __exit led_exit(void)
{
    cdev_del(led);                                /* 移除字符设备         */
    unregister_chrdev_region(devno, 1);           /* 释放设备号           */
    device_destroy(led_class, devno);
    class_destroy(led_class);
}
```

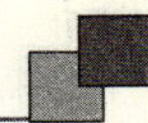

```
module_init(led_init);
module_exit(led_exit);

MODULE_LICENSE("GPL");
MODULE_AUTHOR("Chenxibing, linux@zlgmcu.com");
```

4. 测试程序

驱动编写完成后，还须编写一个测试程序，用来测试驱动的正确性。程序清单 2.21 是一个简单的测试程序。打开设备后，通过 ioctl 方法控制 LED 闪烁 3 次。

注意，如果驱动定义了 ioctl 命令，则应用程序必须有这些命令的定义，通常做法是包含驱动头文件。

程序清单 2.21 LED 测试程序

```
#include <stdio.h>
#include <stdlib.h>
#include <unistd.h>
#include <sys/ioctl.h>
#include <errno.h>
#include <fcntl.h>
#include "../led_drv.h"

#define DEV_NAME          "/dev/led"

int main(int argc, char *argv[])
{
      int i;
      int fd = 0;

      fd = open (DEV_NAME, O_RDONLY);
      if (fd < 0) {
          perror("Open "DEV_NAME" Failed! \n");
          exit(1);
      }

      for (i = 0; i<3; i ++ ) {
          ioctl(fd, LED_ON);
          sleep(1);
          ioctl(fd, LED_OFF);
          sleep(1);
      }

```

```
    close(fd);
    return 0;
}
```

2.6 内核/用户空间的数据交换

驱动与用户空间进行数据传递时，可以通过 read 和 write 方法实现，也可以在 ioctl 中完成，具体采用哪种方式取决于驱动和系统的实际情况。无论用什么方法中完成数据传递，都必须有数据传递的通道和工具。内核提供了几种与用户空间交换数据的方法，如 put_user/get_user、copy_to_user/copy_from_user 等。

2.6.1 检查地址的合法性

与用户空间实现交换数据的有几组函数，无论用什么函数，都必须隐式或者显式地检查空间的合法性，这通过 access_ok()完成。有些函数已经在内部完成了空间验证，带“__”的函数要求程序编写者自行验证。

access_ok()函数仅仅用于验证某段空间能否被读/写，而不进行数据传输：

```
access_ok(type,addr,size);
```

读/写操作取决于 type 类型，可选 VERIFY_READ 或者 VERIFY_WRITE；addr 是用户空间的地址；size 是字节数，返回 1 表示成功，0 表示失败。

注意，一定要将 ioctl 命令的方向与 access_ok 的 READ 和 WRITE 区分开来。ioctl 对象是驱动，access_ok 对象是用户空间，两者的方向是反的：

- 如果构造了_IOR 命令，从驱动中读取数据，则是往用户空间写入数据，须设置 type 为 VERIFY_WRITE；
- 如果构造了_IOW 命令，往驱动写入数据，则须从用户空间读取数据，须设置 type 为 VERIFY_READ；
- 如果要对用户空间进行读/写操作，则须设置 type 为 VERIFY_WRITE。

感觉用起来有点绕，不过实际上，内核提供的用户数据传输的接口函数都已经完成了验证工作，无须用户单独验证；但是内核也提供了没有验证操作的接口函数，如果驱动用了这些接口函数，则必须自行验证。

2.6.2 往用户空间传递数据

1. 传递单个数据

put_user()可以向用户空间传递单个数据。单个数据并不是指一个字节数据，对 ARM 而言，put_user 一次性可传递一个 char、short 或者 int 型的数据，即 1、2 或者 4 字节。用 put_user 比用 copy_to_user 要快：

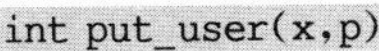

```
int put_user(x,p)
```

其中，x 为内核空间的数据，p 为用户空间的指针。传递成功，返回 0，否则返回-EFAULT。

put_user 一般在 ioctl 方法中使用，假如要往用户空间传递一个 32 位的数据，则可以这样实现：

```
static int char_cdev_ioctl (struct inode * inode, struct file * filp, unsigned int cmd,
                            unsigned long arg)
{
    int ret;
    u32 dat,
    switch(cmd)
    {
        case CHAR_CDEV_READ:
            ...其他操作
            dat =  数据;
            if (put_user(dat, (u32 * )arg) ) {
                printk("put_user err\n");
            return  - EFAULT;
            }
    }
    ...其他操作
    return ret;
}
```

__put_user 是没有进行地址验证的版本。

2. 传递多个数据

copy_to_user()可以一次性向用户空间传递一个数据块，函数原型如下：

```
static inline unsigned long __must_check copy_from_user(void * to, const void __user
 * from, unsigned long n);
```

其中，参数 to 是内核空间缓冲区地址，from 是用户空间地址，n 是数据字节数，返回值是不能被复制的字节数，返回 0 表示全部复制成功。

copy_to_user()一般在 read 方法中使用。假如驱动要将从设备读到的 count 个数据送往用户空间，则可以这样实现：

```
static ssize_t char_cdev_read(struct file * filp,  char __user * buf,  size_t count,
                              loff_t * ppos)
{
    unsigned char data[256] = {0};
    ....从设备获取数据
```

```
    if (copy_to_user((void *)buf, data, count)) {
        printk("copy_to_user err\n");
        return -EFAULT;
    }
    return count;
}
```

__copy_to_user 是没有进行地址验证的版本。

2.6.3 从用户空间获取数据

1. 获取单个数据

调用 get_user()可以从用户空间获取单个数据,单个数据并不是指一个字节数据,对 ARM 而言,get_user 一次性可获取一个 char、short 或者 int 型的数据,即 1、2 或者 4 字节。用 get_user 比用 get_from_user 要快:

```
int get_user(x,p)
```

其中,x 为内核空间的数据,p 为用户空间的指针。获取成功,返回 0,否则返回-EFAULT。

get_user()一般也用在 ioctl 方法中。假如驱动需要从用户空间获取一个 32 位数,然后写到某个寄存器中,可以这样实现:

```
static int char_cdev_ioctl (struct inode * inode, struct file * filp, unsigned int cmd,
                            unsigned long arg)
{
    int ret;
    u32 dat,
    switch(cmd)
    {
        case CHAR_CDEV_WRITE:
            if (get_user(dat, (u32 *)arg) ) {
                printk("get_user err\n");
            return -EFAULT;
            }
            CHAR_CDEV_REG = dat;
            ...其他操作
    }
    ...其他操作
    return ret;
}
```

__get_user 是没有进行地址验证的版本。

2. 获取多个数据

copy_from_user()可以一次性从用户空间获取一个数据块，函数原型如下：

```
static inline unsigned long __must_check copy_from_user(void *to, const void __user
*from, unsigned long n);
```

其中，参数 to 是内核空间缓冲区地址，from 是用户空间地址，n 是数据字节数，返回值是不能被复制的字节数，返回 0 表示全部复制成功。

copy_from_user()常用在 write 方法中。如果驱动需要从用户空间获取 count 字节数据来用于操作设备，可以这样实现：

```
static ssize_t char_cdev_write(struct file *filp, const char __user *buf, size_t count,
                               loff_t *ppos)
{
    unsigned char data[256];
    if (copy_from_user(&data, buf, 256) ) {
        printk("copy_from_user err\n");
        return -EFAULT;
    }
    ...
}
```

__copy_from_user 是没有进行地址验证的版本。

2.6.4 支持读/写的驱动范例

1. 驱动实现

本小节实现对一个带 64 字节读/写缓冲区的字符设备的读/写操作。驱动初始化的时候，对设备内部 64 字节缓冲区进行初始化，在 read 和 write 方法中分别实现对内部缓冲区数据的读取和写入。参考程序如程序清单 2.22 所示。

程序清单 2.22 设备读写方法实现范例程序

```
#include <linux/init.h>
#include <linux/module.h>
#include <linux/fs.h>
#include <linux/cdev.h>
#include <linux/device.h>
#include <asm/uaccess.h>        /* copy_to_user ... */

static int major;
static int minor;
struct cdev *char_cdev_rw;                              /* cdev 数据结构 */
```

```
static dev_t devno;                                  /* 设备编号 */
static struct class * char_cdev_rw_class;
static char dev_rw_buff[64];                         /* 设备内部读写缓冲区 */

#define DEVICE_NAME       "char_cdev_rw"

static int char_cdev_rw_open(struct inode * inode, struct file * file )
{
    try_module_get(THIS_MODULE);
    return 0;
}

static int char_cdev_rw_release(struct inode * inode, struct file * file )
{
    module_put(THIS_MODULE);
    return 0;
}

static ssize_t char_cdev_rw_read (struct file * file, char * buf,size_t count,
                                    loff_t * f_pos)
{
    if (count > 64) {
        printk("Max length is 64\n");
        count = 64;
    }

    if (copy_to_user((void * )buf, dev_rw_buff, count)) {
        printk("copy_to_user err\n");
        return - EFAULT;
    }

    return count;
}

static ssize_t char_cdev_rw_write (struct file * file, const char * buf,
                                    size_t count, loff_t * f_pos)
{
    if (count > 64) {
        printk("Max length is 64\n");
        count = 64;
    }

```

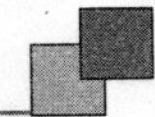

```
    if (copy_from_user(&dev_rw_buff, buf, count) ) {
        printk("copy_from_user err\n");
        return - EFAULT;
    }

    return count;
}
struct file_operations char_cdev_rw_fops = {
    .owner          = THIS_MODULE,
    .read           = char_cdev_rw_read,
    .write          = char_cdev_rw_write,
    .open           = char_cdev_rw_open,
    .release        = char_cdev_rw_release,
};

static int __init char_cdev_rw_init(void)
{
    int ret;
    int i;

    ret = alloc_chrdev_region(&devno, minor, 1, "char_cdev_rw");
                                                /* 从系统获取主设备号 */
    major = MAJOR(devno);
    if (ret < 0) {
        printk(KERN_ERR "cannot get major %d \n", major);
        return - 1;
    }

    char_cdev_rw = cdev_alloc();                /* 分配 char_cdev_rw 结构 */
    if (char_cdev_rw != NULL) {
        cdev_init(char_cdev_rw, &char_cdev_rw_fops);
                                                /* 初始化 char_cdev_rw 结构 */
        char_cdev_rw->owner = THIS_MODULE;
        if (cdev_add(char_cdev_rw, devno, 1) != 0) {
                                                /* 增加 char_cdev_rw 到系统中 */
            printk(KERN_ERR "add cdev error! \n");
            goto error;
        }
    } else {
        printk(KERN_ERR "cdev_alloc error! \n");
        return - 1;
    }

```

```
    char_cdev_rw_class = class_create(THIS_MODULE, "char_cdev_rw_class");
    if (IS_ERR(char_cdev_rw_class)) {
        printk(KERN_INFO "create class error\n");
        return -1;
    }

    device_create(char_cdev_rw_class, NULL, devno, NULL, "char_cdev_rw");

    for (i = 0; i<64; i++) {
        dev_rw_buff[i] = i;                          /* 初始化设备内部读写缓冲区 */
    }

    return 0;

error:
    unregister_chrdev_region(devno, 1);              /* 释放已经获得的设备号 */
    return ret;
}

static void __exit char_cdev_rw_exit(void)
{
    cdev_del(char_cdev_rw);                          /* 移除字符设备 */
    unregister_chrdev_region(devno, 1);              /* 释放设备号 */
    device_destroy(char_cdev_rw_class, devno);
    class_destroy(char_cdev_rw_class);
}

module_init(char_cdev_rw_init);
module_exit(char_cdev_rw_exit);

MODULE_LICENSE("GPL");
MODULE_AUTHOR("Chenxibing, linux@zlgmcu.com");
```

2. 测试程序

编写一个简单的测试程序，对驱动的读/写方法进行测试，验证驱动的正确性。程序打开设备后，首先读取设备内部 64 字节缓冲区的原始数据，然后写入 64 字节新数据，最后再一次读取，看写入的数据是否正确。程序实现如程序清单 2.23 所示。

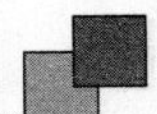

程序清单 2.23　设备读/写应用范例

```c
#include <stdio.h>
#include <stdlib.h>
#include <unistd.h>
#include <sys/ioctl.h>
#include <errno.h>
#include <fcntl.h>

#define DEV_NAME            "/dev/char_cdev_rw"

int main(int argc, char *argv[])
{
    int i;
    int fd = 0;
    char buff[64];

    fd = open (DEV_NAME, O_RDWR);
    if (fd < 0) {
        perror("Open "DEV_NAME" Failed! \n");
        exit(1);
    }

    printf("read orig data from device\n");
    i = read(fd, &buff, 64);
    if (! i) {
        perror("read "DEV_NAME" Failed! \n");
        exit(1);
    }
    for (i = 0; i<64; i++ ) {
        printf("0x%02x ", buff[i]);
    }
    printf("\n");

    printf("write data into device\n");
    for (i = 0; i<64; i++ ) {
        buff[i] = 63 - i;
    }
    i = write(fd, &buff, 64);
    if (! i) {
        perror("write "DEV_NAME" Failed! \n");
        exit(1);
```

```
    }

    printf("read new data from device\n");
    i = read(fd, &buff, 64);
    if (! i) {
        perror("read "DEV_NAME" Failed! \n");
        exit(1);
    }
    for (i = 0; i<64; i ++ ) {
        printf("0x %02x ", buff[i]);
    }
    printf("\n");

    close(fd);
    return 0;
}
```

下面是驱动和测试程序实际运行结果:

```
[root@EPC - 9600 mnt]# insmod char_cdev_rw.ko
[root@EPC - 9600 mnt]# ./char_dev_rw_test
read orig data from device
0x00 0x01 0x02 0x03 0x04 0x05 0x06 0x07 0x08 0x09 0x0a 0x0b 0x0c 0x0d 0x0e 0x0f 0x10 0x11
0x12 0x13 0x14 0x15 0x16 0x17 0x18 0x19 0x1a 0x1b 0x1c 0x1d 0x1e 0x1f 0x20 0x21 0x22 0x23
0x24 0x25 0x26 0x27 0x28 0x29 0x2a 0x2b 0x2c 0x2d 0x2e 0x2f 0x30 0x31 0x32 0x33 0x34 0x35
0x36 0x37 0x38 0x39 0x3a 0x3b 0x3c 0x3d 0x3e 0x3f
write data into device
read new data from device
0x3f 0x3e 0x3d 0x3c 0x3b 0x3a 0x39 0x38 0x37 0x36 0x35 0x34 0x33 0x32 0x31 0x30 0x2f 0x2e
0x2d 0x2c 0x2b 0x2a 0x29 0x28 0x27 0x26 0x25 0x24 0x23 0x22 0x21 0x20 0x1f 0x1e 0x1d 0x1c
0x1b 0x1a 0x19 0x18 0x17 0x16 0x15 0x14 0x13 0x12 0x11 0x10 0x0f 0x0e 0x0d 0x0c 0x0b 0x0a
0x09 0x08 0x07 0x06 0x05 0x04 0x03 0x02 0x01 0x00
```

对照驱动和测试程序可以看到,驱动的读/写方法都是正确的。

2.7 在驱动中使用中断

2.7.1 申请和释放中断

中断是一个处理器的稀缺资源,在系统中非常重要。通过中断能够及时高效地响应外部事件,提高系统的响应能力,增加系统吞吐量。

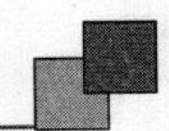

在驱动中使用中断，其实比较简单，先申请中断号，并注册一个中断中断处理程序，在中断程序实现对外部事件的处理。

1. 申请中断

通过 request_irq()可以申请中断号，并同时安装中断处理程序。request_irq()在</linux/interrupt. h>中声明，函数原型如下：

```
static inline int __must_checkrequest_irq(unsigned int irq, irq_handler_t handler,
                                          unsigned long flags,
                                          const char * name, void * dev);
```

通常情况下，返回值为 0 表示申请并安装成功，负值表示出错。其中的参数简单介绍一下：

1) irq

irq 是要申请的硬件中断号。

2) handler

handler 是指实际中断处理程序的函数指针。只要系统接收到中断，则系统调用这个函数。

3) flags

flags 设置与中断有关的一些选项。比较重要的有 SA_INTERRUPT，标明中断处理程序是快速处理程序(设置 SA_INTERRUPT)还是慢速处理程序(不设置 SA_INTERRUPT)。快速处理程序调用时屏蔽所有中断，慢速处理程序不屏蔽。还有一个 SA_SHIRQ 属性，设置了以后运行多个设备共享中断，处理程序之间通过 dev 来区分。如果中断由某个处理程序独占，则 dev 可以设置为 NULL。

4) * name

* name 传递给 request_irq 的字符串用来在/proc/interrupts 显示中断的拥有者。可使用 cat 命令查看。

5) * dev

* dev 在中断共享时会用到，一般设置为这个设备的 device 结构本身或者 NULL。中断处理程序可以用 dev 找到相应的控制这个中断的设备。在没有强制使用共享方式时，dev 可以设置为 NULL，不过，将它指向设备的数据结构是比较好的方法。函数会将 dev 原封不动地传递给中断处理程序，因而可以很方便地用于向中断传递额外数据。

2. 释放中断

中断是系统的稀缺资源，一旦不再使用，最好将中断号释放。释放中断通过 free_irq()实现。与 request_irq()一样，free_ire()函数在</linux/interrupt. h>中声明，其函数原型如下：

```
void free_irq(unsigned int irq, void * dev_id)
```

第一个参数是将要释放的 irq 中断号。

第二个参数标志设备。如果中断是该设备独占的,则这里设置为 NULL;如果是共享中断,则需要设置为中断处理程序指针。

3. 设置触发条件

中断需要设置触发条件,如上升沿中断或者下降沿中断等。Linux 设置触发条件的接口函数为 irq_set_irq_type(),在<linux/irq.h>定义,函数原型为:

```
extern int irq_set_irq_type(unsigned int irq, unsigned int type);
```

irq 为中断号,type 为终端类型。<linux/irq.h>中定义了如下中断类型:

```
IRQ_TYPE_NONE                  = 0x00000000,
IRQ_TYPE_EDGE_RISING           = 0x00000001,
IRQ_TYPE_EDGE_FALLING          = 0x00000002,
IRQ_TYPE_EDGE_BOTH             = (IRQ_TYPE_EDGE_FALLING | IRQ_TYPE_EDGE_RISING),
IRQ_TYPE_LEVEL_HIGH            = 0x00000004,
IRQ_TYPE_LEVEL_LOW             = 0x00000008,
IRQ_TYPE_LEVEL_MASK            = (IRQ_TYPE_LEVEL_LOW | IRQ_TYPE_LEVEL_HIGH),
IRQ_TYPE_SENSE_MASK            = 0x0000000f,
IRQ_TYPE_PROBE                 = 0x00000010,
```

通常情况下采用边沿触发和电平触发类型,具体如何设置还须与实际硬件匹配。

4. 使能和禁止中断

如果没有在系统中使能中断,则就算设置了触发条件,即使满足了触发条件也不会产生中断。Linux 下使能中断的函数为 enable_irq(),在<linux/interrupt.h>中定义,函数原型如下:

```
extern void enable_irq(unsigned int irq);
```

irq 为需要使能的中断号。

5. 禁止中断

如果一个中断使用完毕不再使用,则可以将该中断禁止。禁止中断的函数为 disable_irq(),在<linux/interrupt.h>中定义,函数原型如下:

```
extern void disable_irq(unsigned int irq);
```

irq 为要禁止的中断号。

2.7.2 中断处理程序编写

中断处理程序返回值 irqreturn_t,接收两个参数:中断号 irq 和 dev_id。dev_id 就是 request_irq 时传递给系统的参数 dev:

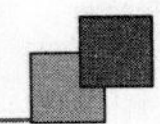

```
typedef irqreturn_t ( * irq_handler_t)(int irq, void * dev_id);
```

中断处理完毕，通常返回 IRQ_HANDLED。通常，一个中断处理程序如程序清单 2.24所示。

程序清单 2.24　中断处理程序

```
static irqreturn_t xxxx_interrupt(int irq, void * dev_id)
{
    ...中断处理代码
    return IRQ_HANDLED;          /* 中断已经处理完毕 */
}
```

中断处理程序要做些什么、应当做些什么，取决于具体系统的具体应用，没有统一的要求；但是中断处理程序应当尽量短，处理只能在中断上下文中处理的事情，能放到进程上下文的工作都不要放到中断上下文中处理。

2.7.3　按键驱动

1. 背景交代

本小节提供的按键驱动范例基于 EPC-28x 工控主板。EPC-28x 硬件上有不少用户可用 GPIO，本节选取其中一个 GPIO 用作按键，并编写驱动，用于演示中断的基本用法。

本小节范例按键对应的 GPIO 为 GPIO2_6，对应 I/O 在系统中的编号为 70。I/O 端口平时处于高电平，按键按下后为低电平。

Linux 系统为每个中断都分配了一个编号。i. MX28x 处理器的每个 I/O 端口都可以产生中断，I/O 引脚编号 GPIOn 和中断号 IRQn 之间的换算公式为："IRQn＝GPIOn＋128"，代码中可通过 gpio_to_irq 函数来完成转换。

2. 驱动实现

按键通常无须进行读/写操作，也无须进行其他 ioctl 操作，因此，这些方法都无须实现。范例程序仅仅实现了 open、release 和 close 这 3 种方法，参考程序清单 2.25。

第 10～13 行的 3 个宏定义分别定义了 I/O 端口、中断编号和设备名称。

第 20～26 行列举了可用的中断触发条件，在代码中根据实际需要来使用。根据硬件情况，代码中实际使用了下降沿中断 IRQ_TYPE_EDGE_FALLING。

范例代码中有一点需要说明，就是代码中使用了 GPIO 申请和释放函数，见第 59 行和 108 行。在 Linux 系统中，为了防止某个 I/O 被多个地方重复使用，则使用之前须通过 gpio_request_one()函数申请。在没有被释放之前，其他驱动程序是不能获得该 I/O 端口的，能有效防止资源混乱。使用完毕，可通过 gpio_free()函数释放该端口。

程序清单 2.25　按键驱动范例

```
#include <linux/init.h>
#include <linux/module.h>
#include <linux/fs.h>
#include <linux/cdev.h>
#include <linux/device.h>
#include <linux/interrupt.h>
#include <linux/irq.h>
#include <linux/gpio.h>

#define KEY_GPIO          70                                          /* GPIO2_6     */
#define KEY_GPIO_IRQ      gpio_to_irq(KEY_GPIO)                       /* 中断号      */
#define DEVICE_NAME       "key_irq"

static int major;
static int minor;
struct cdev *key_irq;                                         /* cdev 数据结构    */
static dev_t devno;                                           /* 设备编号        */
static struct class *key_irq_class;

char const irq_types[5] = {
        IRQ_TYPE_EDGE_RISING,
        IRQ_TYPE_EDGE_FALLING,
        IRQ_TYPE_EDGE_BOTH,
        IRQ_TYPE_LEVEL_HIGH,
        IRQ_TYPE_LEVEL_LOW
};

static int key_irq_open(struct inode *inode, struct file *file )
{
    try_module_get(THIS_MODULE);
    printk(KERN_INFO DEVICE_NAME " opened! \n");
    return 0;
}

static int key_irq_release(struct inode *inode, struct file *file )
{
    printk(KERN_INFO DEVICE_NAME " closed! \n");
    module_put(THIS_MODULE);
```

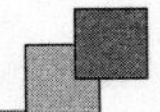

```
    return 0;
}

static irqreturn_t key_irq_irq_handler (unsigned int irq, void *dev_id)
{
    printk("KEY IRQ HAPPENED! \n");
    return IRQ_HANDLED;
}

struct file_operations key_irq_fops = {
    .owner    = THIS_MODULE,
    .open     = key_irq_open,
    .release = key_irq_release,
};

static int __init key_irq_init(void)
{
    int ret;

    gpio_free(KEY_GPIO);
    ret = gpio_request_one(KEY_GPIO, GPIOF_IN, "KEY IRQ");   /* 申请 IO */
    if (ret < 0) {
        printk(KERN_ERR "Failed to request GPIO for KEY\n");
    }

    gpio_direction_input(KEY_GPIO);                     /* 设置 GPIO 为输入     */
    if (request_irq(KEY_GPIO_IRQ, key_irq_irq_handler, IRQF_DISABLED,
  "key_irq irq", NULL) )         {  /* 申请中断 */
        printk(KERN_WARNING DEVICE_NAME": Can't get IRQ: %d! \n", KEY_GPIO_IRQ);
    }
    set_irq_type(KEY_GPIO_IRQ, irq_types[1]);
    disable_irq(KEY_GPIO_IRQ);
    enable_irq(KEY_GPIO_IRQ);

    ret = alloc_chrdev_region(&devno, minor, 1, DEVICE_NAME);
                                                    /* 从系统获取主设备号     */
    major = MAJOR(devno);
    if (ret < 0) {
        printk(KERN_ERR "cannot get major %d \n", major);
        return -1;
    }
```

```

    key_irq = cdev_alloc();                          /* 分配 key_irq 结构           */
    if (key_irq != NULL) {
        cdev_init(key_irq, &key_irq_fops);          /* 初始化 key_irq 结构      */
        key_irq->owner = THIS_MODULE;
        if (cdev_add(key_irq, devno, 1) != 0) {     /* 增加 key_irq 到系统中     */
            printk(KERN_ERR "add cdev error! \n");
            goto error;
        }
    } else {
        printk(KERN_ERR "cdev_alloc error! \n");
        return -1;
    }

    key_irq_class = class_create(THIS_MODULE, "key_irq_class");
    if (IS_ERR(key_irq_class)) {
        printk(KERN_INFO "create class error\n");
        return -1;
    }

    device_create(key_irq_class, NULL, devno, NULL, DEVICE_NAME);
    return 0;

error:
    unregister_chrdev_region(devno, 1);              /* 释放已经获得的设备号 */
    return ret;
}

static void __exit key_irq_exit(void)
{
    gpio_free(KEY_GPIO);
    disable_irq(KEY_GPIO_IRQ);
    free_irq(KEY_GPIO_IRQ, NULL);
    cdev_del(key_irq);                               /* 移除字符设备             */
    unregister_chrdev_region(devno, 1);              /* 释放设备号                 */
    device_destroy(key_irq_class, devno);
    class_destroy(key_irq_class);
}

module_init(key_irq_init);
module_exit(key_irq_exit);

MODULE_LICENSE("GPL");
MODULE_AUTHOR("Chenxibing, linux@zlgmcu.com");
```

3. 驱动测试

编译驱动后将驱动模块插入系统，然后按下按键，则可以看到按键中断发生并打印提示信息：

```
[root@EPC-28x mnt]# insmod key_irq.ko
KEY IRQ HAPPENED!
KEY IRQ HAPPENED!
KEY IRQ HAPPENED!
```

此时，查看/proc/interrupts 文件，可以看到中断的发生次数：

```
[root@EPC-28x mnt]# cat /proc/interrupts
           CPU0
      ...
220:        26         GPIO  key_irq irq
```

2.8 混杂设备驱动编程

2.8.1 混杂设备和驱动

回想一下 2.6 内核字符驱动编程的基本过程：

① 通过 alloc_chrdev_region()获得设备编号；

② 通过 cdev_alloc()申请一个 cdev 结构；

③ 通过 cdev_init()对申请到的 cdev 进行初始化；

④ 将申请到的 cdev 通过 cdev_add()往系统添加。

这样编写驱动稍微显得繁琐，能否简化驱动编写的初始化过程呢？2.6 内核在此方面做了很大努力，为驱动初始化提供了更加简便的方法。2.6 内核的驱动按照各类设备的特性，在 cdev 基础上进行了进一步封装，增加了各类设备的特性功能管理，抽象出了多子系统，如 input、usb、scsi、sound 和 framebuffer 等。基于子系统编程，子系统能够完成与 sysfs 的交互，直接生成设备节点，简化了驱动编程。

混杂设备(misc decive)是一些无法按照特定子系统的特性进行抽象的一些设备，在内核中用 miscdevice 来描述。所有的混杂设备用同一个主设备号 MISC_MAJOR (10)，每个设备只能选择自己的次设备号。如果希望为某个设备单独分配主设备号，或者一个驱动想驱动多个设备，那这份驱动就不能通过混杂设备驱动来实现。

描述 misc 设备的结构体 miscdevice 在＜linux/miscdevice.h＞中定义，如程序清单 2.26 所示。

程序清单 2.26　miscdevice 结构

```
struct miscdevice  {
        int                                 minor;
        const char                          * name;
        const struct file_operations        * fops;
        struct list_head                    list;
        struct device                       * parent;
        struct device                       * this_device;
};
```

从描述混杂设备的 miscdevice 结构也可以看到，不同混杂设备只有次设备号不同。编写混杂设备驱动，通常只须实现次设备号 minor、设备名称 name 和操作方法 fops 的定义即可。

为混杂设备定义一个 miscdevice 结构并进行初始化后，就可以通过注册函数 misc_register()完成设备注册。misc_register()函数原型如下：

```
int misc_register(struct miscdevice * misc);
```

混杂设备的注销函数如下：

```
int misc_deregister(struct miscdevice * misc);
```

2.8.2　混杂设备驱动框架

以一个空驱动为例来实现混杂设备编程，实际上也是混杂设备的驱动框架，代码如程序清单 2.27 所示。

程序清单 2.27　混杂设备驱动框架

```
#include <linux/init.h>
#include <linux/module.h>
#include <linux/fs.h>
#include <linux/miscdevice.h>

#define DEVICE_NAME      "char_misc"

static int char_misc_open(struct inode * inode, struct file * file )
{
    try_module_get(THIS_MODULE);
    printk(KERN_INFO DEVICE_NAME "opened! \n");
    return 0;
}

static int char_misc_release(struct inode * inode, struct file * file )
{
```

```
    printk(KERN_INFO DEVICE_NAME "closed! \n");
    module_put(THIS_MODULE);
    return 0;
}

static ssize_t char_misc_read (struct file * file, char * buf,size_t count,
                               loff_t * f_pos)
{
    printk(KERN_INFO DEVICE_NAME "read method! \n");
    return count;
}

static ssize_t char_misc_write (struct file * file, const char * buf,
                                size_t count, loff_t * f_pos)
{
    printk(KERN_INFO DEVICE_NAME "write method! \n");
    return count;
}

static int char_misc_ioctl (struct inode * inode, struct file * file,
                            unsigned int cmd, unsigned long arg)
{
    printk(KERN_INFO DEVICE_NAME "ioctl method! \n");
    return 0;
}

struct file_operations char_misc_fops = {
    .owner          = THIS_MODULE,
    .read           = char_misc_read,
    .write          = char_misc_write,
    .open           = char_misc_open,
    .release        = char_misc_release,
    .ioctl          = char_misc_ioctl
};

/* misc 结构体定义和初始化 */
static struct miscdevice char_misc = {
    .minor          = MISC_DYNAMIC_MINOR,
    .name           = DEVICE_NAME,
    .fops           = &char_misc_fops,
};

static int __init char_misc_init(void)
```

```
57 {
58     int ret;
59
60     ret = misc_register(&char_misc); /* 注册 misc 设备 */
61     if (ret < 0) {
62         printk(KERN_ERR "misc_register error! \n");
63         return -1;
64     }
65
66     return 0;
67 }
68
69 static void __exit char_misc_exit(void)
70 {
71     misc_deregister(&char_misc); /* 卸载 misc 设备 */
72 }
73
74 module_init(char_misc_init);
75 module_exit(char_misc_exit);
76
77 MODULE_LICENSE("GPL");
78 MODULE_AUTHOR("Chenxibing, linux@zlgmcu.com");
```

与第 2.4 节介绍的字符驱动框架相比,编程简单了很多,主要区别在于初始化和注册部分,下面进行简单说明:

- 第(49)~(54)行定义和初始化了一个 miscdevice 结构 char_misc,MISC_DYNAMIC_MINOR 表示使用动态设备号;
- 第(60)~(64)行完成 char_misc 的注册;
- 第(71)行完成 char_misc 的注销。

编译后得到 char_misc.ko 模块,插入内核可以看到/dev/char_misc 文件,查看详细信息:

```
# ls /dev/char_misc -l
crw------- 1 root root 10, 55 2011-01-22 09:39 /dev/char_misc
```

主设备号为 10,次设备号为 55。

查看一下 sysfs 中的 dev 文件和 uevent 文件:

```
# cat /sys/class/misc/char_misc/dev
10:55
# cat /sys/class/misc/char_misc/uevent
MAJOR = 10
MINOR = 55
DEVNAME = char_misc
```

2.9　I/O 内存访问

先看一个在无操作系统的情况下用 C 语言访问片上寄存器的范例。这是访问 S3C2440 UART1 的 FIFO 控制寄存器的示例，先定义 FIFO 控制寄存器为 UFCON1：

```
#define UFCON1   (*(volatile unsigned *)0x50004008)   /* UART 1 FIFO 控制寄存器 */
```

给 UFCON1 赋值：

```
UFCON1 = 0x00;          // 禁止 FIFO 功能
```

这个示例的使用条件是禁止 CPU 的 MMU。在禁止 MMU 的情况下，可以直接访问 CPU 的物理地址。

Linux 内核运行后，开启了 MMU，所以不能直接访问 CPU 的物理地址。也就是说，不能直接使用物理地址访问系统的 I/O 内存，必须将物理地址转换为虚拟地址，内核通过虚拟地址来访问系统的 I/O 内存。

在内核中，物理地址到虚拟地址的转换可以采用静态 I/O 映射，也可以采用动态 I/O 映射。通常情况下，CPU 片上寄存器和内部总线都采用静态 I/O 映射，外部总线扩展 I/O 则通常采用动态 I/O 映射，也可以添加到系统中，采用静态 I/O 映射的方式。

下面分别来看这两种方式的实现和使用方法。

2.9.1　静态 I/O 映射

静态 I/O 映射在内核中很常见，最常见的是处理器的片内寄存器的操作，如 GPIO、串口、定时器等这些片上外设的寄存器，在内核中都通过静态 I/O 映射后被访问。一般的操作方式是这样的：

```
__raw_writel(camdivn, S3C2440_CAMDIVN);
submsk = __raw_readl(S3C2410_INTSUBMSK);
```

1. io_p2v

要实现静态 I/O 映射，首先需要定义物理地址到虚拟地址的转换规则，在内核中用宏定义 io_p2v(x)实现，将物理地址映射到 3G～4G 的内核地址空间。不同处理器的具体实现是不同的，但前提是必须能将处理器的全部有效 I/O 空间映射到内核空间。对于一个 32 位的处理器，最大可访问地址空间为 2^{32}，即 4G，但是实际上绝大部分地址空间都是保留的，可访问的有效地址仅仅局限于有实际物理外设地址空间。

PXA2xx 系列处理器的移植代码是这样实现的：

```
/*
 * Intel PXA2xx internal register mapping:
 *
 * 0x40000000 - 0x41ffffff <--> 0xf2000000 - 0xf3ffffff
 * 0x44000000 - 0x45ffffff <--> 0xf4000000 - 0xf5ffffff
 * 0x48000000 - 0x49ffffff <--> 0xf6000000 - 0xf7ffffff
 * 0x4c000000 - 0x4dffffff <--> 0xf8000000 - 0xf9ffffff
 * 0x50000000 - 0x51ffffff <--> 0xfa000000 - 0xfbffffff
 * 0x54000000 - 0x55ffffff <--> 0xfc000000 - 0xfdffffff
 * 0x58000000 - 0x59ffffff <--> 0xfe000000 - 0xffffffff
 *
 * Note that not all PXA2xx chips implement all those addresses, and the
 * kernel only maps the minimum needed range of this mapping.
 */
#define io_p2v(x) (0xf2000000 + ((x) & 0x01ffffff) + (((x) & 0x1c000000) >> 1))
```

LPC32XX 系列处理器则是这实现的：

```
/* Start of virtual addresses for IO devices */
#define IO_BASE            0xF0000000
#define io_p2v(x) (IO_BASE | (((x) & 0xff000000) >> 4) | ((x) & 0x000fffff))
```

2. 定义寄存器

实现了 io_p2v(x)后就可以很方便地实现对某个 I/O 内存的操作了。在很多处理器的实现代码中，都实现了一个定义寄存器的宏定义__REG(x)：

```
# define __REG(x)          (*((volatile u32 *)io_p2v(x)))
```

通过 REG(x)来实现一个寄存器的定义。例如，PXA27x 处理器的电源管理通用配置寄存器 PCFR 的物理地址是 0x40F0001C，在内核中被定义为：

```
#define PCFR      __REG(0x40F0001C)  /* Power Manager General Configuration Register */
```

3. 建立映射表

到现在为止，尽管已经定义了 PCFR 寄存器，但是并不能被访问，因为还没有建立映射表。只有通过 iotable_init 建立了映射表的 I/O 空间才可被访问。将全部空间按照既定的映射关系建立一张 map_desc 映射描述表，如程序清单 2.28 所示。

程序清单 2.28　map_desc 映射描述表

```
static struct map_desc standard_io_desc[] __initdata = {
        {       /* Devs */
                .virtual        =   0xf2000000,
                .pfn            =   __phys_to_pfn(0x40000000),
```

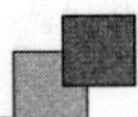

```
                .length             = 0x02000000,
                .type               = MT_DEVICE
        }, {    /* Mem Ctl */
                .virtual            =  0xf6000000,
                .pfn                = __phys_to_pfn(0x48000000),
                .length             = 0x00200000,
                .type               = MT_DEVICE
        }, {    /* USB host */
                .virtual            =  0xf8000000,
                .pfn                = __phys_to_pfn(0x4c000000),
                .length             = 0x00100000,
                .type               = MT_DEVICE
        }, {    /* Camera */
                .virtual            =  0xfa000000,
                .pfn                = __phys_to_pfn(0x50000000),
                .length             = 0x00100000,
                .type               = MT_DEVICE
        }, {    /* IMem ctl */
                .virtual            =  0xfe000000,
                .pfn                = __phys_to_pfn(0x58000000),
                .length             = 0x00100000,
                .type               = MT_DEVICE
        }, {    /* UNCACHED_PHYS_0 */
                .virtual            = 0xff000000,
                .pfn                = __phys_to_pfn(0x00000000),
                .length             = 0x00100000,
                .type               = MT_DEVICE
        }
};
```

然后通过 iotable_init 添加到内核：

```
iotable_init(standard_io_desc, ARRAY_SIZE(standard_io_desc));
```

4. 操作寄存器

操作 PCFR 寄存器的示例：

```
PCFR = 0x66;
```

采用"="直接赋值的方法虽然可以操作，但是不推荐。内核中更多的是采用可移植性强的__raw_writel、writel 系列函数：

```
__raw_writel(sscr0,ssp->mmio_base + SSCR0);
```

2.9.2 动态 I/O 映射

动态 I/O 映射无须将物理 I/O 内存空间写入映射表，调用 ioremap 即可映射到虚拟地址空间。这种方式使用起来比较灵活，不过在外扩总线设备寄存器较多的情况下使用起来就不太方便了，一般建议在寄存器较少的情况下使用。操作完毕后用 iounmap 取消 I/O 映射。

ioremap 和 iounmap 相关定义在<asm/io. h>文件中：

```
extern void __iomem * __arm_ioremap(unsigned long, size_t, unsigned int);
    #define ioremap(cookie,size)        __arm_ioremap(cookie, size, MT_DEVICE)
    extern void __iounmap(volatile void __iomem * addr);
```

看一个实际应用案例。在 CPU 的外部总线上外扩了一个 SJA1000 芯片，根据硬件电路得到操作 SJA1000 的锁存器和数据端口寄存器的地址分别是：

```
#define SJA_ALE_PADR 0x20000008          /* SJA1000 锁存器端口物理地址   */
#define SJA_DAT_PADR 0x20000004          /* SJA1000 数据端口物理地址     */
```

在驱动中采用动态 I/O 映射，可以这样实现。先定义两个全局变量，用于存放映射后的虚拟地址：

```
void __iomem * sja1000_ale;
void __iomem * sja1000_dat;
```

在初始化中用 ioremap 获得虚拟地址：

```
sja1000_dat = ioremap(SJA_DAT_PADR, 4);
sja1000_ale = ioremap(SJA_ALE_PADR, 4)
```

这两个寄存器的最大有效位是 32 位(4 字节)，所以 ioremap 的第 2 个参数为 4。

驱动中，操作寄存器用 I/O 内存专用接口函数操作：

```
writeb(0x09,sja1000_ale);
writeb(1<<i,sja1000_dat);
writeb(0x09,sja1000_ale);
```

当不再需要映射时，可以取消映射：

```
iounmap(sja1000_ale);
iounmap(sja1000_dat);
```

2.9.3 I/O 内存访问函数

前面的代码中出现了__raw_writel 和 writeb 这样的函数，这些都是老式操作接口函数，目前在内核中还大量使用，但是在新代码中不建议再使用这些函数：

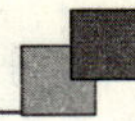

```
__raw_readb/readb          从 I/O 端口读取 8 位数
__raw_readw/readw          从 I/O 端口读取 16 位数
__raw_readl/readl          从 I/O 端口读取 32 位数
__raw_writeb/writeb        往 I/O 端口写入 8 位数
__raw_writew/writew        往 I/O 端口写入 16 位数
__raw_writel/writel        往 I/O 端口写入 32 位数
```

在新代码中建议使用下列 I/O 操作函数：

```
#define ioread8(p)          ({ unsigned int __v = __raw_readb(p); __v; })
#define ioread16(p)         ({ unsigned int __v = le16_to_cpu((__force __le16)__raw_
                            readw(p)); __v; })
#define ioread32(p)         ({ unsigned int __v = le32_to_cpu((__force __le32)__raw_
                            readl(p)); __v; })


#define iowrite8(v,p)       __raw_writeb(v, p)
#define iowrite16(v,p)      __raw_writew((__force __u16)cpu_to_le16(v), p)
#define iowrite32(v,p)      __raw_writel((__force __u32)cpu_to_le32(v), p)
```

2.10　Linux 设备驱动模型

设备驱动模型对系统的所有设备和驱动进行了抽象，形成了复杂的设备树型结构，采用面向对象的方法抽象出了 device 设备、driver 驱动、bus 总线和 class 类等概念。所有已经注册的设备和驱动都挂在总线上，总线来完成设备和驱动之间的匹配。总线、设备、驱动以及类之间的关系错综复杂，Linux 内核中通过 kobject、kset 和 subsys 来管理，驱动编写可以忽略这些管理机制的具体实现。

设备驱动模型的内部结构还在不停地发生改变，如 device、driver、bus 等数据结构在不同版本都有差异，但是基于设备驱动模型编程的结构基本还是统一的。

Linux 设备驱动模型是 Linux 驱动编程的高级内容，这一节只介绍 device、driver 等这些基本概念，便于阅读和理解内核中的代码。实际上，具体驱动也不会孤立地使用这些概念，这些概念都融合在更高层的驱动子系统中。大多数读者可以忽略这一节内容。

2.10.1　设　备

在 Linux 设备驱动模型中，底层用 device 结构来描述所管理的设备。device 结构在文件<linux/device.h>中定义，如程序清单 2.29 所示。

程序清单 2.29　device 数据结构定义

```
struct device {
        struct device           *parent;              /* 父设备                  */
```

```
        struct device_private      *p;              /* 设备的私有数据                */
        struct kobject             kobj;            /* 设备的 kobject 对象            */
        const char                 *init_name;      /* 设备的初始名字                */
        struct device_type         *type;           /* 设备类型                      */
        struct mutex               mutex;           /* 同步驱动的互斥信号量          */
        struct bus_type            *bus;            /* 设备所在的总线类型            */
        struct device_driver       *driver;         /* 管理该设备的驱动程序          */
        void                       *platform_data;  /* 平台相关的数据                */
        struct dev_pm_info         power;           /* 电源管理                      */
#ifdef CONFIG_NUMA
        int                        numa_node;       /* 设备接近的非一致性存储结构    */
#endif
        u64                        *dma_mask;       /* DMA 掩码                      */
        u64                        coherent_dma_mask;/* 设备一致性的 DMA 掩码        */
        struct device_dma_parameters    *dma_parms; /* DMA 参数                      */
        struct list_head           dma_pools;       /* DMA 缓冲池                    */
        struct dma_coherent_mem    *dma_mem;        /* DMA 一致性内存                */
        /* 体系结构相关的附加项 */
        struct dev_archdata        archdata;        /* 体系结构相关的数据            */
#ifdef CONFIG_OF
        struct device_node         *of_node;
#endif
        dev_t                      devt;            /* 创建 sysfs 的 dev 文件        */
        spinlock_t                 devres_lock;     /* 驱动的锁                      */
        struct list_head           devres_head;
        struct klist_node          knode_class;
        struct class               *class;          /* 设备所属的类                  */
        const struct attribute_group    **groups;   /* 可选的组                      */
        void   (*release)(struct device *dev);      /* 指向设备的 release 方法       */
};
```

注册和注销 device 的函数分别是 device_register()和 device_unregister(),函数原型如下:

```
int __must_check device_register(struct device *dev);
void device_unregister(struct device *dev);
```

大多数不会在驱动中单独使用 device 结构,而是将 device 结构嵌入到更高层的描述结构中。例如,内核中用 spi_device 来描述 SPI 设备,spi_device 结构在<linux/spi/spi.h>文件中定义,是一个嵌入了 device 结构的更高层的结构体,如程序清单 2.30 所示。

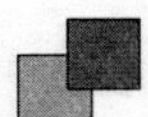

程序清单 2.30　spi_device 数据结构

```
struct spi_device {
        struct device              dev;                  /* device 数据结构     */
        struct spi_master          *master;
        u32                        max_speed_hz;
        u8                         chip_select;
        u8                         mode;
        u8                         bits_per_word;
        int                        irq;
        void                       *controller_state;
        void                       *controller_data;
        char                       modalias[SPI_NAME_SIZE];
};
```

系统提供了 device_create()函数用于在 sysfs/classs 中创建 dev 文件，以供用户空间使用。device_create()函数定义如下：

```
struct device *device_create(struct class *cls, struct device *parent, dev_t devt,
void *drvdata, const char *fmt, ...);
```

说明：cls 是指向将要被注册的 class 结构，parent 是设备的父指针，devt 是设备的设备编号，drvdata 是被添加到设备回调的数据，fmt 是设备的名字。

与 device_create()函数相反的是 device_destroy()函数，用于销毁 sysfs/class 目录中的 dev 文件。device_destroy()函数原型如下：

```
void device_destroy(struct class *cls, dev_t devt);
```

2.10.2　驱　动

与设备相对应，Linux 设备驱动模型中，对管理的驱动也是用 device_driver 结构来描述，在<linux/device.h>中定义，如程序清单 2.31 所示。

程序清单 2.31　device_driver 结构定义

```
struct device_driver {
        const char              *name;          /* 驱动的名称                          */
        struct bus_type         *bus;           /* 驱动所在的总线                      */
        struct module           *owner;         /* 驱动的所属模块                      */
        const char              *mod_name;      /* 模块名称(静态编译的时候使用)        */
        bool suppress_bind_attrs;               /* 通过 sysfs 禁止 bind 或者 unbind    */
#if defined(CONFIG_OF)
        const struct of_device*iof_match_table;              /* 匹配设备的表     */
#endif
        int (*probe) (struct device *dev);                   /* probe 探测方法   */
```

```
        int ( * remove) (struct device * dev);              /* remove 方法             */
        void ( * shutdown) (struct device * dev);           /* shutdown 方法           */
        int ( * suspend) (struct device * dev, pm_message_t state); /* suspend 方法    */
        int ( * resume) (struct device * dev);              /* resume 方法             */

        const struct attribute_group * * groups;
        const struct dev_pm_ops * pm;                       /* 电源管理                */
        struct driver_private * p;                          /* 驱动的私有数据          */
};
```

系统提供了 driver_register()和 driver_ungister()分别用于注册和注销 device_driver,函数原型分别如下:

```
int __must_check driver_register(struct device_driver * drv);
void driver_unregister(struct device_driver * drv);
```

与 device 结构类似,在驱动中一般也不会单独使用 device_driver 结构,通常也是嵌入更高层的描述结构中。还是以 SPI 为例,SPI 设备的驱动结构为 spi_driver,在<linux/spi/spi.h>文件中定义,是一个内嵌了 device_driver 结构的更高层的结构体。原型如程序清单 2.32 所示。

程序清单 2.32　spi_driver 数据结构

```
struct spi_driver {
        const struct spi_device_id     * id_table;
        int                            ( * probe)(struct spi_device * spi);
        int                            ( * remove)(struct spi_device * spi);
        void                           ( * shutdown)(struct spi_device * spi);
        int                   ( * suspend)(struct spi_device * spi, pm_message_t mesg);
        int                            ( * resume)(struct spi_device * spi);
        struct device_driver           driver;        /* driver 数据结构          */
};
```

2.10.3　总　线

在设备驱动模型中,所有的设备都通过总线相连,总线既可以是实际的物理总线,也可以是内核虚拟的 platform 总线。驱动也挂在总线上,总线是设备和驱动之间的媒介,为它们提供服务。当设备插入系统时,总线将在所注册的驱动中寻找匹配的驱动;当驱动插入系统中,总线也会在所注册的设备中寻找匹配的设备。

在 Linux 设备驱动模型中,总线用 bus_type 结构来描述。bus_type 结构在<linux/device.h>中定义,如程序清单 2.33 所示。

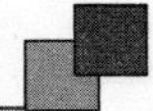

程序清单 2.33　bus_type 结构定义

```
struct bus_type {
        const char                  * name;                 /* 总线名称               */
        struct bus_attribute        * bus_attrs;            /* 总线属性               */
        struct device_attribute     * dev_attrs;            /* 设备属性               */
        struct driver_attribute     * drv_attrs;            /* 驱动属性               */

        int ( * match)(struct device * dev, struct device_driver * drv);
                                                  /* match 方法:匹配设备和驱动 */
        int ( * uevent)(struct device * dev, struct kobj_uevent_env * env);
                                                     /* uevent 方法,支持热插拔 */
        int ( * probe)(struct device * dev);              /* probe 方法              */
        int ( * remove)(struct device * dev);         /* remove 方法             */
        void ( * shutdown)(struct device * dev);  /* shutdown 方法             *
        int ( * suspend)(struct device * dev, pm_message_t state);   /* suspend 方法 */
        int ( * resume)(struct device * dev);         /* resume 方法             */

        const struct dev_pm_ops * pm;                 /* 电源管理                */
        struct bus_type_private * p;                  /* 总线的私有数据结构      */
};
```

这里说明一下 bus 总线的 match 方法。当往总线添加一个新设备或者新驱动的时候,match 方法会被调用,为设备或者驱动寻找匹配的驱动程序或者设备。

注册和注销 bus 总线的函数分别是 bus_register()和 bus_unregister(),函数原型分别如下:

```
int __must_check bus_register(struct bus_type * bus);
void bus_unregister(struct bus_type * bus);
```

一般情况下,无须用户再往系统注册一个总线,因为目前 Linux 的设备驱动模型已经比较完善,几乎任何设备都可以套用既有的总线。

2.10.4　类

类是 Linux 设备驱动模型中的一个高层抽象,为用户空间提供设备的高层视图。如在驱动中 SCSI 磁盘和 ATA 磁盘是不同的设备,但是从类的角度来看,它们都是磁盘,用户空间无须关心底层设备和驱动的具体实现。

在 sysfs 中,类一般都放在/sys/class/目录下,例外的是块设备放在/sys/block 目录下。在类子系统中可以向用户空间导出信息,用户空间可以通过这些信息与内核交互。最典型就是已经接触过的 udev,udev 是用户空间的程序,根据/sys/class 目录下的 dev 文件来创建设备节点。

在 Linux 设备驱动模型中,类用 class 结构来描述,在<linux/device.h>中定义,如程序清单 2.34 所示。

程序清单 2.34　class 结构定义

```
struct class {
        const char                    * name;                  /*  类的名称              */
        struct module                 * owner;                 /*  类的所属模块          */
        struct class_attribute        * class_attrs;           /*  类的属性              */
        struct device_attribute       * dev_attrs;             /*  设备属性              */
        struct kobject                * dev_kobj;              /*  类的 kobject 对象     */

        int ( * dev_uevent)(struct device * dev, struct kobj_uevent_env * env);
        char * ( * devnode)(struct device * dev, mode_t * mode);
        void ( * class_release)(struct class * class);
        void ( * dev_release)(struct device * dev);
        int ( * suspend)(struct device * dev, pm_message_t state);
        int ( * resume)(struct device * dev);
        const struct kobj_ns_type_operations * ns_type;
        const void * ( * namespace)(struct device * dev);
        const struct dev_pm_ops * pm;
        struct class_private * p;
};
```

注册或者注销一个类的函数分别是 class_register()和 class_unregister(),函数原型分别如下:

```
int __must_check __class_register(struct class * class,struct lock_class_key * key);
#define class_register(class)                              \
({                                                         \
        static struct lock_class_key __key;                \
        __class_register(class, &__key);                   \})
void class_unregister(struct class * class);
```

调用 class_create()可以在 sysfs/class 目录下创建自定义的类,调用 class_destroy()函数则以销毁自定义类,函数原型分别如下:

```
extern struct class * __must_check __class_create(struct module * owner,
                                                   const char * name,
                                                   struct lock_class_key * key);
#define class_create(owner, name)                          \
({                                                         \
        static struct lock_class_key __key;                \
        __class_create(owner, name, &__key);               \
})
extern void class_destroy(struct class * cls);
```

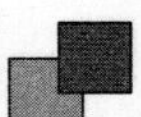

2.11 平台设备和驱动

2.6 内核引入了 platform 机制，能够实现对设备所占用的资源进行统一管理。Platform 机制抽象出了 platform_device 和 platform_driver 两个核心概念，与此相关的还有一个重要概念就是资源 resource。

2.11.1 资 源

1. 描述和类型

资源 resource 是对设备所占用的硬件信息的抽象，目前包括 I/O、内存、IRQ、DMA、BUS 这 5 类。内核中用 resource 结构来对资源进行描述。resource 结构在 <linux/ioport.h> 文件中定义，如程序清单 2.35 所示。

程序清单 2.35 resource 数据结构

```
struct resource {
        resource_size_t    start;                    /* 资源在 CPU 上的物理起始地址   */
        resource_size_t    end;                      /* 资源在 CPU 上的物理结束地址   */
        const char          *name;                   /* 资源名称                      */
        unsigned long       flags;                   /* 资源的标志                    */
        struct resource     *parent, *sibling, *child;/* 资源的父亲、兄弟和子资源 */
};
```

flags 通常用来表示资源的类型，可用的资源类型有 I/O、MEM、IRQ 等，在 <linux/ioport.h> 中定义，各资源类型和定义如下：

```
#define IORESOURCE_TYPE_BITS    0x00001f00        /* 资源类型       */
#define IORESOURCE_IO           0x00000100
#define IORESOURCE_MEM          0x00000200
#define IORESOURCE_IRQ          0x00000400
#define IORESOURCE_DMA          0x00000800
#define IORESOURCE_BUS          0x00001000
```

2. 资源定义

一个设备的资源定义可以同时包含所占用的多种资源。例如，对于一个既占用内存资源，又占用 IRQ 中断资源的设备，其资源定义可以如程序清单 2.36 所示。

程序清单 2.36 资源定义实例

```
#define EMC_CS2_BASE      0x11000000               /* 总线片选地址                   */
static struct resource ecm_ax88796b_resource[] = {
```

```
        [0] = {           /* 内存资源 */
                .start      = EMC_CS2_BASE,         /* 起始地址                  */
                .end        = EMC_CS2_BASE + 0xFFF, /* 结束地址                  */
                .flags      = IORESOURCE_MEM,       /* 资源类型:IORESOURCE_MEM   */
        },
        [1] = {           /* IRQ 资源 */
                .start      = IRQ_GPIO_04,
                .end        = IRQ_GPIO_04,
                .flags      = IORESOURCE_IRQ,       /* 资源类型:IORESOURCE_IRQ   */
        }
};
```

3. 资源获取

定义了一个设备的资源后,须通过特定函数获取才能使用,这些函数在<linux/platform_device.h>文件中定义,一共有 3 个函数,分别是 platform_get_resource()、platform_get_resource_byname()、platform_get_irq()和 platform_get_irq_byname()。

platform_get_resource()函数用于获取指定类型的资源,函数原型如下:

```
extern struct resource * platform_get_resource(struct platform_device *, unsigned int,
unsigned int);
```

dev 指向包含资源定义的 platform_device 结构,type 表示将要获取的资源类型,num 表示获取资源的数量。返回值为 0 表示获取失败,成功返回申请的资源地址。

platform_get_resource_byname()则根据平台设备的设备名称获取指定类型的资源,函数原型如下:

```
extern struct resource * platform_get_resource_byname(struct platform_device *,
unsigned int, const char *);
```

另外,内核还单独提供了获取 IRQ 的接口函数 platform_get_irq(),实际上就是 platform_get_resource()获取 IORESOURCE_IRQ 的封装,方便用户使用。原型如下:

```
int platform_get_irq(struct platform_device *dev, unsigned int num);
```

获取设备的私有数据可通过宏 platform_get_drvdata 实现:

```
#define platform_get_drvdata(_dev)      dev_get_drvdata(&(_dev)->dev)
```

实际上是获取_dev->dev->p->driver_data,可参考程序清单 2.29 中 device 结构的定义。

platform_get_irq_byname()可根据平台设备名称获取设备的 IRQ 资源,函数原型如下:

```
extern int platform_get_irq_byname(struct platform_device *, const char *);
```

在驱动编写中如何实际使用这些函数,下面给出一个代码片段,如程序清单 2.37

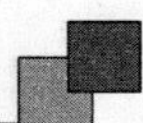

所示。

程序清单 2.37　平台资源获取和使用范例

```
    if (! mem){
            res = platform_get_resource (pdev, IORESOURCE_MEM, 0);
                                                        /* 获取内存资源      */
            if (!res) {
                    printk(" %s: get no resource ! \n", DRV_NAME);
                    return -ENODEV;
            }
            mem = res->start;
    }

    if(! irq)
            irq = platform_get_irq(pdev, 0);            /* 获取 IRQ 资源     */
    if (! request_mem_region (mem, AX88796B_IO_EXTENT, "ax88796b")) {
                                                        /* 申请 IO 内存      */
            PRINTK (ERROR_MSG, PFX " request_mem_region fail !");
            return -EBUSY;
    }
    addr = ioremap_nocache(mem, AX88796B_IO_EXTENT); /* 内存映射 ioremap     */
    if (! addr) {
            ret = -EBUSY;
            goto release_region;
    }
```

该范例演示了内存资源和 IRQ 资源的获取和使用。特别说明一下内存资源，在定义内存资源的时候，通常使用内存的物理地址；而在驱动中须转换为虚拟地址使用，所以需要进行 ioremap 操作；而在 ioremap 之前又需要先申请 I/O 内存，所以在代码中看到的是先使用 request_mem_region()函数申请 I/O 内存，然后再通过 ioremap_nocache()函数完成内存映射。

2.11.2　平台设备

并不是任何设备都可以抽象成为 platform_device。platform_device 是在系统中以独立实体出现的设备，包括传统的基于端口的设备、主机到外设的总线以及大部分片内集成的控制器等。这些设备的一个共同点是 CPU 都可以通过总线直接对它们进行访问。在极少数情况下，一个 platform_device 可能会经过一小段其他总线，但是它的寄存器依然可以被 CPU 直接访问。

1. platform_device

用于描述平台设备的数据结构是 platform_device，在<linux/platform_device.h>

文件中定义,如程序清单 2.38 所示。

程序清单 2.38　platform_device 数据结构

```
struct platform_device {
        const char                      * name;         /* 设备名称          */
        int                             id;             /* 设备 ID           */
        struct device                   dev;            /* 设备的 device 数据结构
                                                                             */
        u32                             num_resources;  /* 资源的个数        */
        struct resource                 * resource;     /* 设备的资源        */
        const struct platform_device_id * id_entry;     /* 设备 ID 入口      */
        /* 体系结构相关的附加项 */
        struct pdev_archdata            archdata;       /* 体系结构相关的数据 */
};
```

name 是设备的名称,用于与 platform_driver 匹配绑定;resourse 用于描述设备的资源,如地址、IRQ 等。

2. 分配 platform_device 结构

注册一个 platform_device 之前,必须先定义或者通过 platform_device_alloc()函数为设备分配一个 platform_device 结构。platform_device_alloc()函数原型如下:

```
struct platform_device *platform_device_alloc(const char *name, int id);
```

3. 添加资源

通过 platform_device_alloc()申请得到的 platform_device 结构,必须添加相关资源和私有数据才能进行注册。添加资源的函数是 platform_device_add_resources:

```
int platform_device_add_resources(struct platform_device *pdev, const struct resource
*res, unsigned int num);
```

添加私有数据的函数是 platform_device_add_data:

```
int platform_device_add_data(struct platform_device *pdev, const void *data,
size_t size);
```

4. 注册和注销 platform_device

申请到 platform_device 结构后,可以通过 platform_device_register()往系统注册。platform_device_register()函数原型如下:

```
int platform_device_register(struct platform_device *pdev);
```

platform_device_register()只能往系统注册一个 platform_device,如果有多个 platform_device,则可以用 platform_add_devices()一次性完成注册。platform_add_devices()函数原型如下:

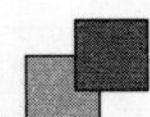

```
int platform_add_devices(struct platform_device * * devs, int num);
```

通过 platform_device_unregister()可以注销系统的 platform_device。platform_device_unregister()函数原型如下：

```
void platform_device_unregister(struct platform_device * pdev);
```

如果已经定义了设备的资源和私有数据，则可以用 platform_device_register_resndata()一次性完成数据结构申请、资源和私有数据添加以及设备注册：

```
struct platform_device * __init_or_module platform_device_register_resndata(
                struct device * parent,
                const char * name, int id,
                const struct resource * res, unsigned int num,
                const void * data, size_t size);
```

platform_device_register_simple()函数是 platform_device_register_resndata()函数的简化版，可以一步实现分配和注册设备操作。platform_device_register_simple()函数原型如下：

```
static inline struct platform_device * platform_device_register_simple(
                const char * name, int id,
                const struct resource * res, unsigned int nun);
```

实际上就是 platform_device_register_resndata(NULL, name, id, res, num, NULL, 0)。

<linux/platform_device.h>文件还提供了更多的 platform_device 相关的操作接口函数，必要的时候可以查看并使用。

5. 向系统添加平台设备的流程

向系统添加一个平台设备，可以通过两种方式完成：

- 方式1：定义资源，然后定义 platform_device 结构并初始化；最后注册；
- 方式2：定义资源，然后动态分配一个 platform_device 结构，接着往结构添加资源信息，最后注册。

两种方式归纳如图2.7所示。

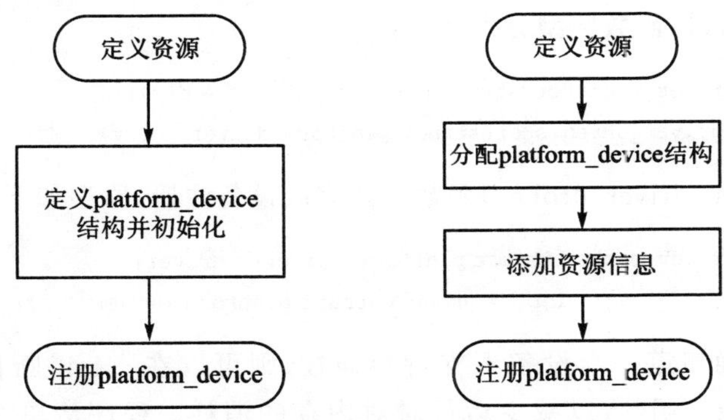

图2.7 添加平台设备的方式

2.11.3 平台驱动

1. platform_driver

platform_driver 是 device_driver 的封装,提供了驱动的 probe 和 remove 方法,也提供了与电源管理相关的 shutdown 和 suspend 等方法,如程序清单 2.39 所示。

程序清单 2.39 platform_driver 数据结构

```
struct platform_driver {
        int ( * probe)(struct platform_device * );                    /* probe 方法          */
        int ( * remove)(struct platform_device * );                   /* remove 方法         */
        void ( * shutdown)(struct platform_device * );                /* shutdown 方法       */
        int ( * suspend)(struct platform_device * , pm_message_t state);
                                                                      /* suspend 方法 */
        int ( * resume)(struct platform_device * );                   /* resume 方法         */
        struct device_driver driver;                                  /* 设备驱动            */
        const struct platform_device_id * id_table;                   /* 设备的 ID 表        */
};
```

Platform_driver 有 5 个方法:

- probe 成员指向驱动的探测代码,在 probe 方法中获取设备的资源信息并进行处理,如进行物理地址到虚拟地址的 remap 或者申请中断等操作,与模块的初始化代码不同;
- remove 成员指向驱动的移除代码,进行一些资源释放和清理工作,如取消物理地址与虚拟地址的映射关系、释放中断号等,与模块的退出代码不同;
- shutdown 成员指向设备被关闭时的实现代码;
- suspend 成员执行设备挂起时候的处理代码;
- resume 成员执行设备从挂起中恢复的处理代码。

2. 注册和注销 platform_driver

注册和注销 platform_driver 的函数分别是 platform_driver_register()和 platform_driver_unregister(),函数原型分别如下:

```
int platform_driver_register(struct platform_driver * drv);
void platform_driver_unregister(struct platform_driver * drv);
```

另外,platform_driver_probe()函数也能完成设备注册,原型如下:

```
int platform_driver_probe (struct platform_driver * driver,
                          int ( * probe)(struct platform_device * ));
```

如果已经明确知道一个设备不支持热插拔,则可以在__init 断代码中调用 platform_driver_probe()函数,以减少运行时对内存的消耗。程序清单 2.40 所示代码是

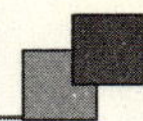

<drivers/net/ne.c>中的范例，可以参考。

程序清单 2.40 使用 platform_driver_probe 的范例

```
int __init init_module(void)
{
        int retval;
        ne_add_devices();
        retval = platform_driver_probe(&ne_driver, ne_drv_probe);
        if (retval) {
                if (io[0] == 0)
                        printk(KERN_NOTICE "ne.c: You must supply \"io = 0xNNN\""
                                " value(s) for ISA cards.\n");
                ne_loop_rm_unreg(1);
                return retval;
        }

        /* Unregister unused platform_devices. */
        ne_loop_rm_unreg(0);
        return retval;
}
```

注意：在设备驱动模型中已经提到，bus 根据驱动和设备的名称寻找匹配的设备和驱动。因此，注册驱动必须保证 platform_driver 的 driver.name 字段必须和 platform_device 的 name 相同，否则无法将驱动和设备进行绑定而注册失败。

2.11.4 平台驱动与普通驱动的差异

基于 platform 机制编写的驱动与普通字符驱动只是在框架上有差别，驱动的实际内容是差不多相同的，如果有必要的话，一个普通驱动很容易被改写为 platform 驱动。图 2.8 是普通字符驱动与平台驱动的框架对照。

可以看到，将一个普通字符驱动改写为平台驱动，驱动各方法的实现以及 fops 定义都是一样的，不同之处是框架结构发生了变化，资源的申请和释放等代码的位置发生了变化：

- 资源申请、设备注册等从普通字符驱动的模块初始化部分移到了平台驱动的 probe 方法，特殊情况下也可以继续放在模块初始化代码中；
- 设备注销、资源释放等从普通字符驱动的模块退出代码移到了平台驱动的 remove 方法。

平台驱动还增加了资源定义、初始化、平台设备和驱动的定义、初始化，以及驱动必要方法的实现等。

平台驱动的模块初始化代码可以很简单，几乎只需简单的调用平台设备注册和注销的接口函数。

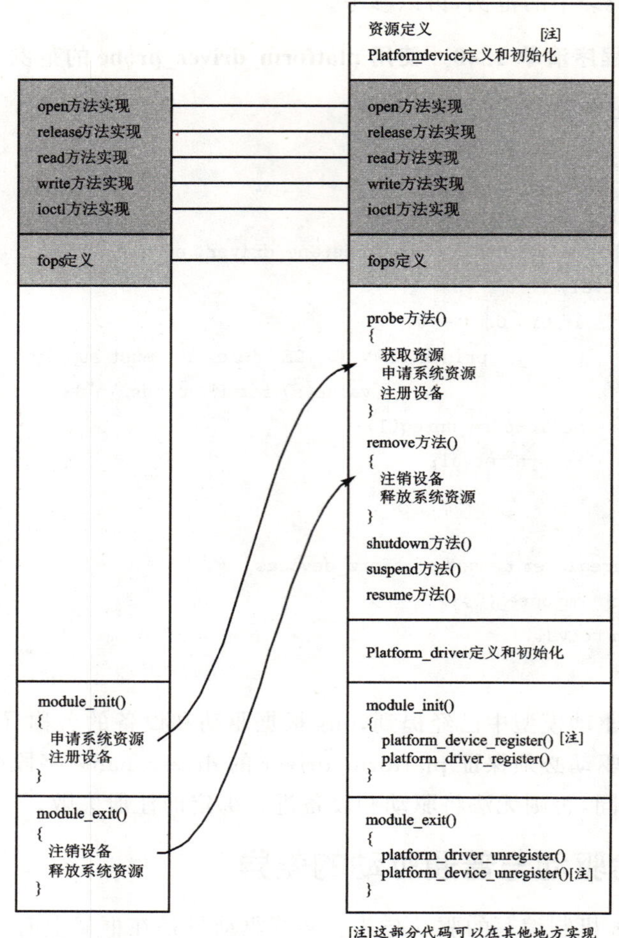

图 2.8　普通驱动与平台驱动对比

2.11.5　平台驱动范例

前面已经提到过，采用 platform 方式编程能够很好地将资源与驱动分开，便于程序移植和驱动复用。本小节继续以 LED 为例，用 platform 方式重新实现 LED 驱动，实现与第 2.5.4 小节驱动相同的功能。

为了演示资源和驱动分离，本例将驱动分为如下两个模块：

- led_platform 模块：实现资源定义和 platform 设备注册；
- led_drv 模块：通过 platform 方式实现 LED 驱动。

使用时须依次插入 led_platform 和 led_drv，才能生成设备节点。

1. led_platform 模块

led_platform 模块只有 led_platform.c 一个文件，该文件实现了 LED 资源定义，并

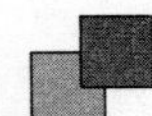

向系统注册了一个 led platform 设备，代码如程序清单 2.41 所示。

程序清单 2.41　led_platform.c 参考代码

```
#include <linux/init.h>
#include <linux/module.h>
#include <linux/device.h>
#include <linux/platform_device.h>

#define GPIO_LED_PIN_NUM    55                                   /* gpio 1_23        */

/* 定义 LED 资源 */
static struct resource led_resources[] = {
    [0] = {
        .start   = GPIO_LED_PIN_NUM,
        .end     = GPIO_LED_PIN_NUM,
        .flags   = IORESOURCE_IO,
    },
};

static void led_platform_release(struct device *dev)
{
    return;
}

/* 定义平台设备 */
static struct platform_device led_platform_device = {
    .name               = "led",
                             /* platform_driver 中,.name 必须与该名字相同      */
    .id                 = -1,
    .num_resources      = ARRAY_SIZE(led_resources),
    .resource           = led_resources,
    .dev                = {
    /* Device 'led' does not have a release() function, it is broken and must be fixed. */
        .release        = led_platform_release,
        .platform_data  = NULL,
    },
};

static int __init led_platform_init(void)
{
```

```
        int ret;

        ret = platform_device_register(&led_platform_device);
        if (ret < 0) {
            platform_device_put(&led_platform_device);
            return ret;
        }

    return 0;
}

static vcid __exit led_platform_exit(void)
{
        platform_device_unregister(&led_platform_device);
}

module_init(led_platform_init);
module_exit(led_platform_exit);

MODULE_LICENSE("GPL");
MODULE_AUTHOR("Chenxibing, linux@zlgmcu.com");
```

2. led_drv 模块

led_drv 模块由 led_drv. c 和 led_drv. h 两个文件组成,其中,led_drv. h 与 2. 5. 4 小节的头文件完全相同,参考程序清单 2. 19。

led_drv. c 的代码如程序清单 2. 42 所示,实现了 led 的 platform 驱动;与程序清单 2. 20相比,设备的 fops 定义、open、release 和 ioctl 等方法的定义和实现都相同,仅仅在模块初始化和退出代码的实现有差别,同时增加了 platform_driver 定义、probe 和 remove 方法。

第 128～136 行是 platform_driver 定义和初始化,注意,其中的. driver. name 必须与 platform_device 的. name 相同,否则无法匹配。

第 77～117 行是驱动 probe 方法的实现代码,实现程序清单 2. 20 驱动初始化部分的几乎全部功能。peobe 中通过 platform_get_resource()函数从资源中获取需要的 I/O 端口,保存在全局变量 led_io 中,供驱动的 open、release 和 ioctl 等方法使用。

第 119～126 是驱动 remove 方法的实现代码,实现程序清单 2. 20 驱动退出部分的几乎全部功能。

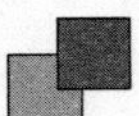

程序清单 2.42 led_drv.c 参考代码

```
#include <linux/init.h>
#include <linux/module.h>
#include <linux/version.h>
#include <linux/fs.h>
#include <linux/cdev.h>
#include <linux/device.h>
#include <linux/platform_device.h>
#include <asm/gpio.h>

#include "led_drv.h"

static int major;
static int minor;
struct cdev *led;                                  /* cdev 数据结构          */
static dev_t devno;                                /* 设备编号              */
static struct class *led_class;
static int led_io;                                 /* 用于保存 GPIO 编号     */

#define DEVICE_NAME      "led"

static int led_open(struct inode *inode, struct file *file )
{
    try_module_get(THIS_MODULE);
    gpio_direction_output(led_io, 1);
    return 0;
}

static int led_release(struct inode *inode, struct file *file )
{
    module_put(THIS_MODULE);
    gpio_direction_output(led_io, 1);
    return 0;
}

#if LINUX_VERSION_CODE >= KERNEL_VERSION(2,6,36)
int led_ioctl(struct file *filp, unsigned int cmd, unsigned long arg)
#else
static int led_ioctl (struct inode *inode, struct file *file, unsigned int cmd,
                      unsigned long arg)
#endif
{
```

```
    if (_IOC_TYPE(cmd) != LED_IOC_MAGIC) {
        return -ENOTTY;
    }

    if (_IOC_NR(cmd) > LED_IOCTL_MAXNR) {
        return -ENOTTY;
    }

    switch(cmd) {
    case LED_ON:
        gpio_set_value(led_io, 0);
        break;

    case LED_OFF:
        gpio_set_value(led_io, 1);
        break;

    default:
        gpio_set_value(led_io, 0);
        break;
    }

    return 0;
}

struct file_operations led_fops = {
    .owner              = THIS_MODULE,
    .open               = led_open,
    .release            = led_release,
#if LINUX_VERSION_CODE >= KERNEL_VERSION(2,6,36)
    .unlocked_ioctl     = led_ioctl
#else
    .ioctl              = led_ioctl
#endif
};

static int  __devinitled_probe(struct platform_device * pdev)
{
    int ret;
    struct resource * res_io;

    res_io = platform_get_resource(pdev, IORESOURCE_IO, 0);
                                               /* 从设备资源获取 IO 引脚 */
```

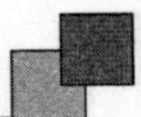

```
    led_io = res_io->start;

    ret = alloc_chrdev_region(&devno, minor, 1, DEVICE_NAME);/* 从系统获取主设备号 */
    major = MAJOR(devno);
    if (ret < 0) {
        printk(KERN_ERR "cannot get major %d \n", major);
        return -1;
    }

    led = cdev_alloc();                              /* 分配 led 结构        */
    if (led != NULL) {
        cdev_init(led, &led_fops);                   /* 初始化 led 结构      */
        led->owner = THIS_MODULE;
        if (cdev_add(led, devno, 1) != 0) {          /* 增加 led 到系统中    */
            printk(KERN_ERR "add cdev error! \n");
            goto error;
        }
    } else {
        printk(KERN_ERR "cdev_alloc error! \n");
        return -1;
    }

    led_class = class_create(THIS_MODULE, DEVICE_NAME"_class");
    if (IS_ERR(led_class)) {
        printk(KERN_INFO "create class error\n");
        return -1;
    }

    device_create(led_class, NULL, devno, NULL, DEVICE_NAME);
    return 0;

error:
    unregister_chrdev_region(devno, 1);              /* 释放已经获得的设备号 */
    return ret;
}

static int __devexit led_remove(struct platform_device *dev)
{
    cdev_del(led);                                   /* 移除字符设备         */
    unregister_chrdev_region(devno, 1);              /* 释放设备号           */
    device_destroy(led_class, devno);
    class_destroy(led_class);
```

```
    return 0;
}

/* 定义和初始化平台驱动 */
static struct platform_driver led_platform_driver = {
    .probe      = led_probe,
    .remove     = __devexit_p(led_remove),
    .driver     = {
        .name   = "led",        /* 该名称必须与 platform_device 的.name 相同 */
        .owner  = THIS_MODULE,
    },
};

static int __init led_init(void)
{
    return(platform_driver_register(&led_platform_driver));
}

static void __exit led_exit(void)
{
    platform_driver_unregister(&led_platform_driver);
}

module_init(led_init);
module_exit(led_exit);

MODULE_LICENSE("GPL");
MODULE_AUTHOR("Chenxibing, linux@zlgmcu.com");
```

3. 测　试

将两份驱动分别编译可得到 led_platform.ko 和 led_drv.ko 两个驱动模块，按顺序依次插入，然后运行测试程序：

```
[root@M283 mnt]# insmod led_platform.ko
[root@M283 mnt]# insmod led_drv.ko
[root@M283 mnt]# ./led_test
```

第 3 章

LED 子系统和驱动

【本章导读】

LED 是嵌入式系统中最常用，也是最简单的外设备之一。第 2 章介绍了实现 LED 字符设备的多种方法，本章介绍如何通过 LED 子系统更方便地实现 LED 驱动，并实现更多、更灵活的功能。

3.1 LED 子系统驱动简介

参考本套书的上册的 8.11 节，Linux 内核的 LED 子系统为每个 LED 设备在/sys/class/leds/目录提供了操作接口。LED 设备可以通过设置不同的触发方式而具有不同的功能。

通过 LED 子系统，程序员可以通过很简便的方法添加/删减 LED 设备。这些 LED 设备在使用过程中，用户可以随意设置 LED 设备的功能。

3.2 LED 子系统的分层结构

LED 子系统的可以分为 3 部分：触发器、LED 设备和核心模块，如图 3.1 所示。

LED 设备可设置的各种触发方式都是由 LED 子系统里各触发器实现的。触发器的代码文件为＜drivers/leds/＞目录下的 ledtrig-＊.c，例如，ledtrig-heartbeat.c 文件是心跳触发器代码文件。这些触发器代码文件的主要任务是初始化各自的触发器，然后注册到核心模块。

LED 子系统需要为每个 LED 硬件实现一个 LED 设备。这些 LED 设备在/sys/class/leds/目录下都有操作接口，并且可以设置自己的触发器。实现 LED 设备的代码文件为＜drivers/leds/＞目录下的 leds-＊.c，例如，leds-mxs.c 为 i.MX28 系列处理器的 LED 设备驱动代码。这些 LED 设备的实现代码文件的主要任务是生成 LED 设备，然后注册到核心模块。

核心模块的代码文件为＜drivers/leds/led-class.c＞。核心模块的任务有：

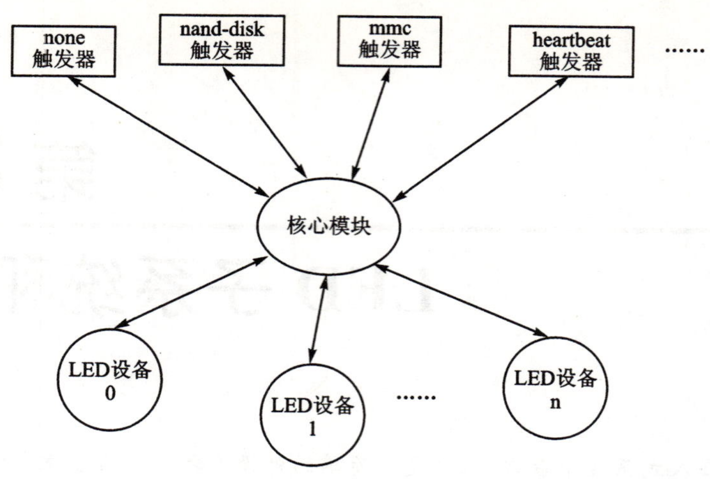

图 3.1 LED 子系统的分层结构

- 维护 LED 子系统的所有触发器,为触发器的注册/注销提供操作函数;
- 维护 LED 子系统的所有 LED 设备,并为每个 LED 设备在/sys/class/leds/目录下实现操作接口,为 LED 设备的注册/注销提供操作函数。

3.3 LED 设备的实现

1. 关键的数据结构

LED 子系统的每个 LED 设备都用 led_classdev 结构体描述。该结构体定义在<linux/leds.h>文件,如程序清单 3.1 所示。

程序清单 3.1 led_classdev 结构体的定义

```
struct led_classdev {
    const char              * name;
    int                     brightness;
    int                     max_brightness;
    int                     flags;
    void    ( * brightness_set)(struct led_classdev * led_cdev,
                            enum led_brightness brightness);
    enum    led_brightness ( * brightness_get)(struct led_classdev * led_cdev);
    int     ( * blink_set)(struct led_classdev * led_cdev,
                            unsigned long * delay_on,
                            unsigned long * delay_off);
    struct device           * dev;
    struct list_head        node;
    const char              * default_trigger;
```

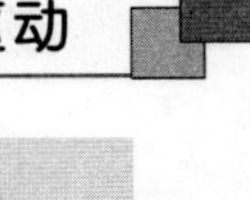

```
    struct rw_semaphore     trigger_lock;
    struct led_trigger      * trigger;
    struct list_head        trig_list;
    void                    * trigger_data;
};
```

下面介绍该结构体的部分成员：

name：该成员为 LED 设备的名字。当一个 LED 设备注册成功后，其名字将出现在/sys/class/leds/目录下。

brightness：该成员表示 LED 当前的亮度。LED 的亮度可取值如程序清单 3.2 所示。

程序清单 3.2 LED 的亮度取值

```
enum led_brightness {
    LED_OFF     = 0,                                    /* LED 关闭     */
    LED_HALF    = 127,                                  /* LED 半亮     */
    LED_FULL    = 255,                                  /* LED 全亮     */
};
```

max_brightness：该成员表示 LED 的最高亮度值。

brightness_set：该成员是设置 LED 点亮/熄灭的方法。当 LED 设备的 LED 点亮/熄灭的实现函数被调用时，会传入 LED 设备参数和需要设置的亮度参数。在实现函数中，需要根据这些参数把指定的 LED 设置到指定的亮度。

default_trigger：该成员表示 LED 设备在注册后默认使用的触发器名字。

当 LED 设备的 led_classdev 结构体初始化完成后，就可以调用 led_classdev_register()函数注册：

```
int led_classdev_register(struct device * parent,struct led_classdev * led_cdev);
```

在该函数中，parent 可取值为 NULL。led_classdev_register()函数调用成功后，将返回 0 值；否则，返回非 0 值。

调用 led_classdev_unregister()函数可以注销已经注册的 LED 设备：

```
void led_classdev_unregister(struct led_classdev * led_cdev);
```

2. LED 设备实现示例

这里以 EasyARM-i.MX283A 开发套件的 ERR LED 为例说明如何在 LED 子系统实现一个 LED 设备。该实现示例程序文件为 leds-test.c。

leds-test.c 模块文件中需要为 ERR LED 实现一个 LED 设备，如程序清单 3.3 所示。

程序清单 3.3　为 ERR LED 实现 LED 设备代码

```
struct led_classdev led_dev = {
    .name = "led-example",                          /* 设备名称为 led-example          */
    .brightness_set = mxs_led_brightness_set,
    .default_trigger = "none",                       /* 默认使用 none 触发器            */
};
```

ERR LED 的点亮/熄灭的实现函数为 mxs_led_brightness_set()，如程序清单 3.4 所示。当该函数被调用时，根据传入的亮度参数直接设置到 ERR LED 即可。

程序清单 3.4　mxs_led_brightness_set()函数的实现

```
#define LED_GPIO      MXS_PIN_TO_GPIO(PINID_LCD_D23)          /* ERR LED 的 GPIO     */
static void mxs_led_brightness_set(struct led_classdev *pled,enum led_brightness value)
{
    gpio_direction_output(LED_GPIO, ! value);
}
```

在模块的初始化函数中，需要为 ERR LED 注册 LED 设备和申请 GPIO，其实现函数为 led_init()。该函数的实现代码如程序清单 3.5 所示。

程序清单 3.5　led_init()函数的实现代码

```
static int __init led_init(void)
{
    int ret = 0;

    ret = led_classdev_register(NULL, &led_dev);          /* 注册 LED 设备          */
    if (ret) {
        printk("register led device faile \n");
        return -1;
    }
    gpio_request(LED_GPIO, "led");                        /* 申请 GPIO              */
    return 0;
}
module_init(led_init);
```

在模块的移除函数中，需要为 ERR LED 注销 LED 设备和释放 GPIO，其实现函数为 led_exit()。该函数的实现代码为程序清单 3.6 所示。

程序清单 3.6　led_exit()函数的实现

```
static void __exit led_exit(void)
{
    led_classdev_unregister(&led_dev);                         /* 注销 LED 设备     */
    gpio_free(LED_GPIO);                                       /* 释放 GPIO         */
```

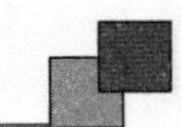

```
}
module_exit(led_exit);
```

把 leds-test.c 模块编译成 leds-test.ko 模块文件,并下载到 EasyARM-i.MX283A 开发套件中。输入下面命令加载模块:

```
# insmod leds-test.ko
```

加载完成后,在/sys/class/leds/目录下生成新的 led-example 目录,如图 3.2 所示。

```
root@EasyARM-iMX28x ~# ls /sys/class/leds/
beep        led-err       led-example  led-run
```

图 3.2 新添加的 LED 目录

至于 LED 子系统的设备接口的操作方法,可参考本套书的上册的 8.11 节,这里不再多述。

3.4 i.MX28 平台的 LED 设备

实际上相当一部分的处理器平台在<drivers/leds/>目录下提供了自己的 LED 设备模块代码文件,并不需要程序员编写,仅需要程序员提供 LED 硬件信息即可。<drivers/leds/leds-mxs.c>文件是为 i.MX28 处理器实现 LED 设备的模块文件。

leds-mxs.c 文件实现了一个名字为 mxs-leds 的平台驱动(platform_driver 对象)。若系统中注册了名字也为 mxs-leds 的平台设备(platform_deivce 的对象),则将被这个平台驱动探测到。该平台驱动将在新注册的平台设备的私有数据中获取所有 LED 设备信息,然后根据每个 LED 设备信息都生成一个 led_classdev 对象并注册。

内核源码为 i.MX28 系列处理器定义了 mxs_led 结构体,用于描述 LED 设备信息,其定义如程序清单 3.7 所示。

程序清单 3.7 mxs_led 结构体的定义

```
struct mxs_led {
    struct led_classdev dev;
    const char * name;
    char * default_trigger;
    unsigned index;
    int ( * led_set) (unsigned pinid, int value);
};
```

下面介绍 mxs_led 结构体的部分成员:

name 该成员表示 LED 设备的名字。

default_trigger 该成员表示 LED 设备默认设置的触发器字符串。

index 该成员表示 LED 设备的索引值。

led_set 该成员是实现 LED 点亮/熄灭的函数的指针。

内核源码定义了 mxs_leds_plat_data 结构体,用于描述 mxs_led 数组的信息,其定义如程序清单 3.8 所示。

程序清单 3.8 mxs_leds_plat_data 结构体的定义

```
struct mxs_leds_plat_data {
    unsigned int num;
    struct mxs_led * leds;
}
```

在 mxs_leds_plat_data 结构体中,leds 成员指向 mxs_led 类型的数组,num 为数组的长度。

内核源码的<arch/arm/mach-mx28/mx28evk.c>文件中定义了 mx28evk_led 数组,用于描述系统所有的 LED 设备信息,如程序清单 3.9 所示。

程序清单 3.9 mx28evk_led 数组的实现代码

```
static struct mxs_led  mx28evk_led[] = {
    [0] = {
            .name = "led-run",
            .default_trigger = "heartbeat",
            .index = 0,
            .led_set = mxs_led_set,
        },
    [1] = {
            .name = "led-err",
            .index = 1,
            .led_set = mxs_led_set,
        },
};
```

mx28evk_led 数组中描述了 EasyARM-i.MX283A 开发套件上 ERR LED 和 RUN LED 的设备信息。这两个 LED 的控制函数都是 mxs_led_set(),该函数实现在<arch/arm/mach-28/mx28evk_pins.c>文件,其代码可参考程序清单 3.10 所示。

程序清单 3.10 mxs_led_set()的函数参考代码

```
static unsigned mxs_leds[] = {PINID_LCD_D22,                /* 控制 RUN LED 的 GPIO */
                              PINID_LCD_D23};               /* 控制 ERR LED 的 GPIO */
int mxs_led_set(unsigned index, int value)
{
    gpio_direction_output(MXS_PIN_TO_GPIO(mxs_leds[index]), ! value);
    return 0;
}
```

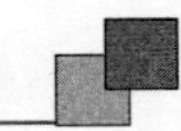

当 mxs_led_set()函数被调用时，传入参数 index 为 LED 设备的索引值；value 为 LED 的控制值，其取值如程序清单 3.2 所示。

在 mx28evk_pins.c 源码文件中，还需要使用 mxs_leds_plat_data 类型的 mx28evk_led_data 变量维护 mx28evk_led 数组的信息，如程序清单 3.11 所示。

程序清单 3.11　mx28evk_led_data 的实现代码

```
struct mxs_leds_plat_data mx28evk_led_data = {
    .num = ARRAY_SIZE(mx28evk_led),
    .leds = mx28evk_led,
};
```

mx28evk_pins.c 文件代码中实现了 mx28evk_init_leds()函数，用于把 mx28evk_led_data 变量设置为名字为 mxs-leds 平台设备的私有数据，然后注册这个平台设备。mx28evk_init_leds()函数的实现代码如程序清单 3.12 所示。

程序清单 3.12　mx28evk_init_leds()函数的实现代码

```
static void __init mx28evk_init_leds(void)
{
    struct platform_device *pdev;
    pdev = mxs_get_device("mxs-leds", 0);      /* 获取预先定义的平台设备          */
    if (pdev == NULL || IS_ERR(pdev))
        return;
    pdev->num_resources = 0;
    pdev->dev.platform_data = &mx28evk_led_data;
                                               /* 设置平台设备的私有数据          */
    mxs_add_device(pdev, 3);                    /* 注册平台设备                  */
}
```

当 leds-mxs.c 的驱动模块被加载时，则会找到内核中已注册 mxs-leds 的平台设备，并根据其私有数据携带的 LED 设备信息生成 LED 设备。

当系统的 LED 硬件发生改变时，需要修改的是 mx28evk_led 数组和 mxs_led_set()函数。

第 4 章

GPIO 驱动

【本章导读】

前面章节讲述的 LED 字符驱动其实也是 GPIO 驱动的实现，本章讲述在内核的 GPIOLIB 框架下实现 GPIO 驱动。

4.1　GPIOLIB 简介

GPIO(通用目的输入/输出端口)是一种灵活的软件控制的数字信号。大多数的嵌入式处理器都引出一组或多组的 GPIO，并且部分普通引脚通过配置可以复用为 GPIO。利用可编程逻辑器件或总线(如 I^2C、SPI)转 GPIO 芯片，也可以扩展系统的 GPIO。不管是何种 GPIO，GPIOLIB 为内核和用户层都提供了标准的操作方法。

GPIOLIB 的接口十分简洁。在 GPIOLIB 中，所有的 GPIO 都是用整型的 GPIO 编号标识。只要获得要操作 GPIO 的编号，就可以调用 GPIOLIB 提供的方法操作 GPIO。

4.2　GPIOLIB 的内核接口

GPIOLIB 的内核接口是指：若某些 GPIO 在 GPIOLIB 框架下被驱动，则 GPIOLIB 是为内核的其他代码操作这些 GPIO 而提供的标准接口。

1. GPIO 的申请和释放

GPIO 在使用前，必须先调用 gpio_request()函数申请 GPIO：

```
int gpio_request(unsigned gpio, const char * label);
```

该函数的 gpio 参数为 GPIO 编号；label 参数为 GPIO 的标识字符串，可以随意设定。若该函数调用成功，将返回 0 值；否则，返回非 0 值。gpio_request()函数调用失败的原因可能为 GPIO 的编号不存在，或在其他地方已经申请了该 GPIO 编号而还没有释放。

当 GPIO 使用完成后，应当调用 gpio_free()函数释放 GPIO：

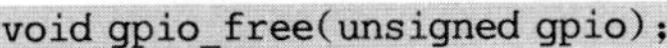

```
void gpio_free(unsigned gpio);
```

2. GPIO的输出控制

在操作GPIO输出信号前，需要调用gpio_direction_output()函数把GPIO设置为输出方向：

```
int gpio_direction_output(unsigned gpio, int value);
```

把GPIO设置为输出方向后，参数value为默认的输出电平：1为高电平，0为低电平。

GPIO被设置为输出方向后，就可以调用gpio_set_value()函数来控制GPIO输出高电平或低电平：

```
void gpio_set_value(unsigned gpio, int value);
```

该函数的value参数可取值为：1为高电平，0为低电平。

3. GPIO的输入控制

当需要从GPIO读取输入电平状态前，需要调用gpio_direction_input()函数设置GPIO为输入方向：

```
int gpio_direction_input(unsigned gpio);
```

在GPIO被设置为输入方向后，就可以调用gpio_get_value()函数读取GPIO的输入电平状态：

```
int gpio_get_value(unsigned gpio);
```

该函数的返回值为GPIO的输入电平状态：1为高电平，0为低电平。

4. GPIO的中断映射

大多数嵌入式处理器的GPIO引脚在被设置为输入方向后，可以用于外部中断信号的输入。这些中断号和GPIO编号通常有对应关系，因此，GPIOLIB为这些GPIO提供了gpio_to_irq()函数，用于通过GPIO编号而获得该GPIO中断号：

```
int gpio_to_irq(unsigned gpio);
```

gpio_to_irq()函数调用完成后，返回GPIO中断号。

并不是所有的GPIO都可以作为外部中断信号输入端口，所以gpio_to_irq()函数不是对所有的GPIO都强制实现的。

4.3　GPIOLIB的实现方法

大部分的嵌入式处理器的GPIO都是分组的。以i.MX28系列的处理器为例，所有GPIO被分为5组，每组GPIO数量从20～32不等。之所以把GPIO分组，是因为每组 GPIO 的操作寄存器是相同或相近的。若 GPIO 是用可编程逻辑器件或总线(如 I^2C、SPI 等)转 GPIO 扩展的，也需要按实现情况对其 GPIO 分组。GPIOLIB 对系统的所有 GPIO 统一编号，而每组的 GPIO 编号都是连续的。

GPIOLIB 对每组 GPIO 都用一个 gpio_chip 对象来实现其驱动。gpio_chip 也称为 GPIO 控制器，其定义如程序清单 4.1 所示。

程序清单 4.1　gpio_chip 的定义

```
struct gpio_chip {
    const char          * label;
    struct device       * dev;
    struct module       * owner;

    int                 ( * request)(struct gpio_chip * chip,unsigned offset);
    void                ( * free)(struct gpio_chip * chip,unsigned offset);
    int                 ( * direction_input)(struct gpio_chip * chip,unsigned offset);
    int                 ( * get)(struct gpio_chip * chip,unsigned offset);
    int                 ( * direction_output)(struct gpio_chip * chip,unsigned offset,
                        int value);
    int                 ( * set_debounce)(struct gpio_chip * chip, unsigned offset,
                        unsigned debounce);
    void                ( * set)(struct gpio_chip * chip,unsigned offset, int value);
    int                 ( * to_irq)(struct gpio_chip * chip,unsigned offset);
    void                ( * dbg_show)(struct seq_file * s,struct gpio_chip * chip);
    int                 base;
    u16                 ngpio;
    const char          * const * names;
    unsigned            can_sleep:1;
    unsigned            exported:1;
};
```

下面介绍 gpio_chip 的部分成员：

base：该组 GPIO 的起始值。

ngpio：该组 GPIO 的数量。

owner：该成员表示所有者，一般设置为 THIS_MODULE。

request：在对该组的 GPIO 调用 gpio_request()函数时，该成员指向的实现函数将被调用。在该成员指向的实现函数中，通常需要执行指定 GPIO 的初始化操作。

实现函数中都是用索引值来区别组内的 GPIO。索引值是指组内的某一 GPIO 编号相对于该组 GPIO 起始值(base)的偏移量，例如，组内第一个 GPIO 的索引值为 0、第 2 个 GPIO 的索引值为 1 等。实现函数的 offset 参数为要操作 GPIO 的索引值(以下相同)。

free：在对该组的 GPIO 调用 gpio_free()函数时，该成员指向的实现函数将被调

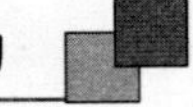

用。在该成员的实现函数中，通常需要执行指定GPIO硬件资源的释放操作。

direction_input：在对该组的GPIO调用gpio_direction_input()函数时，该成员指向的实现函数将被调用。在该成员的实现函数中，需要把指定的GPIO设置为输入方向。

get：在对该组的GPIO调用gpio_get_value()函数时，该成员指向的实现函数将被调用。在该成员的实现函数中，需要返回指定GPIO的电平输入状态。

direction_output：在对该组的GPIO调用gpio_direction_output()函数时，该成员指向的实现函数将被调用。在该成员的实现函数中，需要把指定的GPIO设置为输出方向。

set：在对该组的GPIO调用gpio_set_value()函数时，该成员指向的实现函数将被调用。在该成员的实现函数中，需要把指定的GPIO设置为指定的电平输出状态。

当GPIO控制器初始化完成后，就可以调用gpiochip_add()函数注册到内核：

```
int gpiochip_add(struct gpio_chip * chip);
```

函数调用成功后，将返回0值；否则，将返回非0值。

给一组GPIO安排编号时，注意不要和其他GPIO组的编号有重叠，否则会造成注册GPIO控制器的出错。

对于每种处理器平台，其最大GPIO编号值都由MXS_ARCH_NR_GPIOS宏设定。对于i.MX28系列处理器，MXS_ARCH_NR_GPIOS宏定义在<arch/arm/plat-mxs/include/mach/hardware.h>文件：

```
#define MXS_ARCH_NR_GPIOS 160
```

MXS_ARCH_NR_GPIOS宏的值会限制系统的GPIO数量。当需要为系统添加GPIO而受到该值的制约时，解决办法时是把该值改成足够大，然后重新编译内核，并把新的内核固件烧写到目标机。

当需要把GPIO控制器从内核注销时，可以调用gpiochip_remove()函数：

```
int __must_check gpiochip_remove(struct gpio_chip * chip);
```

该函数也需要检查返回值：0值，为注销成功；非0值，为注销失败。注销失败的原因可能是有GPIO正被使用。

4.4 驱动示例

该示例需要为EasyARM-i.MX283A开发套件的URX1和UTX1实现GPIO功能。URX1连接到处理器的AUART1_RX引脚，其GPIO为GPIO3_4；UTX1连接到处理器的AUART1_TX引脚，其GPIO为GPIO3_5。

1. 操作寄存器

参考 MCIMX28M.pdf 文档，设置 AUART1_RX 引脚和 AUART1_TX 引脚功能的寄存器为 HW_PINCTRL_MUXSEL6，其相应的设置位如图 4.1 所示。

11~10 BANK3_PIN05	Pin 65, AUART1_TX pin function selection: 00= auart1_tx; 01= ssp3_card_detect; 10= pwm_1; 11= GPIO.
9~8 BANK3_PIN04	Pin 81, AUART1_RX pin function selection: 00= auart1_rx; 01= ssp2_card_detect; 10= pwm_0; 11= GPIO.

图 4.1　AUART1_RX/TX 引脚的功能设置寄存器位(直接截自 MCIMX28M.pdf)

i.MX28 系列处理器的任何寄存器都有相应的置位寄存器和复位寄存器。若某寄存器名为 REGISTER，那么其置位寄存器名为 REGISTER_SET；其复位寄存器，则名为 REGISTER_CLR。这些寄存器的分工为：

- 在 REGISTER 寄存器可以看到所有位的值；
- 当需要在 REGISTER 寄存器的指定位设置为 1 时，则需要在 REGISTER_SET 寄存器的相应位设置为 1；
- 当需要在 REGISTER 寄存器的指定位设置为 0 时，则需要在 REGISTER_CLR 寄存器的相应位设置为 1。

同样，当需要把 HW_PINCTRL_MUXSEL6 寄存器的指定位设置为 1 时，则需要在 HW_PINCTRL_MUXSEL6_SET 寄存器的相应位设置为 1；当需要在 HW_PINCTRL_MUXSEL6 寄存器的指定位设置为 0 时，则需要在 HW_PINCTRL_MUXSEL6_CLR 寄存器的相应位置位设置为 1。

任何一个 GPIO 都有输入/输出方向控制寄存器(HW_PINCTRL_DOEx)、电平输出控制寄存器(HW_PINCTRL_DOUTx)和输入电平状态寄存器(HW_PINCTRL_DIN3x)。以 GPIOm_n 为例，该 GPIO 是第 m 组 GPIO，所以其输入/输出方向寄存器为 HW_PINCTRL_DOEm；其输出电平控制寄存器为 HW_PINCTRL_DOUTm；其输入电平读取寄存器为 HW_PINCTRL_DINm。GPIOm_n 在各寄存器的控制位都在第 n 位。

由于 GPIO3_4 和 GPIO3_5 都是第 3 组 GPIO，所以其输入/输出方向控制寄存器为 HW_PINCTRL_DOE3；其输出电平控制寄存器为 HW_PINCTRL_DOUT3；其输入电平读取寄存器为 HW_PINCTRL_DIN3。

2. 内核对 GPIO 寄存器的定义

内核源码的<arch/arm/mach-mx28/regs-pinctrl.h>文件定义了 i.MX28 系列处

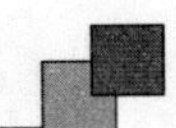

理器 GPIO 的所有寄存器。HW_PINCTRL_MUXSEL6 寄存器的定义如程序清单 4.2 所示。

程序清单 4.2 HW_PINCTRL_MUXSEL6 寄存器的定义

```
#define HW_PINCTRL_MUXSEL6              (0x00000160)
#define HW_PINCTRL_MUXSEL6_SET          (0x00000164)
#define HW_PINCTRL_MUXSEL6_CLR          (0x00000168)
```

HW_PINCTRL_DOE3 寄存器的定义如程序清单 4.3 所示。

程序清单 4.3 HW_PINCTRL_DOE3 寄存器的定义

```
#define HW_PINCTRL_DOE3          (0x00000b30)
#define HW_PINCTRL_DOE3_SET      (0x00000b34)
#define HW_PINCTRL_DOE3_CLR      (0x00000b38)
```

HW_PINCTRL_DOUT3 寄存器的定义如程序清单 4.4 所示。

程序清单 4.4 HW_PINCTRL_DOUT3 寄存器的定义

```
#define HW_PINCTRL_DOUT3          (0x00000730)
#define HW_PINCTRL_DOUT3_SET      (0x00000734)
#define HW_PINCTRL_DOUT3_CLR      (0x00000738)
```

HW_PINCTRL_DIN3 寄存器的定义如程序清单 4.5 所示。

程序清单 4.5 HW_PINCTRL_DIN3 寄存器的定义

```
#define HW_PINCTRL_DIN3          (0x00000930)
#define HW_PINCTRL_DIN3_SET      (0x00000934)
#define HW_PINCTRL_DIN3_CLR      (0x00000938)
```

这些寄存器定义用的都是相对地址，其基地址的定义为：

```
#define PINCTRL_BASE_ADDR      IO_ADDRESS(PINCTRL_PHYS_ADDR)
```

3. GPIO 控制器的实现

这里为 GPIO3_4 和 GPIO3_5 安排的 GPIO 编号分别为 160 和 161。这两个 GPIO 在同一个 GPIO 组里，该组的 GPIO 编号起始编号为 160。实现该组的 GPIO 控制器代码如程序清单 4.6 所示。

程序清单 4.6 GPIO 控制器的实现

```
struct gpio_chip mx28_gpio_chip = {
    .label              = "example_gpio",
    .owner              = THIS_MODULE,
    .base               = 160,
    .ngpio              = 2,
```

```
        .request            = mxs_gpio_request,
        .free               = mxs_gpio_free,
        .direction_input    = mxs_gpio_input,
        .get                = mxs_gpio_get,
        .direction_output   = mxs_gpio_output,
        .set                = mxs_gpio_set,
        .exported           = 1,
    };
```

由于该组的 GPIO 编号范围已经超出了内核源码定义的最大值，所以必须把 MXS_ARCH_NR_GPIOS 宏定义的值改为足够大的值：

```
#define MXS_ARCH_NR_GPIOS   (160 + 2)
```

然后编译内核，把新内核固件烧写到目标机中。

下面介绍 mx28_gpio_chip 各成员函数的实现：

(1) request 的实现

request 成员的实现函数为 mxs_gpio_request()，该函数的代码如程序清单 4.7 所示。当内核对编号为 160～161 的 GPIO 调用 gpio_request()函数时，该函数将被调用。

程序清单 4.7　mxs_gpio_request()函数的实现代码

```
static int mxs_gpio_request(struct gpio_chip *chip, unsigned int pin)
{
    void __iomem *addr = PINCTRL_BASE_ADDR;

    pin += 4;
    __raw_writel(0x3 << pin * 2, addr + HW_PINCTRL_MUXSEL6_SET);  /* set as GPIO */
    return 0;
}
```

pin 参数为要申请 GPIO 编号的索引值：对于编号为 160 的 GPIO，pin 的值为 0；对于编号为 161 的 GPIO，pin 的值为 1。由于 GPIO3_4 和 GPIO3_5 在 HW_PINCTRL_MUXSEL6 寄存器的操作位分别在 8～9 和 10～11，所以在该函数中需要根据 GPIO 的索引值来设置寄存器的相应位。

(2) direction_input 的实现

direction_input 成员的实现函数为 mxs_gpio_input()，该函数的代码如程序清单 4.8所示。当内核对编号为 160～161 的 GPIO 调用 gpio_direction_input()函数时，该函数将被调用。

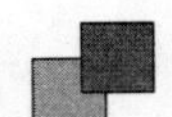

程序清单 4.8 mxs_gpio_input()函数的实现代码

```
static int mxs_gpio_input(struct gpio_chip * chip, unsigned int index)
{
    void __iomem * base = PINCTRL_BASE_ADDR;

    index += 4;
    __raw_writel(1 << index, base + HW_PINCTRL_DOE3_CLR);

    return 0;
}
```

index参数为要操作GPIO的索引值。在该函数中,需要根据传入GPIO的索引值在HW_PINCTRL_DOE3寄存器的正确位设置为0,以控制相应的GPIO为输入工作状态。

(3) get的实现

get成员的实现函数为mxs_gpio_get(),代码如程序清单4.9所示。当内核对编号为160~161的GPIO调用gpio_get_value()函数时,该函数将被调用。

程序清单 4.9 mxs_gpio_get()函数的实现代码

```
static int mxs_gpio_get(struct gpio_chip * chip, unsigned int index)
{
    unsigned int data;
    void __iomem * base = PINCTRL_BASE_ADDR;
    index += 4;
    data = __raw_readl(base + HW_PINCTRL_DIN3);
    return data & (1 << index);
}
```

在该函数中,需要根据传入GPIO的索引值,从HW_PINCTRL_DIN3寄存器的正确位中获得GPIO的输入电位状态。

(4) direction_output的实现

direction_output成员的实现函数为mxs_gpio_output(),代码如程序清单4.10所示。当内核对编号为160~161的GPIO调用gpio_direction_output ()函数时,该函数将被调用。

程序清单 4.10 mxs_gpio_output()函数的实现代码

```
static int mxs_gpio_output(struct gpio_chip * chip, unsigned int index, int v)
{
    void __iomem * base = PINCTRL_BASE_ADDR;
    index += 4;
```

```
    __raw_writel(1 << index, base + HW_PINCTRL_DOE3_SET);/* 设置为输出工作模式 */
    if (v) {            /* 当 v 为非 0 时,设置 GPIO 输出高电平      */
        __raw_writel(1 << index, base + HW_PINCTRL_DOUT3_SET);
    } else {            /* 当 v 为 0 时,设置 GPIO 输出低电平           */
        __raw_writel(1 << index, base + HW_PINCTRL_DOUT3_CLR);
    }
    return 0;
}
```

参数 v 为 GPIO 被设置为输出工作模式后默认的输出值,0 为输出低电平,非 0 为输出高电平。在该函数中需要根据输入 GPIO 的索引值,在 HW_PINCTRL_DOE3 寄存器把 GPIO 设置为输出工作状态,然后在 HW_PINCTRL_DOUT3 寄存器设置默认的输出电平。

(5) set 的实现

set 成员的实现函数为 mxs_gpio_set(),代码如程序清单 4.11 所示。当内核对编号为 160～161 的 GPIO 调用 gpio_set_value()函数时,该函数将被调用。

程序清单 4.11　mxs_gpio_set()函数的实现代码

```
static void mxs_gpio_set(struct gpio_chip *chip, unsigned int index, int v)
{
    void __iomem *base = PINCTRL_BASE_ADDR;
    index += 4;
    if (v) {        /* 设置 GPIO 输出高电平      */
        __raw_writel(1 << index, base + HW_PINCTRL_DOUT3_SET);
    } else {        /* 设置 GPIO 输出低电平      */
        __raw_writel(1 << index, base + HW_PINCTRL_DOUT3_CLR);
    }
}
```

在该函数中,需要根据输入 GPIO 的索引值,在 HW_PINCTRL_DOUT3 寄存器设置输出电平。

4. GPIO 控制器的注册和注销

在模块的初始化函数中,需要注册 GPIO 控制器,如程序清单 4.12 所示。

程序清单 4.12　注册 GPIO 控制器的实现代码

```
static int __init mx28_gpio_init(void)
{
    int ret = 0;
    ret = gpiochip_add(&mx28_gpio_chip);
    if (ret) {
```

```
        printk("add example gpio faile: %d \n", ret);
        goto out;
    }
    printk("add example gpio success... \n");
out:
    return ret;
}
module_init(mx28_gpio_init);
```

在模块的移除函数中，需要注销GPIO控制器，如程序清单4.13所示。

程序清单4.13　注销GPIO控制器的实现代码

```
static void __exit mx28_gpio_exit(void)
{
    gpiochip_remove(&mx28_gpio_chip);
    printk("remove example gpio... \n");
}
module_exit(mx28_gpio_exit);
```

5. 示例驱动测试

把上述的代码模块编译成mx28_gpio.ko文件，然后下载到EasyARM-i.MX283A开发套件中。输入下面命令加载模块：

```
# insmod mx28_gpio.ko
```

命令执行完成后，在/sys/class/gpio/目录可看到新添加的控制器，如图4.2所示。

```
root@EasyARM-iMX28x /sys/class/gpio# ls
export        gpiochip128  gpiochip32  gpiochip96
gpiochip0     gpiochip160  gpiochip64  unexport
```

图4.2　新添加的GPIO控制器

进入gpiochip160目录，则可以看到新添加的GPIO控制器的属性文件，如图4.3所示。

```
root@EasyARM-iMX28x /sys/devices/virtual/gpio/gpiochip160# ls
base      label     ngpio     power     subsystem  uevent
```

图4.3　新添加GPIO控制器的属性文件

在base属性文件中可以看到该控制器的GPIO始起值，在ngpio属性文件中可以看到该控制器的GPIO数量，如图4.4所示。

```
root@EasyARM-iMX28x /sys/devices/virtual/gpio/gpiochip160# cat base
160
root@EasyARM-iMX28x /sys/devices/virtual/gpio/gpiochip160# cat ngpio
2
```

图4.4　查看GPIO控制器的信息

在/sys/class/gpio/export 中可以导出 160 和 161 的 GPIO，如图 4.5 所示。

```
root@EasyARM-iMX28x /sys/class/gpio# echo 160 >export
root@EasyARM-iMX28x /sys/class/gpio# echo 161 >export
root@EasyARM-iMX28x /sys/class/gpio# ls
export      gpio161      gpiochip128  gpiochip32   gpiochip96
gpio160     gpiochip0    gpiochip160  gpiochip64   unexport
```

图 4.5　导出的 GPIO

gpio160 目录包含了 GPIO3_4 的控制属性文件。GPIO3_4 在 EasyARM-i.MX283A 的排针为 URX1。进入 gpio160 目录，可以看到属性文件如图 4.6 所示。

```
root@EasyARM-iMX28x /sys/devices/virtual/gpio/gpio160# ls
active_low  direction  power      subsystem  uevent     value
```

图 4.6　GPIO3_4 的属性文件

这时 direction 属性文件的默认值为输入，如图 4.7 所示。

```
root@EasyARM-iMX28x /sys/devices/virtual/gpio/gpio160# cat direction
in
```

图 4.7　direction 属性文件默认值

这时在 URX1 分别输入 0V 和 3.3V，在 value 属性文件中可以正确读出 URX1 的输入电平状态，如图 4.8 所示。

```
root@EasyARM-iMX28x /sys/devices/virtual/gpio/gpio160# cat value
0
root@EasyARM-iMX28x /sys/devices/virtual/gpio/gpio160# cat value
1
```

图 4.8　读取输入电平测试

输入下面命令，在 direction 属性文件设置 GPIO 为输出工作状态：

```
# echo out > direction
```

这时在 value 属性文件分别设置 1 和 0 值，在 GPIO 分别输出高电平和低电平，如图 4.9 所示。

```
root@EasyARM-iMX28x /sys/devices/virtual/gpio/gpio160# echo 1 >value
root@EasyARM-iMX28x /sys/devices/virtual/gpio/gpio160# echo 0 >value
```

图 4.9　在 GPIO 分别输出高电平和低电平

这时使用万用表可以在 URX1 排针分别测试到 3.3 V 和 0 V。UTX1 也是按这种方法测试。

第5章

输入子系统和按键驱动

【本章导读】

按键是嵌入式系统中最简单和普通的输入设备，用于接收外部事件。在Linux系统中，通常采用中断方式来接收该事件。本章介绍Linux系统的按键驱动编写，相对于GPIO驱动而言，多了中断这部分内容。

本章也以两种方式来编写按键驱动，首先是传统的字符设备方式编写，重在理解Linux驱动的中断处理这部分内容；然后将按键纳入Linux输入子系统，按照输入子系统的方式，重新实现按键功能。读者既可以对比两种驱动编写方式的优劣，也可以加深对Linux设备驱动的理解。两种方式都提供应用测试程序。

在了解输入子系统前，首先要了解输入子系统为用户层提供的接口。在本套书的上册的15.5节详细讲述了输入子系统的应用层接口和使用方法。阅读本章前需要仔细阅读这些内容。

5.1 输入子系统

Linux内核的输入子系统为鼠标、键盘、触摸屏、游戏杆等输入设备提供了驱动框架。当程序员要为自己的输入设备编写驱动程序时，只需要实现从设备获取输入事件即可。至于输入事件如何处理、用户接口如何实现，都由输入子系统完成。这大大减轻了输入驱动程序的编码工作，也提高了驱动程序的稳健性。

同时，输入子系统为所有输入设备提供了标准的接口，这大大提高了驱动程序的易用性。输入子系统的驱动代码在内核的＜drivers/input/＞目录下。

5.1.1 输入子系统构成

输入子系统的实现需要满足以下需求：

① 输入子系统要为每个输入设备在/dev/目录下生成一个设备文件，以方便应用程序读取指定输入设备产生的事件。

② 对于每一个输入设备，在输入子系统只需要实现其事件获取即可，至于事件如何处理、如何到达设备文件则不需要考虑。

③ Linux 输入设备可以分为事件类(如 USB 鼠标、USB 键盘、触摸屏等)、MOUSE 类(特指 PS/2 接口的输入设备)、游戏杆类 3 种,为这些输入设备实现的设备文件的接口必须有所差别。因此,输入子系统需要为不同类型的输入设备实现正确的设备文件接口。

为实现这些目的,输入子系统输入通过以下部分实现:

1. 设备驱动

为实现需求①,输入子系统为每个输入设备都实现一个设备驱动,如图 5.1 所示。每个设备驱动都可以动态注册到输入子系统,或从输入子系统中注销。

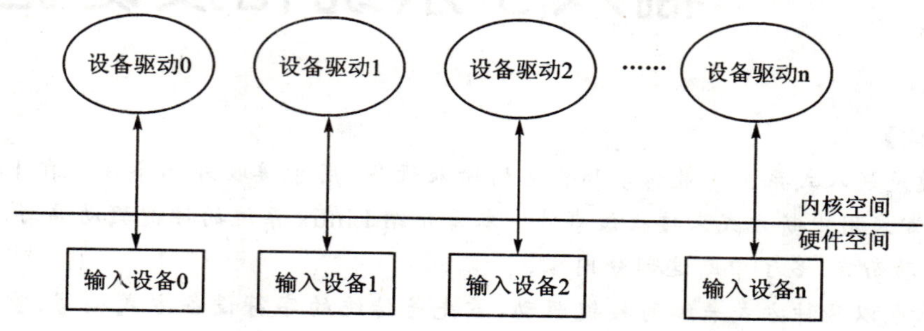

图 5.1　设备驱动示意图

在给输入设备编写驱动程序时,需要为输入设备实现一个设备驱动。设备驱动包含的设备信息有:

ⓐ 设备的总线类型、厂商、产品、版本号、名称等身份信息;

ⓑ 设备可产生的事件类型;

ⓒ 各事件类型的分量。

当输入设备发生输入事件时,驱动程序要把输入事件向输入子系统报告。

Linux 内核源码为一些常用的输入设备提供了驱动源码。这些源码分别在<drivers/input>目录下的多个子目录下,这些子目录的内容如表 5.1 所列。

表 5.1　Linux 输入设备驱动的目录内容

目录名称	目录内容
joystick	游戏杆输入设备驱动源码
keyboard	键盘驱动源码
mouse	鼠标驱动源码
misc	杂类输入设备源码
serio	总线型(如串口、SPI、I^2C 等总线)输入设备源码
touchscreen	触摸屏驱动源码

2. 事件管理器

为实现目的①和③,输入子系统为每种输入设备类型都实现一个事件管理器。事

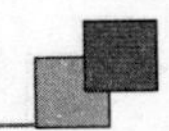

件管理器管理自己类型下的所有输入设备的设备驱动。每个事件管理器都可以动态注册到输入子系统,或从输入子系统中注销。

Linux 的输入设备主要分为事件类、MOUSE 类、游戏杆类型,所以内核源码为这 3 种类型的输入设备分别实现了 evdev、mousedev、joydev 事件管理器。输入子系统的事件管理器和设备驱动的关系如图 5.2 所示。

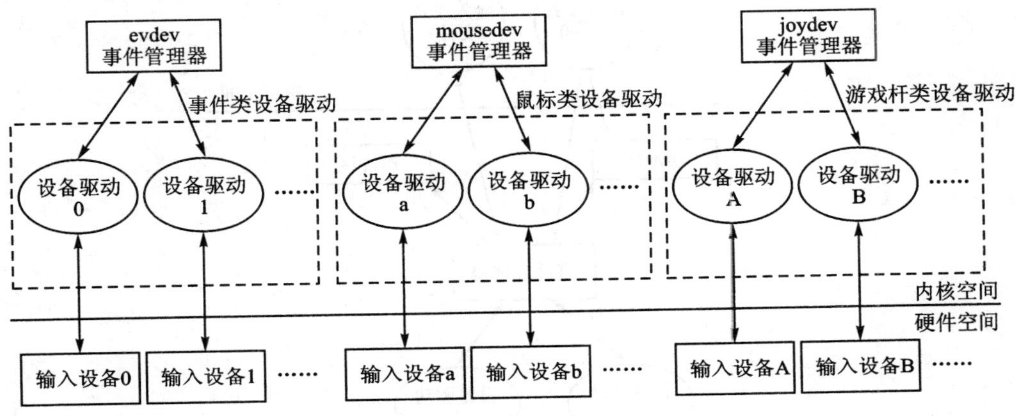

图 5.2 事件管理器和设备驱动的关系

当一个设备驱动注册到输入子系统后,每个事件管理器都扫描这个设备驱动的身份信息,并用自身携带的输入设备匹配列表和设备驱动的身份进行比较,以确定该设备驱动是否和自己匹配。若事件管理器检测到和自己匹配的设备驱动,则会为该设备驱动生成设备文件,如图 5.3 所示。

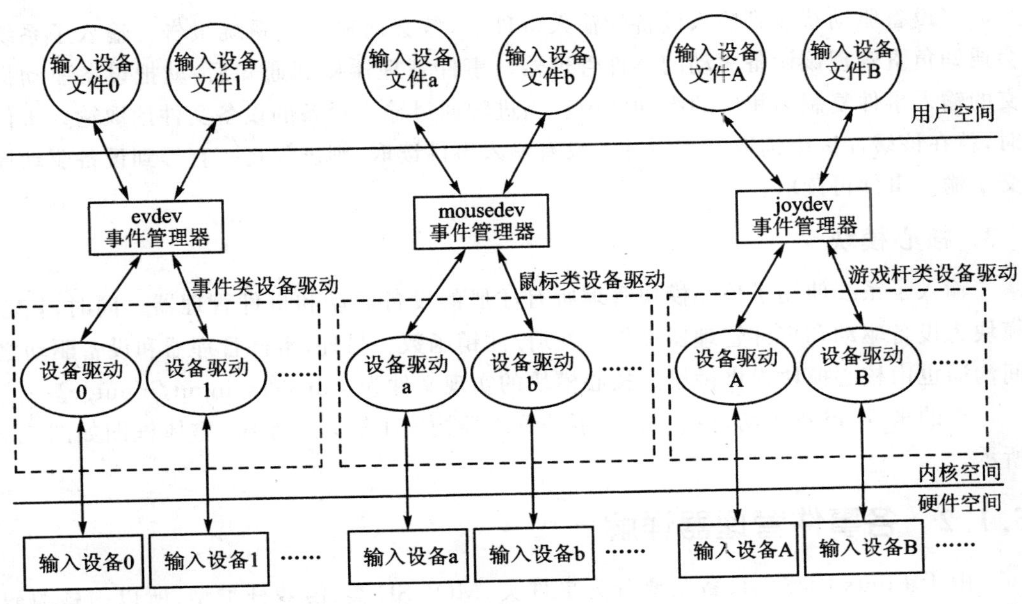

图 5.3 事件管理器为设备驱动生成设备文件

事件管理器携带了一个 file_operation 类型的文件操作列表。新生成的设备文件的文件 I/O 实现就是由这个文件操作列表实现的,该文件操作列表为设备文件实现了 open、close、read、ioctl、sync 等调用。

事件管理器为每个设备文件维护了一个输入事件缓冲区,如图 5.4 所示。

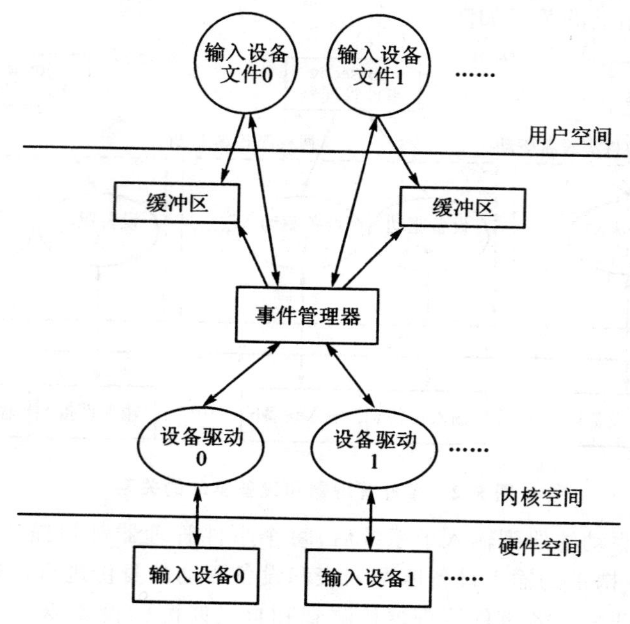

图 5.4　输入设备的缓冲区

当设备驱动获取到输入设备的输入事件后,就会向输入子系统报告。输入子系统会通知负责管理该设备驱动的事件管理器。事件管理器接到通知后,就把设备驱动提交的输入事件复制到相应的缓冲区中。当进程通过输入设备的设备文件读取输入事件时,就在该缓冲区中读取。若缓冲区没有输入事件读取,则进程将一直等到设备驱动提交了输入事件再读取。

3. 核心模块

输入子系统使用了核心模块管理所有注册的设备驱动和事件管理器。同时,核心模块为设备驱动和事件管理器提供了注册/注销函数。另外,事件管理器和设备驱动之间沟通也由核心模块提供桥梁。核心模块的实现文件为＜drivers/input/input. c＞。

总的来说,设备驱动、核心模块、事件管理器构成了输入子系统,整体框图如图 5.5 所示。

5.1.2　各事件管理器详解

由于 Linux 的输入设备主要分为事件类、MOUSE 类、游戏杆类型,所以内核源码为这 3 种类型的输入设备分别实现了 evdev、mousedev、joydev 事件管理器。

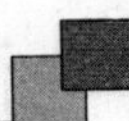

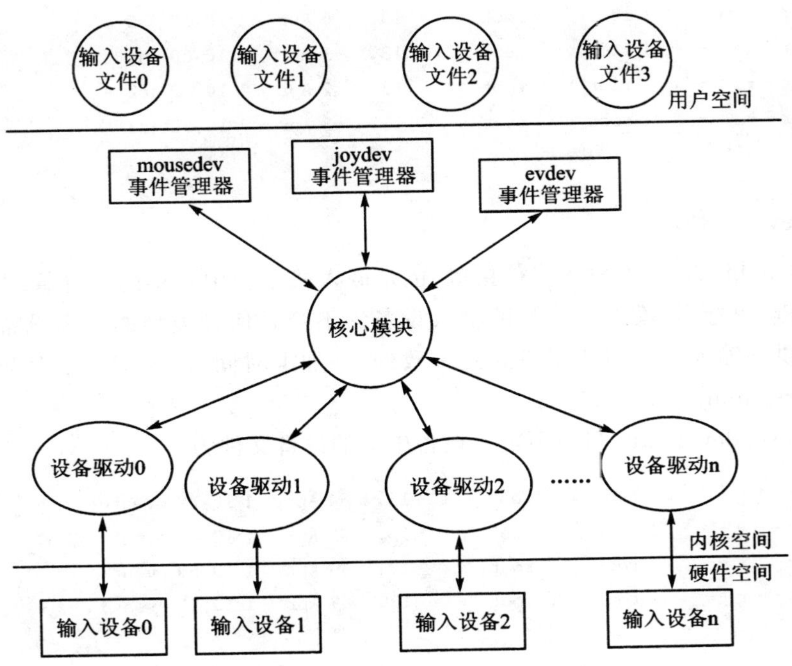

图 5.5　输入子系统框图

1. mousedev

mousedev 是 PS/2 鼠标专用的事件管理器，同时也能支持触屏。mousedev 能处理输入设备的相对坐标、绝对坐标、鼠标按键、滑轮事件。mousedev 的代码实现文件在<drivers/input/mousedev. c>文件中。

mousedev 在/dev/input/目录下为输入设备生成的设备文件如下所示：

```
crw-r--r--    1 root     root        13,  32 Mar 28 22:45 mouse0
crw-r--r--    1 root     root        13,  33 Mar 29 00:41 mouse1
crw-r--r--    1 root     root        13,  34 Mar 29 00:41 mouse2
crw-r--r--    1 root     root        13,  35 Apr   1 10:50 mouse3
...
...
crw-r--r--    1 root     root        13,  62 Apr   1 10:50 mouse30
crw-r--r--    1 root     root        13,  63 Apr   1 10:50 mice
```

2. joydev

joydev 是支持游戏杆的事件管理器，其代码实现文件在<drivers/input/joydev. c>文件中。joydev 在/dev/input/目录下为输入设备生成的设备文件如下所示：

```
crw-r--r--    1 root    root    13,   0 Apr   1 10:50 js0
crw-r--r--    1 root    root    13,   1 Apr   1 10:50 js1
crw-r--r--    1 root    root    13,   2 Apr   1 10:50 js2
crw-r--r--    1 root    root    13,   3 Apr   1 10:50 js3
...
```

3. evdev

evdev 是相当通用的输入事件接口，也是嵌入式系统中常用的事件管理器。evdev 能支持按键、鼠标、触摸屏等类型的输入设备。不管是何种类型的输入设备，evdev 向用户层提供的输入事件的数据格式是一致的，并加上时间戳。evdev 的代码实现文件为＜drivers/input/evdev.c＞。

evdev 在/dev/input/目录下输入设备生成的设备文件为：

```
crw-r--r--    1 root    root    13,  64 Apr   1 10:49 event0
crw-r--r--    1 root    root    13,  65 Apr   1 10:50 event1
crw-r--r--    1 root    root    13,  66 Apr   1 10:50 event2
crw-r--r--    1 root    root    13,  67 Apr   1 10:50 event3
...
```

5.1.3 设备驱动

1. 设备驱动的数据结构

对于系统的每个输入设备硬件，在输入子系统都要实现一个设备驱动。每个设备驱动都是由 input_dev 的数据结构描述的，其定义如程序清单 5.1 所示。

程序清单 5.1 input_dev 结构体的定义

```
struct input_dev {
    const char *name;
    const char *phys;
    const char *uniq;
    struct input_id id;
    unsigned long evbit[BITS_TO_LONGS(EV_CNT)];
    unsigned long keybit[BITS_TO_LONGS(KEY_CNT)];
    unsigned long relbit[BITS_TO_LONGS(REL_CNT)];
    unsigned long absbit[BITS_TO_LONGS(ABS_CNT)];
    unsigned long mscbit[BITS_TO_LONGS(MSC_CNT)];
    unsigned long ledbit[BITS_TO_LONGS(LED_CNT)];
    unsigned long sndbit[BITS_TO_LONGS(SND_CNT)];
    unsigned long ffbit[BITS_TO_LONGS(FF_CNT)];
    unsigned long swbit[BITS_TO_LONGS(SW_CNT)];
    unsigned int keycodemax;
```

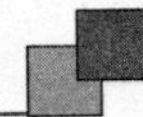

```
    unsigned int keycodesize;
    void * keycode;
    int ( * setkeycode)(struct input_dev * dev, unsigned int scancode,
        unsigned int keycode);
    int ( * getkeycode)(struct input_dev * dev,unsigned int scancode,
        unsigned int * keycode);
    struct ff_device * ff;
    unsigned int repeat_key;
    struct timer_list timer;
……省略……
};
```

下面介绍 input_dev 的部分成员：

name：该成员表示设备驱动的名字，但是这个名字和该设备驱动对应的设备文件名没有任何关系。

id：该成员表明输入设备的身份，描述了输入设备的总线类型、厂商号、产品号、版本的信息。输入子系统是根据输入设备的身份信息判断适合用哪个事件管理器。对于嵌入式系统，输入设备通常使用 evdev 事件管理器，而 evdev 事件管理器则不需要设备驱动初始化 id 成员。

evbit：该成员描述输入设备会产生的输入事件类型。所有事件类型的定义如程序清单 5.2 所示。

程序清单 5.2　事件类型的定义

```
#define EV_SYN          0x00        /* 同步事件     */
#define EV_KEY          0x01        /* 按键事件     */
#define EV_REL          0x02        /* 相对坐标事件 */
#define EV_ABS          0x03        /* 绝对坐标事件 */
#define EV_MSC          0x04
#define EV_SW           0x05
#define EV_LED          0x11
#define EV_SND          0x12
#define EV_REP          0x14
#define EV_FF           0x15
#define EV_PWR          0x16
#define EV_FF_STATUS    0x17
```

每个事件类型在 evbit 成员都占一个数据位。这些宏定义了各事件类型在 evbit 成员中数据位的索引。当需要支持相应的事件类型时，把相应的数据位置 1。evbit 成员可以同时支持多个事件类型。

把指定的数据位置 1，可以使用 set_bit()函数：

```
set_bit(nr, addr);
```

把指定位置 1 的示例如下：

```
set_bit(EV_KEY, input_dev->evbit);
```

keybit：当设备驱动可以产生按键事件时，keybit 成员表示设备驱动支持按键的键值。部分键值取值如程序清单 5.3 所示。

程序清单 5.3　键值的定义

```
define KEY_RESERVED          0
#define KEY_ESC              1
#define KEY_1                2
#define KEY_2                3
#define KEY_3                4
#define KEY_4                5
#define KEY_5                6
#define KEY_6                7
#define KEY_7                8
#define KEY_8                9
#define KEY_9                10
#define KEY_0                11
#define KEY_MINUS            12
#define KEY_EQUAL            13
#define KEY_BACKSPACE        14
#define KEY_TAB              15
#define KEY_Q                16
#define KEY_W                17
#define KEY_E                18
#define KEY_R                19
#define KEY_T                20
……省略……
```

relbit：当设备驱动可以产生相对坐标事件时，该成员定义了设备驱动可以提交的相对坐标分量。相对坐标分量定义如程序清单 5.4 所示。

程序清单 5.4　相对坐标分量定义

```
#define REL_X          0x00                  /* X 轴相对坐标分量    */
#define REL_Y          0x01                  /* Y 轴相对坐标分量    */
#define REL_Z          0x02
#define REL_RX         0x03
#define REL_RY         0x04
#define REL_RZ         0x05
#define REL_HWHEEL     0x06
#define REL_DIAL       0x07
#define REL_WHEEL      0x08
```

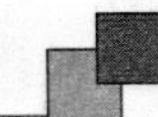

absbit：当设备驱动可以产生绝对坐标事件时，该成员定义了设备驱动可以提交的绝对坐标分量。绝对坐标分量定义如程序清单 5.5 所示。

程序清单 5.5　绝对坐标分量定义

```
#define ABS_X           0x00            /* X 轴绝对坐标分量      */
#define ABS_Y           0x01            /* Y 轴绝对坐标分量      */
#define ABS_Z           0x02
#define ABS_RX          0x03
#define ABS_RY          0x04
#define ABS_RZ          0x05
……省略……
```

2. 注册/注销设备驱动

当一个 input_dev 结构体初始化完成后，就可以调用 input_register_device()函数注册到输入子系统：

```
int input_register_device(struct input_dev *);
```

input_register_device()函数调用成功将返回 0 值，否则返回非 0 值。

调用 input_unregister_device()函数可以把已经注册 input_dev 结构体从输入子系统中注销：

```
void input_unregister_device(struct input_dev *);
```

3. 输入事件的提交

(1) 提交任何类型的事件

当设备驱动检测到输入事件发生后，可以调用 input_event()函数把输入事件向子系统报告：

```
void input_event (struct input_dev *dev, unsigned int type, unsigned int code,
                  int value);
```

该函数的 dev 参数为设备驱动，type 为输入事件的类型，code 为具体事件类型的分量，value 参数为事件的值。input_event()函数可以提交任何类型的事件，但实际使用中都用专用的事件提交函数。

(2) 提交按键事件

对于按键事件，可以用 input_report_key()函数提交：

```
void input_report_key(struct input_dev *dev, unsigned int code, int value);
```

在该函数中，参数 code 为按键事件的键值(参考程序清单 5.3)；参数 value 为按键的情况(1 为键按下，0 为键提起)。该函数的使用示例如下：

```
input_report_key(dev, KEY_A, 1);                    /* 报告 A 键按下         */
```

(3) 提交绝对坐标事件

对于绝对坐标事件,可以调用 input_report_abs()函数提交:

```
void input_report_abs(struct input_dev * dev, unsigned int code, int value);
```

在该函数中,参数 code 为绝对坐标的分量(参考程序清单 5.5 所示),参数 value 为分量的坐标值。该函数的使用示例如下:

```
input_report_abs(dev, ABS_X, value);                    /* 报告 X 轴坐标值          */
```

(4) 提交相对坐标事件

对于相对坐标事件,可以用调用 input_report_rel()函数提交:

```
void input_report_rel(struct input_dev * dev, unsigned int code, int value);
```

在该函数中,参数 code 为相对坐标分量(参考程序清单 5.4 所示),参数 value 为相对坐标分量。该函数的使用示例如下:

```
input_report_rel(dev,  REL_X,  1);                      /* 报告 X 轴坐标值增加      */
input_report_rel(dev,  REL_X, -1);                      /* 报告 X 轴坐标值减小      */
```

(5) 提交同步事件

任何一个输入事件都是以同步事件结束的。提交同步事件可以调用 input_sync()函数:

```
void input_sync(struct input_dev * dev);
```

5.2 驱动实现

这里以 AP-283Demo 板的按键驱动为例,详细演示如何在输入子系统的框架下实现输入设备驱动。

5.2.1 电路和原理

AP-283Demo 板上有 5 个按键:KEY1~KEY5,其电路原理图如图 5.6 所示。每个按键都连接到一个 GPIO。当按键被按下时,对应 GPIO 被拉低;当按键松开后,对应 GPIO 恢复高电平。

当 AP-283Demo 插到 EasyARM-i. MX283A 开发套件时,需要要短接 J8C 的2.6、2.5、2.4、1.18、1.17,跳线如图 5.7 所示。

对于 EasyARM-i. MX283A 开发套件,KEY1~KEY5 连接到 i. MX283 处理的引脚如表 5.2 所列。

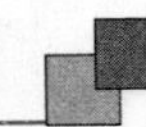

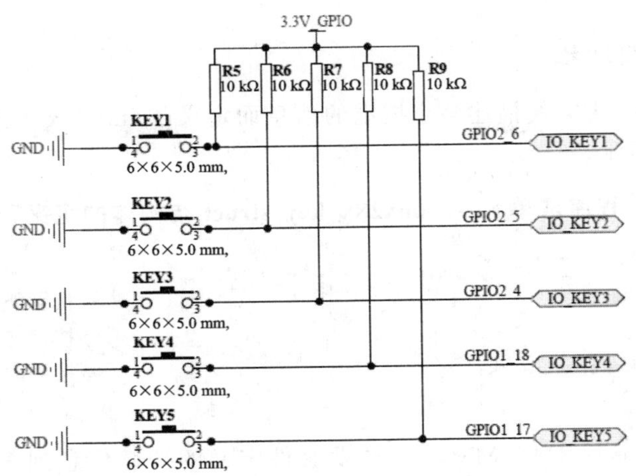

图 5.6　AP-283Demo 的按键电路原理图

图 5.7　短接按键路线

表 5.2　按键与处理器引脚的连接表

按　键	连接到处理器的引脚
KEY1	LCD_D17
KEY2	LCD_D18
KEY3	SSP0_DATA4
KEY4	SSP0_DATA5
KEY5	SSP0_DATA6

5.2.2　按键驱动实现

1. 按键驱动的设计思路

对于按键驱动需要实现以下目的：

① 当每一个按键被按下后，能准确提交键按下事件；

② 当按键被提起后，能准确提交键提起事件；

③ KEY1、KEY2、KEY3、KEY4、KEY5 键分别能产生 A、B、C、D、E 键值。

为实现以上目的，按键驱动的实现方法为：

① 为按键驱动实现并初始化一个 input_dev 结构体，然后注册；

② 为每一个按键对应的中断都注册一个中断处理函数；

③ 当某一个按键被按下时，其对应的中断处理函数执行；

④ 在中断处理函数中，对按键做消抖处理，然后提交相应的键按下事件；

⑤ 提交了键按下事件后，中断处理提交工作队列；

⑥ 当工作队列的工作函数被执行时，一直等待到按键被提起，然后提交按键的提

起事件。

2. 按键的数据结构

在按键驱动中,为方便描述某个按键的信息而定义了 imx28x_key_struct 结构体,如程序清单 5.6 所示。

程序清单 5.6 imx28x_key_struct 结构体的定义

```
struct imx28x_key_struct {
    int key_code;                                    /* 按键能产生的键值 */
    int gpio;                                        /* 按键连接的 GPIO */
    struct work_struct work;                         /* 按键的工作队列 */
};
```

按键驱动为 EasyARM-i. MX283A 开发套件定义的按键信息列表如程序清单 5.7 所示。

程序清单 5.7 按键信息列表

```
struct imx28x_key_struct keys_list[] ={
    {.key_code = KEY_A, .gpio = MXS_PIN_TO_GPIO(PINID_LCD_D17)},
    {.key_code = KEY_B, .gpio = MXS_PIN_TO_GPIO(PINID_LCD_D18)},
    {.key_code = KEY_C, .gpio = MXS_PIN_TO_GPIO(PINID_SSP0_DATA4)},
    {.key_code = KEY_D, .gpio = MXS_PIN_TO_GPIO(PINID_SSP0_DATA5)},
    {.key_code = KEY_E, .gpio = MXS_PIN_TO_GPIO(PINID_SSP0_DATA6)}
};
```

3. 按键驱动的初始化函数

按键驱动的初始化实现函数为 iMX28x_key_init(),该函数的实现如程序清单 5.8 所示。在 iMX28x_key_init()函数中需要初始化并注册一个输入设备驱动,以及为所有按键初始化中断和安装中断处理函数。

程序清单 5.8 iMX28x_key_init()函数的实现

```
static int __devinit iMX28x_key_init(void)
{
    int i = 0, ret = 0;
    int irq_no = 0;
    int code, gpio;
    inputdev = input_allocate_device();          /* 为输入设备驱动对象申请内存空间 */
    if (! inputdev) {
        return -ENOMEM;
    }
    inputdev->name           = "EasyARM-i.MX28x_key";
    set_bit(EV_KEY,    inputdev->evbit);          /* 设置输入设备支持按键事件 */
    for (i = 0; i < sizeof(keys_list)/sizeof(keys_list[0]); i++) {
```

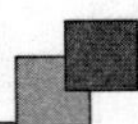

```
        code = keys_list[i].key_code;
        gpio = keys_list[i].gpio;
        /* 为每个按键都初始化工作队列          */
        INIT_WORK(&(keys_list[i].work), imx28x_scankeypad);
        set_bit(code, inputdev->keybit);          /* 设置输入设备支持的键值     */
        /* 为每个按键都初始化 GPIO */
        gpio_free(gpio);
        ret = gpio_request(gpio, "key_gpio");
        if (ret) {
                printk("request gpio failed %d \n", gpio);
                return -EBUSY;
        }
        /* 当 GPIO 被设置为输入工作状态后,就可以检测中断信号 */
        gpio_direction_input(gpio);
        /* 把每个 GPIO 中断响应方式都设置为下降沿响应      */
        irq_no   = gpio_to_irq(gpio);
        set_irq_type(gpio, IRQF_TRIGGER_FALLING);
/* 为每个按键的中断都安装中断处理函数,其私有数据为按键信息在 keys_list 数组下的索引 */
        ret = request_irq (irq_no, imx28x_key_intnerrupt, IRQF_DISABLED, "imx28x_key",
                          (void *)i);
        if (ret) {
            printk("request irq faile   %d!\n", irq_no);
             return -EBUSY;
        }
    }
    input_register_device(inputdev);                 /* 注册设备驱动               */
    printk("EasyARM-i.MX28x key driver up \n");
    return 0;
}
```

4. 按键驱动的移除函数

按键驱动的移除函数为 iMX28x_key_exit(),其实现代码如程序清单 5.9 所示。在该函数中,需要为每个按键释放 GPIO 资源和注销中断处理函数,然后注销设备驱动。

程序清单 5.9　iMX28x_key_exit()函数的实现代码

```
static void __exit iMX28x_key_exit(void)
{
    int i = 0;
    int irq_no;
    for (i = 0; i < sizeof(keys_list)/sizeof(keys_list[0]); i++) {
        irq_no = gpio_to_irq(keys_list[i].gpio); /* 为每个按键释放 GPIO              */
```

```
        free_irq(irq_no, (void *)i);                /* 为每个按键卸载中断处理函数  */
    }
    input_unregister_device(inputdev);              /* 注销输入设备驱动           */
    printk("EasyARM - i.MX28x key driver remove \n");
}
```

5. 中断处理的上半部

在初始化函数中,为每个按键的 GPIO 中断都安装了中断函数 imx28x_key_intnerrupt()。当每个按键被按下时,imx28x_key_intnerrupt()函数都被触发调用,如程序清单 5.10 所示。在 imx28x_key_intnerrupt()函数中,dev_id 输入参数为私有数据,这里为按键信息在 keys_list 数组的下标,由此可以判断是哪个按键触发了中断处理函数。

程序清单 5.10　imx28x_key_intnerrupt()函数的实现代码

```
static irqreturn_t imx28x_key_intnerrupt(int irq, void *dev_id, struct pt_regs *regs)
{
    int i    = (int)dev_id;
    int gpio = keys_list[i].gpio;                   /* 获取按键的 GPIO            */
    int code = keys_list[i].key_code;               /* 获取按键的键值             */
    /*
     *  延迟 20 μs,看按键是不是按下,如果不是,就是抖动
     */
    udelay(20);
    if (gpio_get_value(gpio)) {
        return IRQ_HANDLED;
    }
    input_report_key(inputdev, code, 1);            /* 先报告键按下事件           */
    input_sync(inputdev);
    schedule_work(&(keys_list[i].work));
                                        /* 提交工作队列,实现中断的下半部处理      */
    return IRQ_HANDLED;
}
```

AP-283Demo 上的按键都是机械按键。当机械按键的触点撞击在一起时,在触点位置稳定下来前会有一段时间不断反弹,从而导致抖动。按键信号会由于抖动而产生多余的锯齿状信号,如图 5.8 所示。

这些锯齿状的信号同样会产生中断,从而造成按键动作的误判。因此,对按键信号必须做消抖处理。消抖处理有硬件方法和软件方法,这里只用了软件方法。由于每次抖动持续时间都比较短(通常只有几微秒到十几微秒),所在按键中断发生后,延时一段时间(这里是 20 μs)再观察按键的输入电平是否正确,就可以实现消抖处理。

消抖处理完成后,中断处理函数报告相应的键按下事件。

按键驱动还需要报告按键的提起事件。由于 i.MX28 系列处理器的 GPIO 中断触

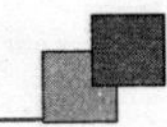

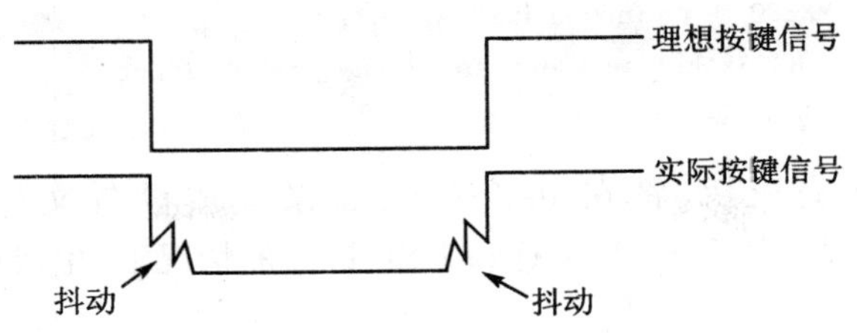

图 5.8　按键信号示意图

发方式(高电平触发、低电平触发、下降沿触发和上升沿触发)只能设置一种,而按键中断是设置了下降沿触发,那么按键的提起事件则无法用中断检测。唯一的办法是在按键被按下后,就一直轮询 GPIO 的输入电平状态,直接高电平出现为止。

但用户从按键到提起的时间是相对比较长的(都是毫秒级以上,甚至秒级以上)。因此,中断处理函数不适合一直等待用户提起按键,所以只能交给中断的下半部处理。

6. 中断处理的下半部

当工作队列被执行时,工作函数 imx28x_scankeypad()将被调用,代码如程序清单 5.11 所示。工作函数中输入参数为工作队列,使用 container_of()宏即可在该工作队列中获得它所属的 imx28x_key_struct 类型的对象。

程序清单 5.11　工作函数的实现代码

```
static void imx28x_scankeypad(struct work_struct * _work)
{
    /* 通过工作队列指针而获得它所属的 imx28x_key_struct 类型的对象 */
    struct imx28x_key_struct * key_tmp = container_of (_work, struct imx28x_key_
                                                       struct, work);
    int gpio = key_tmp->gpio;
    int code = key_tmp->key_code;
    /* 每隔 10 ms 检查按键是否已经提起,如果没有提起就一直等待 */
    while(! gpio_get_value(gpio)){
        mdelay(10);
    }
    input_report_key(inputdev, code, 0);            /* 报告按键提起事件          */
    input_sync(inputdev);
}
```

在工作函数中,每隔 10 ms 轮询 GPIO 的输入电平输入状态。如果检测到输入电平为高电平,表示按键已经提起,然后报告按键提起事件即可。

7. 驱动测试

把上述驱动代码模块编译成 imx28x_key.ko 驱动文件,并上传到 EasyARM-i.MX283A 开发套件,然后加载驱动:

```
root@EasyARM - iMX283 ~# insmod imx28x_key.ko
input: EasyARM - i.MX28x_key as /devices/virtual/input/input1
EasyARM-i.MX28x key driver up
```

驱动模块加载完成后，将在/dev/input 目录生成设备文件。在 EasyARM-i.MX283A 开发套件没有插入 USB 鼠标和 USB 键盘的情况下，生成的设备文件为/dev/input/event1：

```
root@EasyARM - iMX283 ~# ls /dev/input/event*
/dev/input/event0    /dev/input/event1
```

在驱动使用完成后，输入下面命令卸载驱动：

```
root@EasyARM - iMX283 ~# rmmod imx28x_key.ko
EasyARM - i.MX28x key driver remove
```

至于驱动接口的详细测试方法可参考本系列书《嵌入式 Linux 开发教程(上册)》的 15.5 节，这里就不再重复。

第6章

I²C 总线和外设驱动

【本章导读】

I^2C 总线是板级内部总线，由于总线简单、便捷，而在嵌入式系统中应用比较广泛。I^2C 总线的详细介绍可参考本套书的上册的 15.4 节，这里就不再重复。

虽然 I^2C 子系统扩展了作为从机的功能，但这里只考虑作为主机的应用。

6.1 I²C 子系统

6.1.1 I²C 子系统的设计思路

作为主机使用时，I^2C 子系统要处理的问题主要有两个：控制总线的 I^2C 控制器和总线上的从机器件。I^2C 子系统一方面要驱动 I^2C 控制器，从而实现 I^2C 总线上的通信；另一方面要使 I^2C 总线上的从机器件能很好地工作起来。

1. 驱动每个 I²C 控制器

I^2C 控制器是实现 I^2C 总线通信的硬件操作接口。软件系统是通过 I^2C 控制器实现在 I^2C 总线上的收/发数据。每一个 I^2C 控制器连接一路 I^2C 总线，I^2C 控制器与 I^2C 总线的连接如图 6.1 所示。嵌入式处理器内部通常集成有多路 I^2C 控制器，从而连接多路 I^2C 总线。

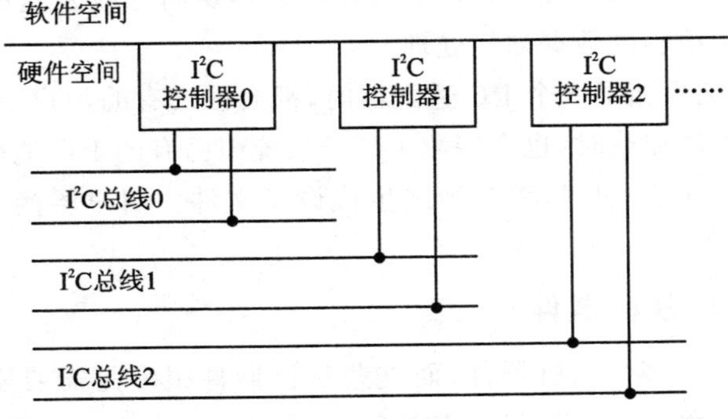

图 6.1　I²C 控制器与 I²C 总线的连接示意图

I^2C 子系统需要为每个 I^2C 控制器在/dev/目录下实现设备文件。通过这些设备文件,应用程序就可以在指定的 I^2C 总线上实现收发数据。I^2C 子系统在/dev/目录下生成的设备文件名通常为 i2c-0、i2c-1、i2c-2……i2c-n。这些设备文件和 I^2C 控制器的关系如图 6.2 所示。

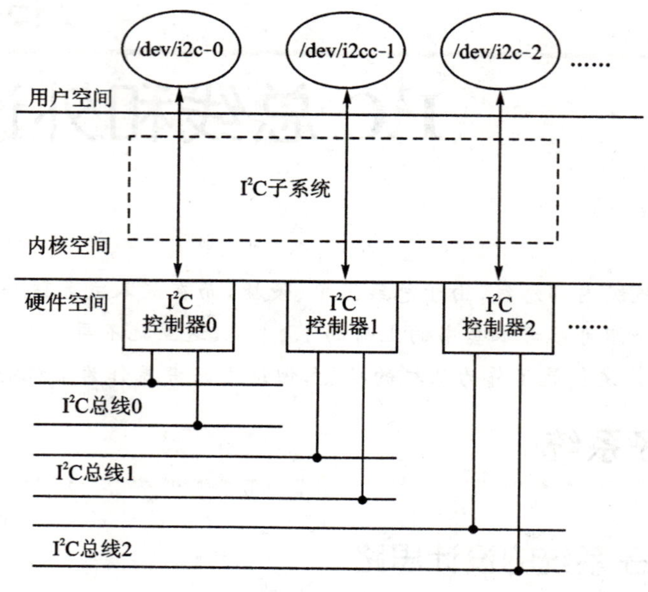

图 6.2 设备文件和 I^2C 控制器的关系

虽然 I^2C 子系统在/dev/目录下生成的设备文件有多个,但这些设备文件的操作接口是一样的,所以 I^2C 子系统使用一个用户层接口驱动实现这些统一的接口。用户层接口层驱动负责为每个 I^2C 控制器生成设备文件,并为这些设备文件实现相同的文件操作列表。用户层接口驱动并不关心系统中有多少个 I^2C 控制器,也不关心数据如何通过 I^2C 控制器在 I^2C 总线上实现收发。

I^2C 子系统需要为每个 I^2C 控制器实现一个 I^2C 适配器,从而驱动 I^2C 控制器,实现主机数据在 I^2C 总线的收/发。I^2C 适配器不关心要向总线发送的数据是从哪里来的,也不关心从总线接收的数据如何处理。

每当 I^2C 子系统添加了一个 I^2C 适配器时,都会被已有的用户层接口驱动探测到。同样,用户层接口驱动加载时,也会探测 I^2C 子系统中已有的 I^2C 适配器。用户层接口驱动每探测到一个 I^2C 适配器,都会为之生成设备文件。用户层接口驱动和 I^2C 适配器的关系如图 6.3 所示。

2. 驱动每个 I^2C 从机器件

I^2C 总线上可以接多个从机器件,而这些从机器件很多是需要实现内核态的驱动程序。以图 6.4 为例,I^2C 总线上 PCF8563 是 RTC 芯片,需要实现 RTC 驱动;CAT9555 是 I^2C 转 GPIO 芯片,需要实现 GPIO 驱动;OV3640 是摄像头模块,通过 I^2C

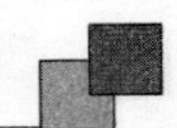

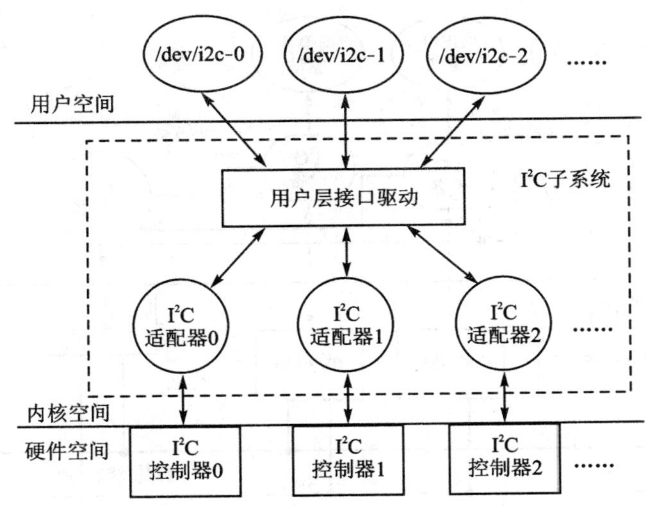

图 6.3 用户层接口驱动和 I²C 适配器的关系示意图

接口配置内部寄存器，需要实现摄像头驱动等。这些驱动程序和从机器件进行通信时，通信数据必然通过 I²C 控制器传输。如果从机器件驱动需要自己实现 I²C 控制器的驱动代码才能实现 I²C 总线通信，那会给从机器件的驱动开发带来不可估量的难度。

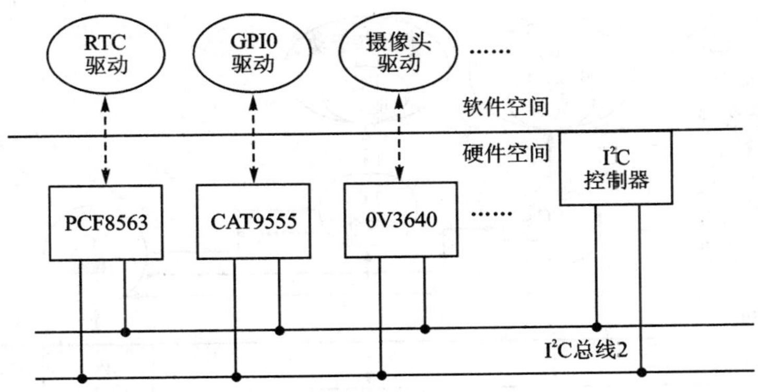

图 6.4 I²C 总线上的从机器件

建立从机器件驱动和从机器件通信的最佳办法是利用已有 I²C 驱动。I²C 子系统为从机器件驱动的实现提供了完善的框架。I²C 子系统为总线上的每个从机都实现一个 I²C 设备。I²C 设备都包含了控制从机器件的 I²C 适配器，以及从机地址、从机器件名字的信息。从机器件驱动只要获得从机器件的 I²C 设备，并借助 I²C 子系统提供的操作函数，就可以轻松地建立和从机器件的通信，如图 6.5 所示。

但这带来另外一个问题：从机器件的驱动如何才能找到正确的 I²C 设备呢？这就是驱动和设备匹配的问题。I²C 子系统要求从机器件驱动实现一个 I²C 驱动。每个I²C 驱动都包含了它能驱动的 I²C 设备的信息。当一个 I²C 驱动添加到 I²C 子系统时，就会扫描子系统中所有的 I²C 设备，探测是否有 I²C 设备能被自己驱动。同样，当一个

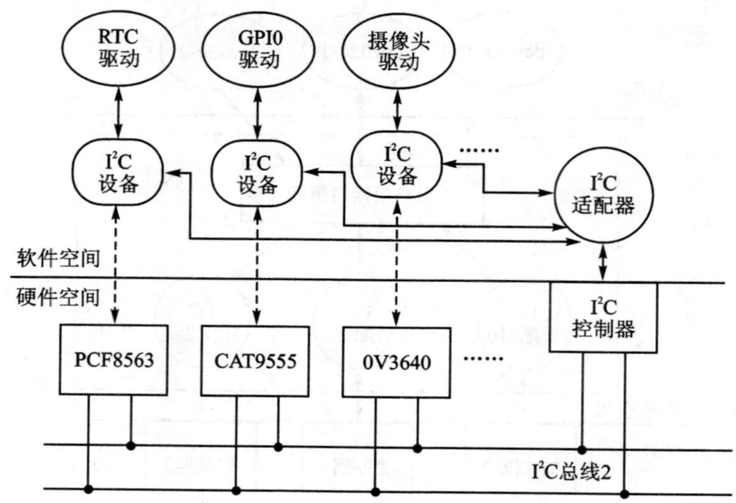

图 6.5 I²C 设备

I²C设备添加到 I²C 子系统时，就会扫描子系统中所有的 I²C 驱动，探测是否有可以驱动自己的 I²C 驱动。这种 I²C 设备和 I²C 驱动的互相探测的机制使从机器件驱动比较容易获得对应的 I²C 设备，从而建立和从机器件的通信，如图 6.6 所示。

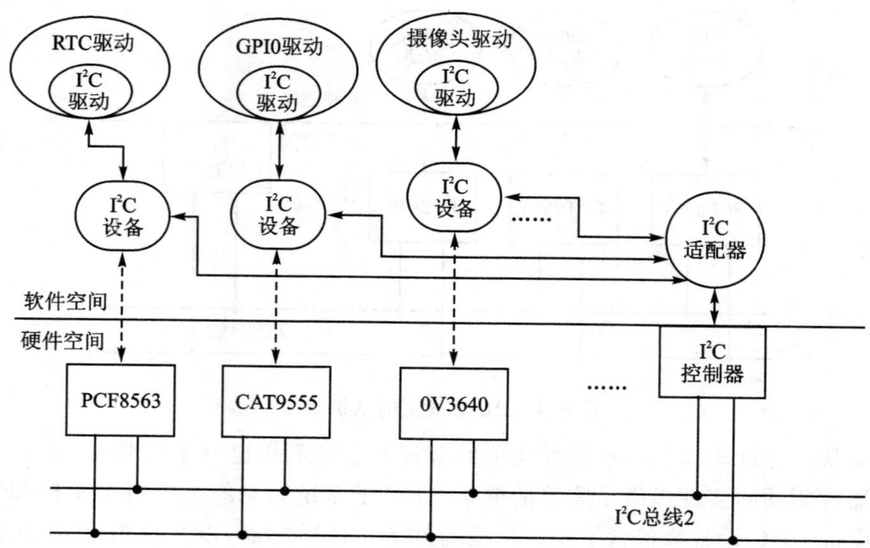

图 6.6 I²C 驱动和 I²C 设备

6.1.2　I²C 子系统的实现

1. I²C 适配器的实现

(1) i2c_adapter 结构

I²C 子系统使用 i2c_adapter 结构描述 I²C 控制器，如程序清单 6.1 所示。

程序清单 6.1　i2c_adapter 结构的定义

```
struct i2c_adapter {
    struct module                 * owner;
    unsigned int                  id;
    unsigned int                  class;
    const struct i2c_algorithm * algo;
    void                          * algo_data;
    struct rt_mutex               bus_lock;
    int                           timeout;
    int                           retries;
    struct device                 dev;
    int                           nr;
    char                          name[48];
    struct completion             dev_released;
    struct list_head              userspace_clients;
};
```

下面介绍 i2c_adapter 结构的部分成员：

owner 成员是 I²C 适配器的所有者，是由系统初始化。

algo 是 i2c_algorithm 类型的成员，实现 I²C 控制器在总线的数据收/发。

algo_data 成员是私有数据。

retries 成员为重试数据传输的次数。I²C 子系统在传输数据时若出现失败，则重试传输直到成功。retries 成员的值就是指定最多可以重试传输的次数。

timeout 成员为传输出错超时。I²C 子系统在传输数据时，若出现失败而重试传输，则会最多重试 retries 次，但是同样也要在 timeout 成员指定的时限之内。timeout 的值为时钟滴答数，Linux 的一秒钟的时钟滴答数为 HZ(100 或 200)次。

name 成员为 I²C 适配器的名字。

nr 成员为 I²C 适配器控制的总线的编号。

(2) 注册/注销 I²C 适配器

初始化了一个 I²C 适配器后，即可调用 i2c_add_numbered_adapter()函数注册到 I²C 子系统：

```
int i2c_add_numbered_adapter(struct i2c_adapter * adapter);
```

该函数在调用成功的情况下返回 0 值，否则返回非 0 值。

调用 i2c_del_adapter()函数可以把 I^2C 适配器从 I^2C 子系统中注销：

```
int i2c_del_adapter(struct i2c_adapter * );
```

(3) I^2C 控制器驱动模块

为了把系统中的 I^2C 总线驱动起来，必须为控制总线的 I^2C 控制器实现 I^2C 适配器，并注册到系统中。通常，I^2C 控制器都集成在嵌入式处理器内部，其驱动代码都在 drivers/i2c/busses/目录下。因此大多数情况下，开发人员并不需要自己编写 I^2C 控制器驱动。

嵌入式处理器内部的 I^2C 控制器可能有多个，其操作方法是一样的，区别只是硬件资源(包含寄存器的基地址、中断号)。所以，内核提供的 I^2C 控制器驱动使用了平台驱动和平台设备分离的方法：

- drivers/i2c/busses/目录下的 I^2C 控制器模块实现特定处理器平台的 I^2C 控制器的平台驱动。这些平台驱动探测内核中该处理器平台的 I^2C 控制器的平台设备。I^2C 控制器的平台驱动会为每个被探测到的平台设备生成一个 I^2C 适配器，然后注册到 I^2C 子系统。
- 在其他的模块中，需要为每个要驱动的 I^2C 控制器实现并注册平台设备。这些平台设备包含各自的硬件资源信息。

通常情况下，内核的各处理器平台的支持码中，都有处理器集成 I^2C 控制器的平台设备的实现代码范例。

2. I^2C 设备的实现

(1) i2c_client 结构

I^2C 子系统使用 i2c_client 结构描述 I^2C 总线上的从机器件，其定义如程序清单 6.2 所示。

程序清单 6.2 i2c_client 结构的定义

```
struct i2c_client {
    unsigned short          flags;
    unsigned short          addr;
    char                    name[I2C_NAME_SIZE];
    struct i2c_adapter      * adapter;
    struct i2c_driver       * driver;
    struct device           dev;
    int                     irq;
    struct list_head        detected;
};
```

下面介绍 i2c_client 结构的部分成员：

flags 成员为 I^2C 设备的标志信息，可以取值如下：

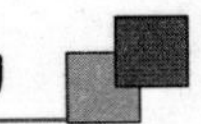

```
#define I2C_M_TEN              0x0010          /* 使用 10 位从机地址     */
#define I2C_CLIENT_PEC         0x04            /* 使用包出错检测机制     */
```

addr 成员为从机地址。

name 成员为 I^2C 设备的名称，表明设备身份的信息。

adapter 成员为 I^2C 适配器。

(2) 添加 I^2C 设备

为从机器件添加 I^2C 设备通常是在处理器平台的初始化代码中实现的。以 i.MX28系列处理器为例，添加 I^2C 设备可以在＜arch/arm/mach-mx28/mx28evk.c＞文件中实现，但这里不能直接初始化 i2c_client 对象，原因是内核在执行到这里的代码时，I^2C 控制器驱动尚未加载，管理从机器件的 I^2C 适配器尚未生成。

在处理器平台的初始化代码中，可以先把从机器件信息注册到指定的总线。在I^2C 适配器被生成并注册时，会为每一个注册到自己所控制总线的从机器件信息生成 i2c_client 结构并注册。

总线上的从机器件信息可以用 i2c_board_info 结构描述，i2c_board_info 结构的定义如程序清单 6.3 所示。

程序清单 6.3　i2c_board_info 结构的定义

```
struct i2c_board_info {
    char                        type[I2C_NAME_SIZE];
    unsigned short              flags;
    unsigned short              addr;
    void                        *platform_data;
    struct dev_archdata         *archdata;
    int                         irq;
};
```

在 i2c_board_info 结构中，type 成员是从机器件的名称，对应 i2c_client 结构的 name 名称；addr 成员为从机地址，对应 i2c_client 结构的 addr 成员；platform_data 为私有数据，对应 i2c_client 结构的 dev 成员下的 platform_data 成员。

初始化一个从机器件信息可以使用 I2C_BOARD_INFO 宏：

```
#define I2C_BOARD_INFO(dev_type, dev_addr)    .type = dev_type, .addr = (dev_addr)
```

假如开发板中有 PCF8563 芯片，从机地址为 0x51，初始化从机器件信息代码如程序清单 6.4 所示。

程序清单 6.4　初始化从机器件信息实例

```
static struct i2c_board_info __initdata mxs_i2c_device[] = {
    { I2C_BOARD_INFO("pcf8563", 0x51) },
};
```

调用 i2c_register_board_info()函数可以把 i2c_board_info 类型数组里的所有元素注册到指定的总线。

```
inti2c_register_board_info(int busnum, struct i2c_board_info const * info,unsigned n);
```

在 i2c_register_board_info()函数中，busnum 参数为要注册到总线的编号(I^2C0 的总线编号为 0、I^2C1 的总线编号为 1、I^2C2 的总线编号为 2 等)，info 参数为 i2c_board_info 类型的数组，n 参数为数组的长度。

那么，注册上述 mxs_i2c_device 的从机信息到 I^2C1 总线的代码为：

```
i2c_register_board_info(1, mxs_i2c_device, ARRAY_SIZE(mxs_i2c_device));
```

当控制 I^2C1 总线的 I^2C 适配器被注册后，就会扫描到之前注册的 PCF8563 的从机器件信息，并为之生成 i2c_client 结构并注册。

3. I^2C 驱动的实现

(1) i2c_driver 结构

I^2C 子系统使用 i2c_driver 结构来描述 I^2C 驱动。i2c_driver 结构的定义如程序清单 6.5 所示。

程序清单 6.5　i2c_driver 结构的定义

```
struct i2c_driver {
    unsigned int      class;
    int ( * attach_adapter)(struct i2c_adapter * );
    int ( * detach_adapter)(struct i2c_adapter * );
    int ( * probe)(struct i2c_client * , const struct i2c_device_id * );
    int ( * remove)(struct i2c_client * );
    void ( * shutdown)(struct i2c_client * );
    int ( * suspend)(struct i2c_client * , pm_message_t mesg);
    int ( * resume)(struct i2c_client * );
    void ( * alert)(struct i2c_client * , unsigned int data);
    int ( * command)(struct i2c_client * client, unsigned int cmd, void * arg);
                struct device_driver driver;
    const struct i2c_device_id * id_table;
    int ( * detect)(struct i2c_client * , struct i2c_board_info * );
    const unsigned short * address_list;
    struct list_head clients;
};
```

下面介绍 i2c_driver 结构的部分成员：

id_table 成员包含 I^2C 驱动可以匹配的 I^2C 设备名称列表。若 I^2C 设备的名称与 id_table 列表中任何一个字符串相同，则表示 I^2C 驱动和这个 I^2C 设备匹配。

driver 为 device_driver 类型的成员。i2c_driver 使用 device_driver 类型的 driver

成员进一步描述I²C驱动的信息。driver成员下的name成员为I²C驱动的名称。

probe成员是探测函数的指针。当一个和I²C驱动匹配的I²C设备被探测到时，该探测函数的实现函数将被调用。当探测函数的实现函数调用时，将传入被探测到的I²C设备的指针。

remove成员是移除函数的指针。当I²C驱动或I²C设备被注销时，移除函数的实现函数都被调用。

在内核的<drivers/rtc/rtc-pcf8563.c>文件中，PCF8563芯片的I²C驱动的实现代码如程序清单6.6所示。

程序清单6.6 I²C驱动的实现示例

```
static const struct i2c_device_id pcf8563_id[] = {
    { "pcf8563", 0 },
    { "rtc8564", 0 },
    { }
};
MODULE_DEVICE_TABLE(i2c, i2c_device_id pcf8563_id);
static struct i2c_driver pcf8563_driver = {
    .driver         = {
        .name       = "rtc-pcf8563",
    },
    .probe          = pcf8563_probe,
    .remove         = pcf8563_remove,
    .id_table       = pcf8563_id,
};
```

当I²C子系统中被注册了名字为pcf8563、rtc8564或rtc-pcf8563的I²C设备时，都会被PCF8563的I²C驱动探测到，然后pcf8563_probe()函数将被调用，为探测到的PCF8563芯片I²C设备实现RTC驱动。当PCF8563芯片的I²C驱动或I²C设备被注销时，pcf8563_remove()函数将被调用，为之前探测到的I²C设备移除RTC驱动。

注意：从机器件的I²C驱动不要初始化attach_adapter和detach_adapter成员。

(2) 注册/注销I²C驱动

一个I²C驱动初始化完成后，即可调用i2c_add_driver()函数注册到I²C子系统：

```
int i2c_add_driver(struct i2c_driver * driver)
```

该函数调用成功时，将返回0值；否则，返回非0值。

调用i2c_del_driver()函数可以把I²C驱动从I²C子系统中注销：

```
void i2c_del_driver(struct i2c_driver * );
```

4. I²C用户层接口驱动的实现

I²C用户层接口驱动的代码文件在内核源码的<drivers/i2c/i2c-dev.c>文件。在该文件中实现了 I²C 适配器的驱动,其实现代码如程序清单 6.7 所示。

程序清单 6.7 i2cdev_driver 的实现代码

```
static struct i2c_driver i2cdev_driver = {
    .driver = {
        .name       = "dev_driver",
    },
    .attach_adapter      = i2cdev_attach_adapter,
    .detach_adapter      = i2cdev_detach_adapter,
};
```

I²C 适配器的驱动同样是 i2c_driver 类型的结构体。与从机器件的驱动不同的是,i2cdev_driver 初始化了 attach_adapter 成员和 detach_adapter 成员。一个初始化了 attach_adapter 成员的 i2c_driver 结构体被注册到 I²C 子系统后,就会扫描所有已经注册的 I²C 适配器。每扫描到一个 I²C 适配器,attach_adapter 成员指向的 i2cdev_attach_adapter()函数就会调用。i2cdev_attach_adapter()函数会为每个扫描到的 I²C 适配器生成设备文件和初始化文件操作列表,而 i2cdev_driver 结构体的 detach_adapter 成员指向的 i2cdev_detach_adapter()则执行相反的操作。

5. 核心模块的实现

I²C 子系统使用了核心模块来维护所有注册的 I²C 适配器、I²C 设备和 I²C 驱动,同时为它们提供了注册/注销、数据通信等操作函数。

(1) I²C 子系统的总线结构

i2c_adapter 类型的 I²C 适配器和 i2c_client 类型的 I²C 设备都有 device 类型的 dev 成员,device 类型下有 list_head 链表类型的成员。核心模块使用一个设备链表组织了所有已经注册的 I²C 设备和 I²C 驱动。i2c_driver 类型的 I²C 驱动下有 device_driver 类型的 driver 成员,device_driver 类型下有 list_head 链表类型的成员。核心模块使用了一个驱动链表,从而组织了所有已经注册的 I²C 驱动(不管是从机器件驱动还是用户层接口驱动)。

核心模块使用了一个总线类型的 i2c_bus_type 变量,从而维护了设备链表和驱动链表,形成了设备/驱动的总线结构,如图 6.7 所示。

当 I²C 设备或 I²C 适配器注册时,会插入到总线的设备链表中,然后会在总线的驱动链表中寻找和自己匹配的驱动。同样,当 I²C 驱动注册时,会插入到总线的驱动链表中,然后会在总线的设备链表中寻找和自己匹配的设备。

(2) 核心模块提供的接口

在获得 I²C 设备的情况下,可以调用 i2c_master_recv()/i2c_master_send()函数实现 I²C 总线的数据接收/发送:

```
int i2c_master_send(struct i2c_client * client, const char * buf,int count);
int i2c_master_recv(struct i2c_client * client, char * buf, int count);
```

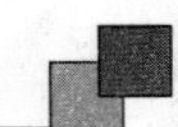

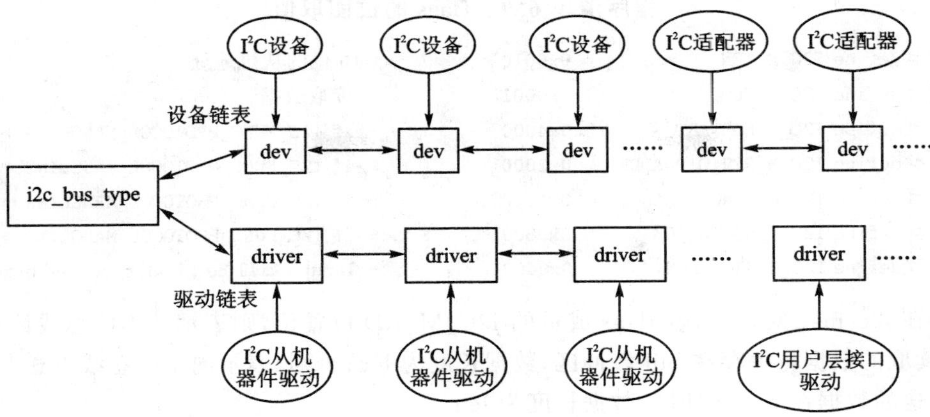

图6.7　I²C子系统的设备/驱动总线结构

在上述函数中，buf参数为要发送/接收数据的缓冲区，count参数为缓冲区中数据的长度。这两个函数调用结束后，则返回成功收发数据的长度。

i2c_master_send()/i2c_master_recv()函数先在I²C总线上执行以下操作：

① 发出起始信号；

② 发送从机地址；

③ 发送/接收数据；

④ 发送/接收数据完成后，发送结束信号。

在获得I²C适配器的情况下，可以调用i2c_transfer()函数实现I²C总线的数据收/发。

```
int i2c_transfer(struct i2c_adapter * adap, struct i2c_msg * msgs,nt num);
```

在i2c_transfer()函数中，msgs参数是i2c_msg类型的数据包数组，num参数是数组的长度。若i2c_transfer()调用成功，则返回成功收/发数据包的个数。

i2c_msg是封装收/发数据的结构，其定义如程序清单6.8所示。

程序清单6.8　i2c_msg的定义

```
struct i2c_msg {
    __u16 addr;                              /* 从机地址     */
    __u16 flags;
    __u16 len;                               /* 缓冲区数据的长度   */
    __u8 * buf;                              /* 数据缓冲区     */
};
```

在i2c_msg结构中，flags为数据标志，其位图取值如程序清单6.9所示。

程序清单 6.9　flags 的位图取值

```
#define I2C_M_TEN           0x0010      /* 10 位的从机地址     */
#define I2C_M_RD            0x0001      /* 读取数据     */
#define I2C_M_NOSTART       0x4000      /* if I2C_FUNC_PROTOCOL_MANGLING */
#define I2C_M_REV_DIR_ADDR  0x2000      /* if I2C_FUNC_PROTOCOL_MANGLING */
#define I2C_M_IGNORE_NAK    0x1000      /* if I2C_FUNC_PROTOCOL_MANGLING */
#define I2C_M_NO_RD_ACK     0x0800      /* if I2C_FUNC_PROTOCOL_MANGLING */
#define I2C_M_RECV_LEN      0x0400      /* length will be first received byte */
```

在 i2c_msg 对象中，若 flags 成员的 I2C_M_RD 位置位，则表示从 I^2C 总线读取数据，读取的数据将保存在 buf 缓冲区，数据长度为 len；否则，表示向 I^2C 总线发送数据，要发送的数据在 buf 缓冲区，数据长度为 len。

其实，i2c_master_send()/i2c_master_recv()函数最终还是通过调用 i2c_transfer()函数实现的。

6.1.3　I^2C 子系统在 /sys 文件系统的信息

I^2C 子系统在/sys 文件系统的信息在/sys/bus/i2c/目录下。/sys/bus/i2c/目录下有 devices 和 drivers 目录，如下所示：

```
# ls /sys/bus/i2c/
devices            drivers_autoprobe  uevent
drivers            drivers_probe
```

其中，devices 目录下包含了 I^2C 子系统里所有的 I^2C 控制器和 I^2C 设备的属性文件，drivers 目录下包含了 I^2C 子系统里的所有 I^2C 驱动的属性文件。

通过这些属性文件的信息可以查看 I^2C 设备是否添加，I^2C 设备信息是否正确，I^2C 设备是否被 I^2C 驱动所探测到，I^2C 驱动是否正确注册，I^2C 驱动是否探测到 I^2C 设备。这在驱动的开发调试阶段十分有用。

(1) 设备的属性文件

在/sys/bus/i2c/devices/目录下的各文件类似如下所示：

```
root@EasyARM - iMX28x /sys/bus/i2c# ls /sys/bus/i2c/devices/
1-0018   1-0050   1-0051   i2c-0    i2c-1
```

上述 i2c-0 目录和 i2c-1 目录分别表示 I^2C0 和 I^2C1 总线上 I^2C 控制器的属性文件目录，其他目录都是 I^2C 设备的属性文件目录。

以 1-0018 目录名为例，“1”表示从机器件在 I^2C1 总线；“0018”表示从机地址为 0x18。进入 1-0018 目录可以看到各文件如下所示：

```
root@EasyARM - iMX28x /# ls /sys/bus/i2c/devices/1-0018/
driver     modalias    name      power      subsystem  uevent
```

I^2C 设备的属性文件目录下的 name 属性文件是 I^2C 设备的名称。若 I^2C 设备的

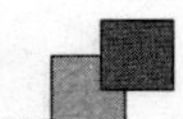

属性文件目录下有 driver 文件，则表示该 I²C 设备已经被 I²C 驱动探测到。driver 文件是 I²C 驱动属性文件目录的链接，如下所示：

```
root@EasyARM - iMX28x /# ll /sys/bus/i2c/devices/1-0018/driver
/sys/bus/i2c/devices/1 - 0018/driver  -> ../../../../../bus/i2c/drivers/UDA1380 I2C
Codec
```

(2) 驱动的属性文件

/sys/bus/i2c/drivers/目录下的各文件类似如下所示：

```
root@EasyARM - iMX28x /# ls /sys/bus/i2c/drivers
UDA1380 I2C Codec   dummy                   ir-kbd-i2   cdev_driver
```

该目录下是各 I²C 驱动的属性文件的目录。以 UDA1380 I2C Codec 目录为例，该目录下的属性文件如下所示：

```
root@EasyARM - iMX28x /sys/bus/i2c/drivers/UDA1380 I2C Codec# ls
1 - 0018   bind    uevent   unbind
```

可以该看到，该目录下有 I²C 设备的属性文件目录的链接，这表示该驱动已经探测到 I²C 设备。

6.2　I²C 驱动实现示例

AP-283Demo 板上的 FM24C02A 是 I²C 接口的 EEPROM 芯片。FM24C02A 是 2 kbit(256 字节)大小的 EEPROM，分为 32 个页，每页 8 字节。这里通过实现 FM24C02A 驱动来进一步说明如何在 I²C 子系统框架下实现 I²C 驱动。至于 FM24C02A 芯片的操作方法和相关的电路实现，可参考本套书的上册的 15.4 节。

6.2.1　FM24C02A 驱动的设计思路

FM24C02A 驱动需要实现以下目的：

① 可以在 FM24C02A 内部储存器的指定地址连续写入数据；

② 可以在 FM24C02A 内部储存器的指定地址连续读取数据。

为实现以上目的，FM24C02A 驱动实现方法为：

① 在内核的处理器平台初始化代码(<arch/arm/mach-mx28/mx28evk.c>文件)为 FM24C02A 添加 I²C 设备；

② 在 FM24C02A 驱动中实现 I²C 驱动；

③ 当 I²C 驱动探测到 I²C 设备时，探测会为 I²C 设备生成一个字符设备驱动；

④ 在该字符设备驱动中实现 ioctl()调用，用于设置 FM24C02A 内部储存器的读/写地址；

⑤ 在该字符设备驱动中实现 write()调用，用于在 FM24C02A 内部储存器设置读/写地址为起始，从而连续写入数据；

⑥ 在该字符设备驱动中实现 read()调用,用于在 FM24C02A 内部储存器的设置的读/写地址为起始,连续读取数据。

6.2.2 添加 FM24C02A 设备

AP-283Demo 板上的 FM24C02A 连接 i.MX28x 处理器的 I²C1 总线,从机地址为 0x50,因此需要为它添加 I²C 设备信息。在内核源码的<arch/arm/mach-mx28/mx28evk.c>文件的 mxs_i2c_device 数组中,为 FM24C02A 添加 I²C 设备信息,如程序清单 6.10 所示。

程序清单 6.10 添加 FM24C02A 设备的信息

```
static struct i2c_board_info __initdata mxs_i2c_device[] = {
    { I2C_BOARD_INFO("pcf8563",  0x51) },
    { I2C_BOARD_INFO("FM24C02A", 0x50) },          /* 添加 FM24C02A 设备的信息     */
};
```

在上述代码中,FM24C02A 设备的名称为“FM24C02A”。

内核源码修改完成后,重新编译内核,然后把新的内核固件更新到 EasyARM-i.MX283A 开发套件。重启 EasyARM-i.MX283A 开发套件,进入/sys/bus/i2c/device/目录下,可以看到新添加的 I²C 设备如图 6.8 所示。添加的 I²C 设备的目录为1-0050,其中,“1”表示在 I²C1 总线,“0050”表示从机地址为 50。

```
root@EasyARM-iMX28x /sys/bus/i2c/devices# ls
1-0018  1-0050  1-0051  i2c-0   i2c-1
```

图 6.8 查看系统的 I²C 设备

进入 1-0050 目录,然后在该目录下的 name 文件可以看到 I²C 设备名的文件名,如图 6.9 所示。可以看到,新添加的 I²C 设备名称为 FM24C02A。由此可见,新添加的 I²C 设备和内核设置的 FM24C02A 信息一致。

```
root@EasyARM-iMX28x /sys/bus/i2c/devices# cd 1-0050/
root@EasyARM-iMX28x /sys/devices/platform/mxs-i2c.1/i2c-1/1-0050# cat name
FM24C02A
```

图 6.9 查看 I²C 设备的名字

6.2.3 实现 FM24C02A 驱动

FM24C02A 的驱动可以做成驱动模块,其代码文件为 i2c-rom.c。下面详细分析 FM24C02A 驱动的实现。

6.2.4 实现 I²C 驱动

为了能驱动 I²C 总线上的 FM24C02A 芯片,在 FM24C02A 驱动中必须为它实现 I²C 驱动,如程序清单 6.11 所示。

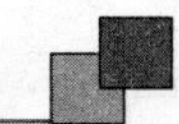

程序清单 6.11　FM24C02A 芯片的 I²C 驱动

```
static const struct i2c_device_id FM24C02A_id[] = {
    { "FM24C02A", 0 },
    { }
};
MODULE_DEVICE_TABLE(i2c, FM24C02A_id);          /* 进一步初始化 FM24C02A_id          */
static struct i2c_driver FM24C02A_driver = {
    .driver         = {
        .name       = "FM24C02A",
    },
    .probe          = FM24C02A_probe,
    .remove         = FM24C02A_remove,
    .id_table       = FM24C02A_id,
};
```

在上述代码中,FM24C02A 芯片的 I²C 驱动的设备 ID 列表为 FM24C02A_id 数组。FM24C02A_id 数组中包含了 FM24C02A 的字符串,表示只要名字为 FM24C02A 的 I²C 设备就可以被该 I²C 驱动探测到。

FM24C02A 驱动的初始化函数和移除函数只须实现 I²C 驱动的注册和注销即可,如程序清单 6.12 所示。

程序清单 6.12　注册/注销 I²C 驱动

```
static int __init FM24C02A_init(void)
{
    return i2c_add_driver(&FM24C02A_driver);
}
static void __exit FM24C02A_exit(void){
    i2c_del_driver(&FM24C02A_driver);
}
module_init(FM24C02A_init);
module_exit(FM24C02A_exit);
```

1. 探测函数的实现

FM24C02A 芯片的 I²C 驱动的探测函数为 FM24C02A_probe(),其中需要获取 FM24C02A 芯片的 I²C 设备,并为设备生成字符设备驱动。FM24C02A_probe()函数的实现代码如程序清单 6.13 所示。

程序清单 6.13　FM24C02A_probe()函数的实现

```
static struct i2c_client *g_client;
static int FM24C02A_probe(struct i2c_client *client,const struct i2c_device_id *id)
{
```

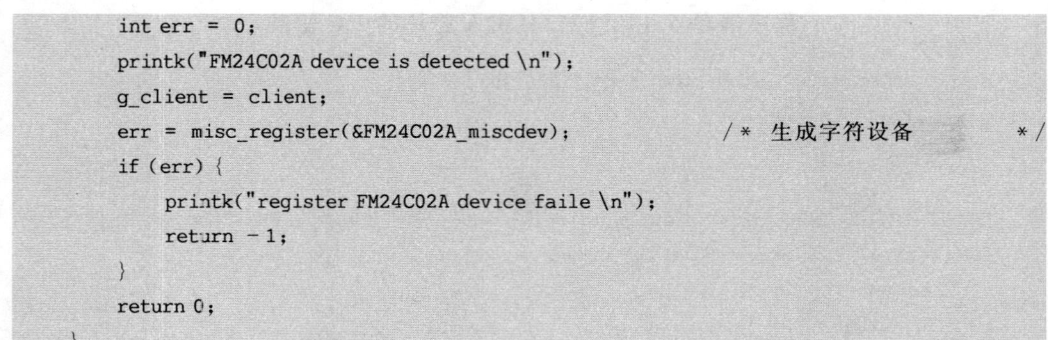

```
    int err = 0;
    printk("FM24C02A device is detected \n");
    g_client = client;
    err = misc_register(&FM24C02A_miscdev);              /* 生成字符设备         */
    if (err) {
        printk("register FM24C02A device faile \n");
        return -1;
    }
    return 0;
}
```

在 FM24C02A_probe()函数调用时,会在传入参数 client 中获得探测到的 I^2C 设备。这里假设 I^2C 总线中只有一个 FM24C02A 芯片,所以探测到的 I^2C 设备用一个全局变量 g_client 保存即可。

2. misc 设备的实现

在探测函数中,生成字符设备可以通过注册一个 misc 类型设备实现。该 misc 类型设备为 FM24C02A_miscdev,其实现代码如程序清单 6.14 所示。

程序清单 6.14 misc 设备的实现

```
#define DEVICE_NAME "FM24C02A"
static struct miscdevice FM24C02A_miscdev = {
    .minor    = MISC_DYNAMIC_MINOR,
    .name     = DEVICE_NAME,
    .fops     = &FM24C02A_fops,
};
```

FM24C02A_miscdev 的 name 成员的值为 FM24C02A。这表示 FM24C02A_miscdev 被注册成功后,将在/dev/目录下生成名为 FM24C02A 的设备文件。

FM24C02A_miscdev 的 fops 成员初始化为 FM24C02A_fops,这是文件操作列表的实现,如程序清单 6.15 所示。

程序清单 6.15 文件操作列表的实现

```
static struct file_operations FM24C02A_fops = {
    .owner          = THIS_MODULE,
    .write          = FM24C02A_write,
    .read           = FM24C02A_read,
    .ioctl          = FM24C02A_ioctl,
};
```

当应用程序对设备文件调用 open()和 close()时,则对设备不需要任何操作,所以文件操作列表中没有初始化 open 和 release 成员。

3. ioctl 调用的实现

当应用程序对设备文件调用 ioctl()时，FM24C02A_fops 的 ioctl 成员的实现函数 FM24C02A_ioctl()将被调用。FM24C02A_ioctl()函数的实现代码如程序清单 6.16 所示。

程序清单 6.16　FM24C02A_ioctl()函数的实现

```
#define CMD_SET_ROM_ADDR        0x1
static char rom_addr;           /*  用于保存 FM24C02A 内部储存器的读/写地址        */
static int FM24C02A_ioctl(struct inode * inode,struct file * flip,unsigned int command,
unsigned long arg)
{
    if (command == CMD_SET_ROM_ADDR) {
        rom_addr = arg;         /* FM24C02A 内部储存器的读/写地址在 arg 参数中传入 */
    }
    return 0;
}
```

FM24C02A_ioctl()函数为 ioctl()调用实现了 CMD_SET_ROM_ADDR 命令，用于设置读/写 FM24C02A 内存储存器的起始地址。

4. write()调用的实现

当应用程序对设备文件调用 write()时，FM24C02A_fops 的 write 成员的实现函数 FM24C02A_write()将被调用。FM24C02A_write()函数实现把用户空间传入的数据写入 FM24C02A 的内部储存器。该函数的实现代码如程序清单 6.17 所示。

程序清单 6.17　FM24C02A_write()函数的实现代码

```
static ssize_t FM24C02A_write(struct file * filp, const char __user * buf, size_t count,
loff_t * f_pos)
{
    int ret = 0;
    char data_buf[256 + 1];
    data_buf[0] = rom_addr;                       /*  写入的起始地址                */
    copy_from_user(data_buf + 1, buf, count);     /*  在用户空间复制要写入的数据    */
    ret = i2c_master_send(g_client, data_buf, count);
                                                   /*  把要写入的数据发送到 FM24C02A */

    return ret;
}
```

FM24C02A_write()函数调用 i2c_master_send()函数来实现在 I²C 总线发送数据。i2c_master_send()函数的 I²C 设备参数 g_client 是在探测函数中初始化的；buf 缓冲区中第一个字节的数据是要入的 FM24C02A 内部储存器的起始地址，其余的是要连续写入的数据。

5. read()调用的实现

当应用程序对设备文件调用 read()时,FM24C02A_fops 的 read 成员的实现函数 FM24C02A_read()将被调用。FM24C02A_read()函数实现从 FM24C02A 的内部储存器中读取数据,并返回给用户空间。该函数的实现代码如程序清单 6.18 所示。

程序清单 6.18 FM24C02A_read()函数的实现代码

```
static ssize_t FM24C02A_read (struct file * file, char __user * buf, size_t count,
                              loff_t * ppos)
{
    int ret = 0;
    char data_buf[256];
    ret = i2c_master_send(g_client, &rom_addr, 1);
                                    /* 向 FM24C02A 发送要读取数据的起始地址 */
    ret = i2c_master_recv(g_client, data_buf, count);
                                    /* 在 FM24C02A 连续读取数据             */
    copy_to_user(buf, data_buf, count);   /* 把读取的数据返回给用户空间      */
    return ret;
}
```

6. 驱动的加载

把上述 i2c-rom.c 文件编译成 i2c-rom.ko 模块文件,然后下载到 EasyARM-i.MX283A 开发套件。在开发套件的终端输入下面命令加载驱动:

```
# insmod i2c-rom.ko
```

命令的执行结果如图 6.10 所示。

```
root@EasyARM-iMX28x /mnt# insmod i2c-rom.ko
FM24C02A device is detected
```

图 6.10 加载驱动的执行结果

当"FM24C02A device is detected"字符串被打印出来时,则表示 I^2C 驱动探测到 I^2C设备,并调用了探测函数。

在/sys/bus/i2c/drivers/目录下可以看到新添加的驱动,如图 6.11 所示。

```
root@EasyARM-iMX28x /sys/bus/i2c/drivers# ls
UDA1380 I2C Codec  dummy            ir-kbd-i2c
dev_driver         fm24c02a
```

图 6.11 新添加的 I^2C 驱动

在上述 fm24c02a 目录下可以看到该驱动探测到的 I^2C 设备,如图 6.12 所示。图中可以看到名为"1-0050"的文件,这正是在内核中为 FM24C02A 芯片添加的 I^2C 设备。

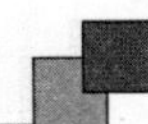

```
root@EasyARM-iMX28x /sys/bus/i2c/drivers# cd fm24c02a/
root@EasyARM-iMX28x /sys/bus/i2c/drivers/fm24c02a# ls
1-0050  bind   module  uevent  unbind
```

图 6.12 查看探测到的设备

在/dev/目录下可以看到 FM24C02A 驱动的设备文件，如图 6.13 所示。

```
root@EasyARM-iMX28x /# ls /dev/FM24C02A
/dev/FM24C02A
```

图 6.13 FM24C02A 驱动的设备文件

7. 测试程序的实现

测试 FM24C02A 驱动是否运行正确，需要编写应用层的测试程序。测试程序的实现方法为：

① 在 FM24C02A 芯片内部储存器的指定地址，连续写入一定长度的数据(不超过一页 8 字节长度)；

② 在该地址读取同样长度的数据；

③ 对比写入数据和读出数据是否一致，就可以确定驱动是否运行正确。

测试程序的代码文件为 test_FM24C02A.c，其代码如程序清单 6.19 所示。

程序清单 6.19 FM24C02A 驱动的测试程序代码

```
#include      <stdio.h>
#include      <stdlib.h>
#include      <unistd.h>
#include      <sys/types.h>
#include      <sys/stat.h>
#include      <fcntl.h>
#include      <termios.h>
#include      <errno.h>
#define I2C_DEV_NAME          "/dev/FM24C02A"
#define CMD_SET_ROM_ADDR         0X1
#define DATA_LEN              8
int main(int arg,char * args[])
{
    unsigned int len;
    int i;
    int fd;
    char tx_buf[DATA_LEN];
    char rx_buf[DATA_LEN];
    fd = open(I2C_DEV_NAME, O_RDWR);                    /* 打开 FM24C02A 驱动的设备文件 */
    if(fd < 0) {
        printf("open %s failed\r\n", I2C_DEV_NAME);
```

```
        return -1;
    }
    /* 设置 FM24C02A 内存储存器的读/写地址为 0                */
    ioctl(fd, CMD_SET_ROM_ADDR, 0x0);
    for (i = 0; i < DATA_LEN; i++)                  /* 初始化写入数据为 0、1、2……7 */
        tx_buf[i] = i;
    len = write(fd, tx_buf, DATA_LEN);           /* 把数据写入到 FM24C02A 内存储存器 */
    if (len < 0) {
        printf("write data failed \n");
        return -1;
    }
    usleep(1000 * 100);
    len = read(fd, rx_buf, DATA_LEN);           /* 把从 FM24C02A 内存储存器读出数据 */
    if (len < 0) {
        printf("read data failed\n");
        return -1;
    }
    /* 对比写入/读出是否一致,以判断测试是否成功         */
    for(i = 0; i < DATA_LEN; i++) {
        if (rx_buf[i] != tx_buf[i]) {
            goto test_failed;
        }
    }
    printf("test eeprom success \n");
    return 0;
test_failed:
    printf("test eeprom failed\n");
    return -1;
}
```

把 test_FM24C02A.c 文件交叉编译成 test_FM24C02A 文件,并下载到 EasyARM-i.MX283A 开发套件。执行下面命令进行测试:

```
# ./test_FM24C02A
```

执行结果如图 6.14 所示。

```
root@EasyARM-iMX28x /mnt# ./test_FM24C02A
test eeprom success
```

图 6.14 测试程序的执行结果

test_FM24C02A 程序打印的信息表示在 FM24C02A 读/写数据无误。

第 7 章

SPI 总线和外设驱动

【本章导读】

SPI(Serial Peripheral Interface)串行外设接口是一种高速、全双工的通信总线，只占用芯片的 4 个引脚，分别为数据输入(SDI)、数据输出(SDO)、时钟信号(SCLK)和片选信号(CS)。目前越来越多的芯片都集成了这种通信接口。

本章首先对内核中 SPI 驱动进行简要分析，然后给出两种比较典型的 SPI 外设驱动，比较具有代表意义。

7.1 硬件连接

SPI 控制器和 SPI 设备的硬件连接通常如图 7.1 所示。

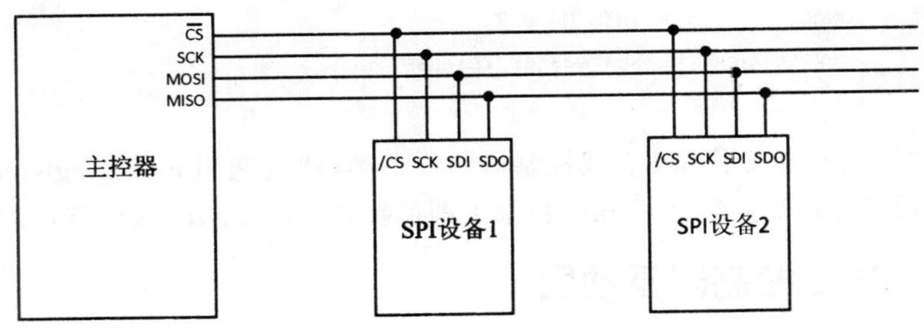

图 7.1　SPI 硬件连接示意图

通常来说，一个 SPI 主控器能外接多个从设备，主控制器发出片选信号$\overline{\text{CS}}$来选择要通信的从设备，通过 SDI 和 SDO 实现数据的传输。

7.2 SPI 驱动架构简析

SPI 驱动框架可以分为 SPI 核心层、SPI 控制器驱动层和 SPI 设备驱动层。

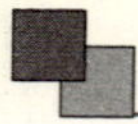

7.2.1 SPI 核心层

SPI 核心层主要负责注册 SPI 总线和提供通用的 API，与平台无关，核心层代码在内核源码目录的＜drivers/spi/spi.c＞，主要定义了总线类型和主控制器设备类。总线类型定义代码如代码程序清单 7.1 所示。

程序清单 7.1　SPI 总线类型

```
struct bus_type spi_bus_type = {
        .name           = "spi",                /*  总线名字              */
        .dev_attrs      = spi_dev_attrs,        /*  设备属性              */
        .match          = spi_match_device,     /*  匹配设备              */
        .uevent         = spi_uevent,           /*  向用户空间发消息      */
        .suspend        = spi_suspend,          /*  睡眠机制              */
        .resume         = spi_resume,           /*  唤醒机制              */
        };
```

上述程序代码定义了 SPI 总线类型，通过 bus_register()函数将 SPI 总线注册进总线，成功注册后在/sys/bus 下即可找到 spi 文件节点。

控制器设备类代码如程序清单 7.2 所示。

程序清单 7.2　主控制器设备类

```
static struct class spi_master_class = {
        .name           = "spi_master",
        .owner          = THIS_MODULE,
        .dev_release    = spi_master_release,
        };
```

上述代码主要定义了 SPI 总线控制器的设备类，通过调用 class_register()函数注册设备类，成功注册后，在/sys/class 目录下即可找到 spi_master 文件节点。

7.2.2 SPI 主控制器驱动层

spi_master 结构体对应着主控制器驱动，在＜include/linux/spi/spi.h＞文件中定义，代码如程序清单 7.3 所示。

程序清单 7.3　spi_master 结构体

```
struct spi_master {
    struct devicedev;                           /* SPI 设备的 device 结构       */
    s16     bus_num;                            /* SPI 总线数目                 */
    u16     num_chipselect;                     /*  片选信号数量                */
    u16     dma_alignment;                      /* SPI 控制器 DMA 缓冲区对齐定义 */
```

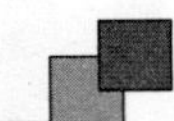

```
    u16      mode_bits;                    /* 工作模式位,由驱动定义            */
    u16      flags;                        /* 限制条件标志                     */
    int      (*setup)(struct spi_device *spi); /* 设置 SPI 设备的工作参数      */
    int      (*transfer)(struct spi_device *spi,struct spi_message *mesg);
                                       /* 把 mesg 结构加入控制器的消息链表中   */
    void      (*cleanup)(struct spi_device *spi);
                                       /* 清除函数,当 spi_master 被释放时调用  */
};
```

下面介绍 spi_master 结构成员：

- dev:SPI 设备的 device 结构；
- bus_num:控制器对应的 SPI 总线的数目,通常从 0 开始计数,例如控制器有 3 路 SPI,则 bus_num 设置为 2；
- dma_alignment:SPI 控制器 DMA 缓冲区对齐的定义；
- mode_bits:工作模式,在驱动中详细定义模式；
- flags:限制条件标志位,可选值如下：

```
#define SPI_MASTER_HALF_DUPLEX     BIT(0)          /* can't do full duplex     */
#define SPI_MASTER_NO_RX           BIT(1)          /* can't do buffer read     */
#define SPI_MASTER_NO_TX           BIT(2)          /* can't do buffer write    */
```

- (*setup)(struct spi_device *spi):设置 SPI 总线的工作参数,比如模式、时钟等；
- (*transfer)(struct spi_device *spi, struct spi_message *mesg):主要作用是把包含数据信息的 msg 结构加入控制器的消息链表中；
- (*cleanup)(struct spi_device *spi):当 spi_master 主控制器被释放时调用该函数。

在<drivers/spi/spi.c>中定义了 3 个函数,用于分配、注册和注销 spi_master:

① 为 spi_master 分配空间：

```
struct spi_master *spi_alloc_master(struct device *dev, unsigned size)
```

② 注册 spi_master：

```
int spi_register_master(struct spi_master *master)
```

③ 注销 spi_master：

```
void spi_unregister_master(struct spi_master *master)
```

7.2.3　SPI 设备驱动层

<include/linux/spi/spi.h>中定义了描述 SPI 设备信息的结构体 spi_devic 义,如程序清单 7.4 所示。

程序清单 7.4　spi_device 结构体

```
struct spi_device {
    struct device dev;
    struct spi_master * master;
    u32     max_speed_hz;
    u8      chip_select;
    u8      mode;
    u8      bits_per_word;
    int     irq;
    void    * controller_state;
    void    * controller_data;
    char    modalias[SPI_NAME_SIZE];
};
```

下面介绍 spi_device 结构成员：

➢ dev:代表 spi 设备的 device 结构；

➢ * master:spi 设备对应的主控制器；

➢ max_speed_hz:最大工作速度频率；

➢ chip_select:控制器中对应的片选信号；

➢ mode:定义设备的工作模式,对应于如程序清单 7.5 所示的宏定义。

程序清单 7.5　mode 的取值

```
#define   SPI_CPHA        0x01                  /* clock phase                  */
#define   SPI_CPOL        0x02                  /* clock polarity               */
#define   SPI_MODE_0      (0|0)                 /* (original MicroWire)         */
#define   SPI_MODE_1      (0|SPI_CPHA)
#define   SPI_MODE_2      (SPI_CPOL|0)
#define   SPI_MODE_3      (SPI_CPOL|SPI_CPHA)
#define   SPI_CS_HIGH     0x04                  /* chipselect active high?      */
#define   SPI_LSB_FIRST   0x08                  /* per-word bits-on-wire        */
#define   SPI_3WIRE       0x10                  /* SI/SO signals shared         */
#define   SPI_LOOP        0x20                  /* loopback mode                */
#define   SPI_NO_CS       0x40                  /* 1 dev/bus, no chipselect     */
#define   SPI_READY       0x80                  /* slave pulls low to pause     */
```

➢ bits_per_word:SPI 每次移出的 bit 数；

➢ irq:设备所使用的中断号；

➢ * controller_state:对应控制器的状态；

➢ * controller_data:控制器的自有数据；

➢ modalias[SPI_NAME_SIZE]:设备的名称,与驱动程序对应。

向总线注册设备还需要 spi_board_info 结构体,它的字段定义大部分与 spi_device

 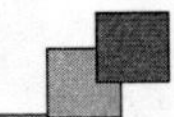

相同，定义在<include/linux/spi/spi.h>中，如程序清单 7.6 所示。

程序清单 7.6　spi_board_info 结构体

```
struct spi_board_info {
	/* the device name and module name are coupled, like platform_bus;
	 * "modalias" is normally the driver name.
	 *
	 * platform_data goes to spi_device.dev.platform_data,
	 * controller_data goes to spi_device.controller_data,
	 * irq is copied too
	 */
	char		modalias[SPI_NAME_SIZE];
	const void	*platform_data;
	void		*controller_data;
	int		irq;

	/* slower signaling on noisy or low voltage boards */
	u32		max_speed_hz;


	/* bus_num is board specific and matches the bus_num of some
	 * spi_master that will probably be registered later.
	 *
	 * chip_select reflects how this chip is wired to that master;
	 * it's less than num_chipselect.
	 */
	u16		bus_num;
	u16		chip_select;

	/* mode becomes spi_device.mode, and is essential for chips
	 * where the default of SPI_CS_HIGH = 0 is wrong.
	 */
	u8		mode;

	/* ... may need additional spi_device chip config data here.
	 * avoid stuff protocol drivers can set; but include stuff
	 * needed to behave without being bound to a driver:
	 *  - quirks like clock rate mattering when not selected
	 */
};
```

定义好设备的 spi_board_info 后，就可以向 SPI 总线注册设备了。注册设备的 API 在<drivers/spi/spi.c>中定义，如果 SPI 控制器驱动已经被加载，则调用：

```
struct spi_device * spi_new_device (struct spi_master * master,
                                    struct spi_board_info * chip)
```

如果是在板子的初始化代码中,则调用以下 API 注册设备:

```
int __initspi_register_board_info(struct spi_board_info const * info, unsignedn)
```

再来看看 spi_driver。spi_driver 结构体在<include/linux/spi/spi.c>中定义,代码如程序清单 7.7 所示。

程序清单 7.7　spi_driver 结构体

```
struct spi_driver {
    const struct spi_device_id * id_table;
    int     ( * probe)(struct spi_device * spi);
    int     ( * remove)(struct spi_device * spi);
    void    ( * shutdown)(struct spi_device * spi);
    int     ( * suspend)(struct spi_device * spi, pm_message_t mesg);
    int     ( * resume)(struct spi_device * spi);
    struct device_driver     driver;
};
```

各成员简要介绍如下:

- * id_table:驱动的名称要与对应设备的名字相同才能匹配成功;
- (* probe)(struct spi_device * spi):与相应的 device 匹配成功后自动调用该函数;
- (* remove)(struct spi_device * spi):当设备驱动注销时自动调用该函数;
- driver:SPI 设备的驱动。

定义好 spi_driver 后,通过 spi_register_driver()可完成驱动注册。spi_register_driver()如程序清单 7.8 所示。

程序清单 7.8　spi_register_driver()函数

```
int spi_register_driver(struct spi_driver * sdrv)
{
    sdrv->driver.bus = &spi_bus_type;
    if (sdrv->probe)
        sdrv->driver.probe = spi_drv_probe;
    if (sdrv->remove)
        sdrv->driver.remove = spi_drv_remove;
    if (sdrv->shutdown)
        sdrv->driver.shutdown = spi_drv_shutdown;
    return driver_register(&sdrv->driver);
}
EXPORT_SYMBOL_GPL(spi_register_driver);
```

程序中第 178～184 行是给 spi_driver 结构体赋值，在第 185 行注册驱动，187 行是将 spi_register_driver()函数导入内核符号表，以供其他模块使用。

7.2.4　SPI 数据传输

SPI 数据传输的一个核心数据结构是 spi_transfer，在<include/linux/spi/spi.h>中定义，如程序清单 7.9 所示。

程序清单 7.9　spi_transfer 结构体

```
struct spi_transfer {
        /* it's ok if tx_buf == rx_buf (right?)
         * for MicroWire, one buffer must be null
         * buffers must work with dma_*map_single() calls, unless
         *   spi_message.is_dma_mapped reports a pre-existing mapping
         */
        const void      *tx_buf;
        void            *rx_buf;
        unsigned        len;

        dma_addr_t      tx_dma;
        dma_addr_t      rx_dma;

        unsigned        cs_change:1;
        u8              bits_per_word;
        u16             delay_usecs;
        u32             speed_hz;

        struct list_head transfer_list;
};
```

结构体各成员简要介绍如下：

- *tx_buf：发送数据缓冲，可以设置为 NULL；
- *rx_buf：接收数据缓冲，可以设置为 NULL。
- len：定义发送和接收数据的长度，只有该长度的数据才会被发送和接收；
- tx_dma：发送 dma 缓冲地址；
- rx_dma：接收 dma 缓冲地址；
- cs_change:1：一个 transfer 结束时需要片选信号；
- bits_per_word：传输过程中每次移出的数据；
- delay_usecs：传输结束后的微秒延时；
- speed_hz：速度频率；
- transfer_list：传输链表。

SPI 数据传输的另一个核心数据结构是 struct spi_message，代码定义在<in-

clude/linux /spi/spi.h>中,如程序清单 7.10 所示。每次 SPI 数据的传输过程中都可能包含几个数据包,这时就需要通过 spi_message 结构体拼接起来。

程序清单 7.10　spi_message 结构体

```
struct spi_message {
    struct list_head    transfers;

    struct spi_device   *spi;

    unsigned    is_dma_mapped:1;

    /* REVISIT:  we might want a flag affecting the behavior of the
     * last transfer ... allowing things like "read 16 bit length L"
     * immediately followed by "read L bytes".  Basically imposing
     * a specific message scheduling algorithm.
     *
     * Some controller drivers (message-at-a-time queue processing)
     * could provide that as their default scheduling algorithm.  But
     * others (with multi-message pipelines) could need a flag to
     * tell them about such special cases.
     */

    /* completion is reported through a callback */
    void        (*complete)(void *context);
    void        *context;
    unsigned    actual_length;
    int         status;

    /* for optional use by whatever driver currently owns the
     * spi_message ...  between calls to spi_async and then later
     * complete(), that's the spi_master controller driver.
     */
    struct list_head queue;
    void    *state;
};
```

结构体各成员简要说明:

- transfer:spi_transfer 链表头,处理本 message 下多个 transfer 队列;
- is_dma_mapped:1:是否采用 dma;
- (*complete)(void *context):message 发送结束后调用此函数;
- *context:complete 函数的参数;
- actual_length:收发数据的实际长度;

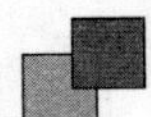

➢ status:返回的状态;

➢ queue:message 链表头,以便处理多个 message 队列。

<include/linux/spi/spi. h>文件中定义了一些 SPI 相关操作接口函数,对于 SPI 设备驱动编程而言,通常只须关心 spi_write()和 spi_read()两个函数即可。

spi_write()完成同步数据发送,函数如程序清单 7.11 所示。

程序清单 7.11　spi_write()函数

```
static inline int
spi_write(struct spi_device * spi, const u8 * buf, size_t len)
{
        struct spi_transfer  t = {
                .tx_buf              = buf,
                .len                 = len,
        };
        struct spi_message       m;

        spi_message_init(&m);
        spi_message_add_tail(&t, &m);
        return spi_sync(spi, &m);
}
```

spi_read()完成同步数据接收,函数如程序清单 7.12 所示。

程序清单 7.12　spi_read()函数

```
static inline int
spi_read(struct spi_device * spi, u8 * buf, size_t len)
{
        struct spi_transfer     t = {
                .rx_buf                 = buf,
                .len                    = len,
        };
        struct spi_message        m;

        spi_message_init(&m);
        spi_message_add_tail(&t, &m);
        return spi_sync(spi, &m);
}
```

7.3　SPI NOR Flash 驱动

AP-283Demo 扩展板提供了一路 SPI 接口 Flash,型号为 MX25L3205D。Linux 内

核中已经支持该芯片驱动,在内核中添加很少代码就能实现该芯片的 MTD 驱动。下面对相关代码进行简要说明。

7.3.1 驱动实现

1. spi_board_info

＜arch/arm/mach-mx28/mx28evk.c＞中添加了 SPI Flash 的 spi_board_info,如程序清单 7.13 所示。

程序清单 7.13 SPI FLASH 的 spi_board_info

```
static struct spi_board_info spi_board_info[] __initdata = {
#if defined(CONFIG_MTD_M25P80) || defined(CONFIG_MTD_M25P80_MODULE)
{
    /* the modalias must be the same as spi device driver name */
    .modalias         = "m25p80",          /* Name of spi_driver for this device */
    .max_speed_hz     = 20000000,          /* max spi clock (SCK) speed in HZ    */
    .bus_num          = 2,                 /* Framework bus number               */
    .chip_select      = 0,                 /* Framework chip select.             */
    .platform_data    = &mx28_spi_flash_data,
},
```

通过 spi_register_board_info(spi_board_info, ARRAY_SIZE(spi_board_info))函数注册设备。

2. m25p80_driver

Linux 通用 SPI Flash 驱动为＜drivers/mtd/devices/m25p80.c＞文件。在其中通过 m25p80_driver 结构体对该类驱动进行了定义,如程序清单 7.14 所示。

程序清单 7.14 m25p80_driver 结构体

```
static struct spi_driver m25p80_driver = {
    .driver = {
        .name     = "m25p80",
        .bus      = &spi_bus_type,
        .owner    = THIS_MODULE,
    },
    .id_table     = m25p_ids,
    .probe        = m25p_probe,
    .remove       = __devexit_p(m25p_remove),

    /* REVISIT: many of these chips have deep power - down modes, which
     * should clearly be entered on suspend() to minimize power use.
     * And also when theyre otherwise idle...
```

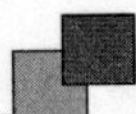

```
        */
};
```

各成员分析：

(1) m25p_ids

设备 ID 列表如程序清单 7.15 所示。

程序清单 7.15　SPI NOR FLASH 设备 ID 列表

```
629 static const struct spi_device_id m25p_ids[] = {
……
642         /* Macronix */
643         { "mx25l4005a",  INFO(0xc22013, 0,64 * 1024,   8, SECT_4K) },
644         { "mx25l3205d",  INFO(0xc22016, 0, 64 * 1024,  64, 0) },
645         { "mx25l6405d",  INFO(0xc22017, 0, 64 * 1024, 128, 0) },
646         { "mx25l12805d", INFO(0xc22018, 0, 64 * 1024, 256, 0) },
647         { "mx25l12855e", INFO(0xc22618, 0, 64 * 1024, 256, 0) },
……
706 };
```

通过第 644 行可知，设备 ID 列表包含 mx25l3205d 字符串，与所使用的 SPI NOR Flash 型号相同，说明所使用的 SPI NOR Flash 能被系统识别。

(2) m25p_probe

如果 spi_board_info 中的.modalias 字段与 m25p80_driver 中.name 字段相匹配，则自动调用该函数。m25p_probe()主要完成 SPI Flash 设备 ID 的识别和块设备文件操作的初始化工作。

(3) m25p_remove

通用 SPI Flash 驱动的移除函数。

最后通过 spi_register_driver(&m25p80_driver)和 spi_unregister_driver(&m25p80_driver)注册和注销通用 SPI Flash 驱动。

7.3.2 配置和编译

在内核源码目录执行 make menuconfig 进入配置界面，选择如图 7.2 所示路径进行配置，将 SPI Flash 驱动编译进内核。

```
Device Drivers -->
    Memory Technology Device (MTD) support -->
    Self - contained MTD device drivers -->
```

配置好后，在内核目录执行 make uImage，将新生成的内核固化到 NAND Flash 中。

将配板的 SPI 端口和工控板的 SPI 端口对应接好，接电源和地端，启动工控板。执行命令 cat /proc/mtd，即可看到生成了 mtd7，大小为 4 MB。

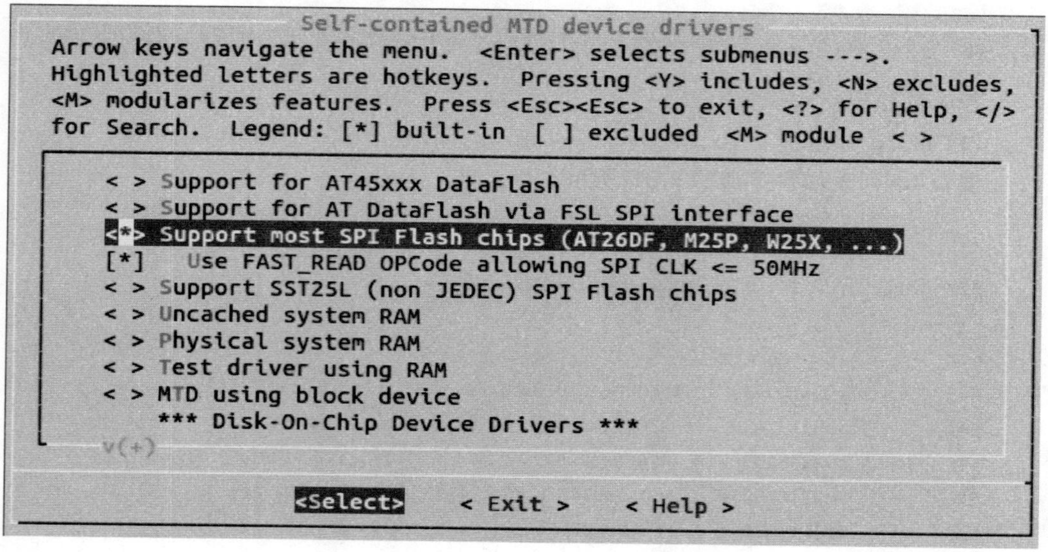

```
Self-contained MTD device drivers
Arrow keys navigate the menu.  <Enter> selects submenus --->.
Highlighted letters are hotkeys.  Pressing <Y> includes, <N> excludes,
<M> modularizes features.  Press <Esc><Esc> to exit, <?> for Help, </>
for Search.  Legend: [*] built-in  [ ] excluded  <M> module  < >

    < > Support for AT45xxx DataFlash
    < > Support for AT DataFlash via FSL SPI interface
    <*> Support most SPI Flash chips (AT26DF, M25P, W25X, ...)
    [*]   Use FAST_READ OPCode allowing SPI CLK <= 50MHz
    < > Support SST25L (non JEDEC) SPI Flash chips
    < > Uncached system RAM
    < > Physical system RAM
    < > Test driver using RAM
    < > MTD using block device
        *** Disk-On-Chip Device Drivers ***
    v(+)

            <Select>    < Exit >    < Help >
```

图 7.2　SPI Flash 驱动配置

```
dev:    size   erasesize  name
    mtd0: 00c00000 00020000 "reserve"
    mtd1: 00080000 00020000 "reserve"
    mtd2: 00080000 00020000 "reserve"
    mtd3: 00200000 00020000 "bmp"
    mtd4: 00080000 00020000 "reserve"
    mtd5: 04000000 00020000 "rootfs"
    mtd6: 03080000 00020000 "opt"
    mtd7: 00400000 00010000 "m25p80"
```

7.3.3　测试块设备

将生成的 SPI NOR Flash 块设备用挂载的方式进行测试，验证驱动是否正确，步骤如下：

① 格式化块设备：

```
# mkfs.vfat /dev/mtdblock7
```

② 将块设备挂载到/mnt 目录下：

```
# mount -t vfat /dev/mtdblock7 /mnt/
```

③ 在/mnt 中创建 hello 文件，并在文件中写入“Helloworld!”字符串：

```
# touch hello
# echo Helloworld! > hello
# cat hello
Helloworld!
```

④ 卸载块设备：

```
# umount /mnt
```

⑤ 然后重启系统，重新将块设备挂载到/mnt 目录，查看 hello 文件：

```
# ls
hello *
# cat hello
Helloworld!
```

文件内容正确，可见块设备的读/写正常。

7.4　SPI 数码管显示驱动

本套书的上册的第 15 章提供了一个通过 SPI 接口驱动 7 段数码管的范例，这里将重新实现这个驱动，只不过是换成内核态实现。将 4 个 7 段数码管作为一个字符设备，从而实现多位数字显示。

7.4.1　电路原理

AP-283Demo 基础扩展板提供了一路 SPI 接口数码管，电路原理图如图 7.3 所示。

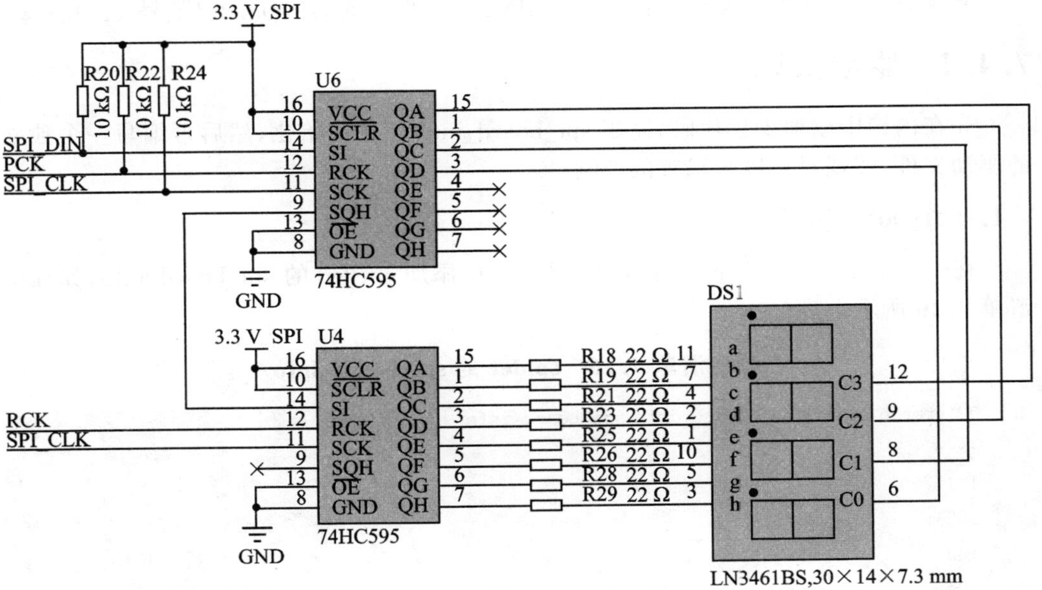

图 7.3　SPI 数码管电路原理图

在 74HC595 芯片中，如果要将 8 位串行输入数据并行输出到 QA、QB、QC、QD、QE、QF、QG、QH，则需要满足以下条件：

首先必须保证在 SCK 引脚输入连续的时钟信号；

① 在 SCK 引脚输入信号的上升沿，在 SI 引脚输入的数据被送入 QA 的第一级移位寄存器，QA 移位寄存器原有的值移入 QB 移位寄存器，QB 移位寄存器原有的值移入 QC 移位寄存器，依此类推；

② 在 RCK 引脚输入信号的上升沿，移位寄存器中的数据送入锁存器；

③ 若 OE 引脚输入低电平，则锁存器的值将在 QA～QH 引脚输出。

在 AP-283Demo 板上，MCU 的 SPI 接口控制 2 片 74HC595 带锁存的移位寄存器驱动 2 个共阴式的 LN3461BS 数码管。其中，U4 控制 8 位数据管的段选位，U6 控制 4 位数码管的片选位。也就是说，只要给数码管的段选位输送低电平，给数码管的片选位输送高电平，即可点亮数码管。

MCU 作为主机通过 SPI 总线发送数据，74HC595 作为从机接收数据，采用级联的方式对 2 片 74HC595 进行操作，其数据的传递方式如下：

① 发送 8 位“段选”数据，且保存在 U6 的移位寄存器中；

② 紧接再发送“片选”数据时，刚才发送的“段选”数据将通过级联方式移位到 U4 的移位寄存器中，后发送的“片选”数据则被保存在 U6 的移位寄存器中；

③ 当数据移位完成后，在 RCK 产生一个上升沿将移位寄存器中的数据移位到锁存器；

④ 由于 OE 为低电平，锁存器的数据送到 U4、U6 的 QA～QH 数据引脚上。

其中，U4、U6 的 RCK 引脚连接到 i. MX283 处理器的 GPIO3. 21(编号 117)引脚。

7.4.2 驱动实现

先在内核中添加少量代码，完成 spi_board_info 信息初始化，然后再编写一个独立的驱动文件，实现对 7 段数码管的控制。

1. spi_board_info

在＜arch/arm/mach-mx28/mx28evk. c＞中添加 spi-led 的 spi_board_info，如程序清单 7. 16 所示。

程序清单 7. 16 spidev 的 spi_board_info

```
static struct spi_board_info spi_board_info[] __initdata = {
……
    {
        .modalias           = "spi-led",          /* .modalias 字段      */
        .max_speed_hz       = 20000000,           /* SPI 通信最大频率    */
        .bus_num            = 2,                  /* SPI 总线编号        */
        .chip_select        = 1,                  /* 片选信号            */
    }
};
```

通过 spi_register_board_info(spi_board_info, ARRAY_SIZE(spi_board_info))函

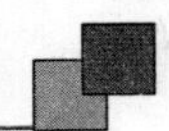

数注册设备。EPC-283 主板插上 AP-283Demo 板后，SPI 连接到主板的 SPI3，所以结构体中的 bus_num 设置为 2。

2. 修改 spi_master 片选

i.MX28x 处理器的 SPI 3 控制器带一路片选，而 7 段数码管的驱动电路并没有使用 SPI 总线的片选；为了不影响系统原有的 SPI 总线，可为系统增加一路片选。修改 <drivers/spi/spi_mxs.c>文件，将注册 spi_master 的片选数量修改为 2：

```
master->num_chipselect = 2;
```

重新编译内核，并把新内核固化进 NAND Flash 中。

3. spi_led_driver.c 驱动模块

创建 spi_led_driver.c 驱动文件，编写 SPI 数码管的驱动程序，并编写 Makefile 文件，实现模块编译，最终将驱动以模块形式动态插入内核。

(1) 模块入口和出口函数

模块的入口函数如程序清单 7.17 所示。

程序清单 7.17　spidev_init()函数

```
/* module entry. */
static int __init spidev_init(void)
{
    int status;
    spiled_class = class_create(THIS_MODULE, "spiled");          /* 创建类          */
    if (IS_ERR(spiled_class)) {
        return PTR_ERR(spiled_class);
    }
    status = spi_register_driver(&spidev_spi_driver);
                                                   /* 注册 spi 总线驱动   */
    if (status < 0) {
        class_destroy(spiled_class);
    }
    INIT_DELAYED_WORK(&led_work, led_worker);             /* 初始化工作队列      */
    return status;
}
module_init(spidev_init);
```

当向系统加载驱动模块的时候，自动调用模块的入口函数 spidev_init()；此函数主要完成向系统注册 SPI 的设备类、注册 SPI 总线驱动和初始化工作队列。

模块的出口函数如程序清单 7.18 所示。

程序清单 7.18 spidev_exit()函数

```
/* module exit. */
static void __exit spidev_exit(void)
{
    __g_status = 0;                                /* 工作队列退出标志       */
    mdelay(10);                                    /* 延时确保工作队列退出   */
    spi_unregister_driver(&spidev_spi_driver);
    class_destroy(spiled_class);
}
module_exit(spidev_exit);
```

当模块驱动被卸载的时候,自动调用模块的出口函数 spidev_exit(),模块出口函数用于注销在模块入口函数中注册的设备。

(2) spidev_spi_driver 结构体

spidev_spi_driver 如程序清单 7.19 所示。

程序清单 7.19 spidev_spi_driver 结构体

```
static struct spi_driver spidev_spi_driver = {
    .driver = {
        .name =     "spi-led",                /* spidev_spi_driver name        */
        .owner =    THIS_MODULE,
    },
    .probe =    spidev_probe,
    .remove =    __devexit_p(spidev_remove),
};
```

当 spi_board_info 中的.modalias 字段与 spidev_spi_driver 中.name 字段相匹配时,则自动调用 spidev_probe()函数。

(3) spidev_probe()函数的实现

spidev_probe()函数如程序清单 7.20 所示。

程序清单 7.20 spidev_probe()函数

```
static int __devinit spidev_probe(struct spi_device * spi)
{
    int i, status = -1;
    spi_led = spi;
    struct device * dev;
    dev_t devno;
    devno = MKDEV(0, 0);
    /* create spi device. */
    dev = device_create(spiled_class, NULL, devno,NULL, "led");  /创建 led 设备 */
    if(dev == NULL){
```

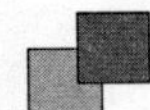

```
        printk("device create failed.\n");
        return status;
    }
    /* create device files,led and value.  */
    for (i = 0; i<2; i++){                  /* 创建控制数码管设备的文件     */
        status = device_create_file(dev, &led_device_attrs[i]);
        if(status != 0){
            printk("creat file failed.\n");
                goto file_err;
        }
    }
    gpio117_setting();                      /* 申请 gpio117                 */
        printk("spi led create.\r\n");
    return status;
file_err:
    device_destroy(spiled_class, devno);
    return status;
}
```

spidev_probe()函数主要用于创建 led 类设备,创建两个控制 SPI 数码管属性的文件 num、shutdown 和申请 gpio117。

(4) 设备属性文件

设备属性文件的配置如程序清单 7.21 所示。

程序清单 7.21　属性文件配置

```
/* device attribute,used to create attribute files. */
static struct device_attribute led_device_attrs[] = {
    __ATTR(num, 0644, NULL, num_store),
    __ATTR(shutdown, 0644, NULL, shutdown_store),
};
```

文件 num 的权限为 0644,文件的读函数设置为 NULL。当用户在系统中执行“echo 1 >num”时,文件写函数 num_store()自动调用,通过 SPI 数据线传输数码管要显示的数值‘1’。文件 shutdown 用于熄灭数码管。

函数 num_store()的实现如程序清单 7.22 所示。

程序清单 7.22　num_store()函数

```
static ssize_t num_store(struct device *dev,
        struct device_attribute *attr, const char *buf, size_t size)
{
    int buf_len = strlen(buf);
    char first_char = *buf;
    if(buf_len > 5 || first_char == '-'){          /* 判断输入的字符串是否合法 */
```

```
        printk("Please echo a number 0~9999\n");
        return size;
    }else{
        __g_status = 1;                        /* 工作队列连续调用标志          */
        num_process(buf);                      /* 根据输入的字符串初始化传输数据  */
        schedule_delayed_work(&led_work, (1/1000) * HZ);   /* 调用工作队列   */
    }
    return size;
}
```

函数的功能是首先判断输入的字符串是否合法，如果合法，数码管将显示输入的数值；如果不合法则返回。假设 num 文件写进了“1”，则调用工作队列将数据“1”传输到的数码管并显示。

工作队列处理函数 led_worker()如程序清单 7.23 所示。

程序清单 7.23　led_worker()函数

```
static void led_worker(void)
{
    int i;
    for(i = 0; i < __g_led; i++)  {
        tx[0] = tx_num[i];                      /* 数码管的显示信号    */
        tx[1] = (1 << (4 - __g_led + i));       /* 数码管的片选信号    */
        spi_write(spi_led, tx, sizeof(tx));     /* SPI 数据传输函数   */
        mdelay(1);                              /* 延时 1ms,使显示稳定 */
        led_flush();                            /* 刷新数码管         */
    }
    if(__g_status){
        schedule_delayed_work(&led_work, (1/1000) * HZ);   /* 循环调度工作队列 */
    }else{
        led_quit();
    }
}
```

7.4.3　驱动编译和测试

将驱动编译成 spi_led_driver.ko 并下载到开发板，接上 AP-283Demo 配板（本示例选择配板的 SPI3 功能引脚，详细接法可参考《AP-283Demo 产品数据手册》），将模块加载进内核：

```
# insmod spi_led_driver.ko
```

模块加载成功后可以发现，系统多出了/sys/class/spiled/led 目录，进入/sys/class/spiled/led 目录，执行 ls 命令即可看到在驱动中创建的设备文件 num 和 shutdown：

```
# ls
num          power/       shutdown         subsystem@ uevent
```

数码管可显示的数值范围为 0～9999，执行命令：

```
# echo 1234 > num
```

即可看到数码管显示 1234，显示效果如图 7.4 所示。

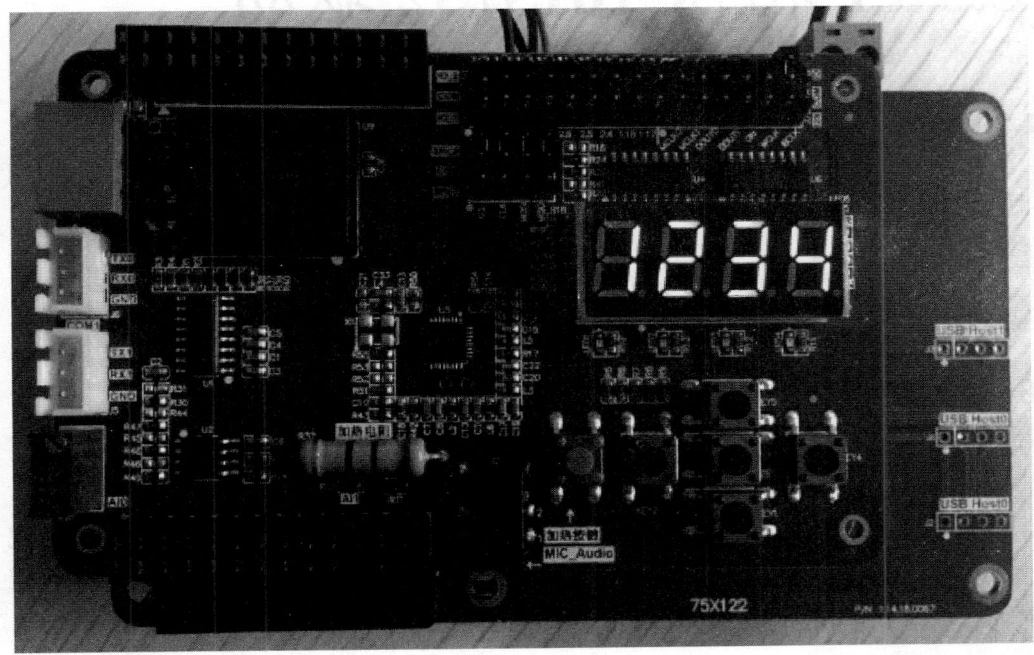

图 7.4　数码管显示效果图

如果要关闭数码管显示，执行命令：

```
# echo 1 > shutdown
```

数码管即被熄灭。继续往 num 文件写入数字即可重新点亮数码管。

第 8 章

UART 和 SC16IS752 驱动

【本章导读】

本章讲述 UART 和 SC16IS752 芯片驱动的实现。先对 UART 驱动子系统进行简要说明，介绍了其中几个重要数据结构和相关接口函数，然后介绍了 SC16IS752 芯片和相关电路原理，最后重点介绍了芯片驱动的实现。

本章采用 I^2C 接口进行串口扩展，所以还涉及 I^2C 驱动编程，本章的重点是 UART 驱动，所以没有深入介绍 I^2C 编程相关，可参考前面 I^2C 驱动一章。

8.1 UART 驱动简析

Linux 的 UART 驱动建立在 TTY 驱动程序之上，程序源代码主要在</driver/tty/serial/>目录下。如果从 TTY 开始对 UART 驱动进行分析将会很复杂，而实现一个芯片的 UART 驱动无须接触 TTY，所以本章的简析不涉及 TTY 驱动，而仅限定在 Serial 子系统中。

8.1.1 重要数据结构

先看看 Serial 子系统的 3 个重要数据结构 uart_driver、uart_port 和 uart_ops，它们都在<include/linux/serial_core.h>文件中定义。了解这几个数据结构非常有助于分析和理解串口驱动。

1. uart_driver

uart_driver 结构用于描述串口驱动，包含了串口驱动名称、串口设备名称、串口主次设备号和串口控制台等信息，结构如程序清单 8.1 所示。

程序清单 8.1 uart_driver 数据结构

```
struct uart_driver {
        struct module        * owner;
        const char           * driver_name;                /* 串口驱动名称        */
```

```
        const char          * dev_name;               /* 串口设备名称         */
        int                 major;                    /* 主设备号             */
        int                 minor;                    /* 次设备号             */
        int                 nr;                       /* 驱动支持的最大串口个数
                                                                              */
        struct console      * cons;    /* 串口对应的 console,如果不支持,则设置为 NULL */
        struct uart_state   * state;
        struct tty_driver   * tty_driver;
};
```

2. uart_port

uart_port 描述了串口的具体信息,包括 I/O 端口或者 I/O 内存地址、IRQ 中断、FIFO 大小、端口类型和串口时钟等。每个 uart_port 实例对应一个串口设备,uart_port 定义如程序清单 8.2 所示。

程序清单 8.2　uart_port 数据结构

```
struct uart_port {
        spinlock_t              lock;                   /* 串口端口锁           */
        unsigned long           iobase;                 /* I/O 端口基地址       */
        unsigned char __iomem   * membase;              /* I/O 内存虚拟基地址   */
        unsigned int            (* serial_in)(struct uart_port * , int);
                                                              /* 接收字符     */
        void                    (* serial_out)(struct uart_port * , int, int);
                                                              /* 发送字符     */
        void                    (* set_termios)(struct uart_port * , struct ktermios * new,
                                 struct ktermios * old);      /* 设置属性     */
        int                     (* handle_irq)(struct uart_port * );
                                                            /* 中断服务程序   */
        void                (* pm)(struct uart_port * , unsigned int state,unsigned int old);
                                                              /* 电源管理     */
        unsigned int            irq;                    /* 中断号               */
        unsigned long           irqflags;               /* 中断标识             */
        unsigned int            uartclk;                /* 串口基准时钟         */
        unsigned int            fifosize;               /* 串口 FIFO 大小       */
        unsigned char           x_char;                 /* xon/xoff 字符        */
        unsigned char           regshift;               /* 寄存器位移           */
        unsigned char           iotype;                 /* I/O 访问方式         */
        unsigned char           unused1;
 #define UPIO_PORT              (0)
 #define UPIO_HUB6              (1)
 #define UPIO_MEM               (2)
 #define UPIO_MEM32             (3)
```

```
#define UPIO_AU                 (4)                 /* Au1x00 类型 IO          */
#define UPIO_TSI                (5)                 /* Tsi108/109 类型 IO      */
#define UPIO_RM9000             (6)                 /* RM9000 类型 IO          */
#define UPIC_PORT               (0)
#define UPIC_HUB6               (1)
#define UPIC_MEM                (2)
#define UPIC_MEM32              (3)
#define UPIC_AU                 (4)                 /* Au1x00 类型 IO          */
#define UPIC_TSI                (5)                 /* Tsi108/109 类型 IO      */
#define UPIC_RM9000             (6)                 /* RM9000 类型 IO          */
        unsigned int            read_status_mask;
        unsigned int            ignore_status_mask;
        struct uart_state       *state;             /* 串口的状态信息          */
        struct uart_icount      icount;             /* 串口信息统计            */
        struct console          *cons;
#if defined(CONFIG_SERIAL_CORE_CONSOLE) || defined(SUPPORT_SYSRQ)
        unsigned long           sysrq;
#endif
        upf_t                   flags;
#define UPF_FOURPORT            ((__force upf_t) (1 << 1))
#define UPF_SAK                 ((__force upf_t) (1 << 2))
#define UPF_SPD_MASK            ((__force upf_t) (0x1030))
#define UPF_SPD_HI              ((__force upf_t) (0x0010))
#define UPF_SPD_VHI             ((__force upf_t) (0x0020))
#define UPF_SPD_CUST            ((__force upf_t) (0x0030))
#define UPF_SPD_SHI             ((__force upf_t) (0x1000))
#define UPF_SPD_WARP            ((__force upf_t) (0x1010))
#define UPF_SKIP_TEST           ((__force upf_t) (1 << 6))
#define UPF_AUTO_IRQ            ((__force upf_t) (1 << 7))
#define UPF_HARDPPS_CD          ((__force upf_t) (1 << 11))
#define UPF_LOW_LATENCY         ((__force upf_t) (1 << 13))
#define UPF_BUGGY_UART          ((__force upf_t) (1 << 14))
#define UPF_NO_TXEN_TEST        ((__force upf_t) (1 << 15))
#define UPF_MAGIC_MULTIPLIER    ((__force upf_t) (1 << 16))
#define UPF_CONS_FLOW           ((__force upf_t) (1 << 23))
#define UPF_SHARE_IRQ           ((__force upf_t) (1 << 24))
#define UPF_EXAR_EFR            ((__force upf_t) (1 << 25))
#define UPF_FIXED_TYPE          ((__force upf_t) (1 << 27))
#define UPF_BOOT_AUTOCONF       ((__force upf_t) (1 << 28))
#define UPF_FIXED_PORT          ((__force upf_t) (1 << 29))
#define UPF_DEAD                ((__force upf_t) (1 << 30))
#define UPF_IOREMAP             ((__force upf_t) (1 << 31))
#define UPF_CHANGE_MASK         ((__force upf_t) (0x17fff))
```

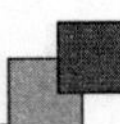

```
#define UPF_USR_MASK            ((__force upf_t) (UPF_SPD_MASK|UPF_LOW_LATENCY))
        unsigned int            mctrl;                          /* 当前 modem 设置          */
        unsigned int            timeout;                        /* 字符超时                 */
        unsigned int            type;                           /* 端口类型                 */
        const struct uart_ops   *ops;                           /* 串口端口操作方法集合     */
        unsigned int            custom_divisor;
        unsigned int            line;                           /* 端口索引                 */
        resource_size_t         mapbase;                /* I/O 物理内存基址,用于 ioremap */
        struct device           *dev;                           /* 父设备                   */
        unsigned char           hub6;
        unsigned char           suspended;
        unsigned char           irq_wake;
        unsigned char           unused[2];
        void                    *private_data; /* 私有数据,一般为 platform 数据指针  */
};
```

3. uart_ops

uart_ops 定义了串口驱动对一个串口设备进行的所有操作,实现一个串口芯片驱动,实际上就是实现这些操作接口函数。uart_ops 结构定义如程序清单 8.3 所示。

程序清单 8.3　uart_ops 数据结构

```
struct uart_ops {
        unsigned int    (*tx_empty)(struct uart_port *);        /* Tx FIFO 是否为空    */
        void            (*set_mctrl)(struct uart_port *, unsigned int mctrl);
                                                        /* 设置串口 modem 控制    */
        unsigned int    (*get_mctrl)(struct uart_port *);       /* 获取串口 modem 控制 */
        void            (*stop_tx)(struct uart_port *);         /* 禁止串口发送数据    */
        void            (*start_tx)(struct uart_port *);        /* 使能串口发送数据    */
        void            (*send_xchar)(struct uart_port *, char ch); /* 发送 xchar      */
        void            (*stop_rx)(struct uart_port *);         /* 禁止串口接收数据    */
        void            (*enable_ms)(struct uart_port *);       /* 使能 modem 状态信号 */
        void            (*break_ctl)(struct uart_port *, int ctl);
                                                        /* 设置 break 信号        */
        int             (*startup)(struct uart_port *);
                                                /* 启动串口,open 时候调用         */
        void        (*shutdown)(struct uart_port *);/* 关闭串口,close 时候调用    */
        void        (*flush_buffer)(struct uart_port *);/* 清空缓冲区             */
        void        (*set_termios)(struct uart_port *, struct ktermios *new,
                    struct ktermios *old);                      /* 设置串口参数        */
        void        (*set_ldisc)(struct uart_port *, int new);  /* 设置线路规程        */
```

```
        void        (*pm)(struct uart_port *, unsigned int state,
                              unsigned int oldstate);           /* 电源管理      */
        int         (*set_wake)(struct uart_port *, unsigned int state);
                                                                 /* 休眠唤醒     */
        const char  *(*type)(struct uart_port *);               /* 串口描述     */
        void        (*release_port)(struct uart_port *);
                                                  /* 释放串口申请的 I/O 或内存资源  */
        int         (*request_port)(struct uart_port *);
                                                  /* 申请串口必要的 I/O 或内存资源  */
        void        (*config_port)(struct uart_port *, int);
                                                        /* 串口所需的自动配置  */
        int         (*verify_port)(struct uart_port *, struct serial_struct *);
                                                           /* 核对新串口信息  */
        int         (*ioctl)(struct uart_port *, unsigned int, unsigned long);
                                                                 /* I/O 控制    */
#ifdef CONFIG_CONSOLE_POLL
        void        (*poll_put_char)(struct uart_port *, unsigned char);
                                                           /* 轮询:发送字符   */
        int         (*poll_get_char)(struct uart_port *);       /* 轮询:获取字符 */
#endif
};
```

8.1.2 UART 驱动 API

Serial 子系统中实现了一系列接口函数,用于完成驱动和设备的操作,这些函数都在<include/linux/serial_core.h>文件中定义。下面分别对这些函数进行简要介绍。

1) uart_register_driver

uart_register_driver()用于将串口驱动注册到内核,通常在模块初始化函数中调用。函数原型如下:

```
int uart_register_driver(struct uart_driver *drv)
```

drv 为要注册的 uart_driver,成功返回 0,失败返回错误码。

2) uart_unregister_driver

uart_unregister_driver()用于注销已注册的串口驱动,通常在模块卸载函数中调用。函数原型如下:

```
void uart_unregister_driver(struct uart_driver *drv)
```

drv 为要注销的 uart_driver,成功返回 0,失败返回错误码。

3) uart_add_one_port

uart_add_one_port()用于为串口驱动添加一个串口端口,通常在驱动的设备 probe 方法中调用。函数原型如下:

```
int uart_add_one_port(struct uart_driver * drv, struct uart_port * port)
```

drv 为串口驱动，port 为要添加的串口端口，成功返回 0，失败返回错误码。

4) uart_remove_one_port

uart_remove_one_port()用于删除一个已添加到串口驱动中的串口端口，通常在驱动卸载时调用。函数原型如下：

```
int uart_remove_one_port(struct uart_driver * drv, struct uart_port * port)
```

drv 为串口驱动，port 为要删除的串口端口，成功返回 0，失败返回错误码。

5) uart_suspend_port

uart_suspend_port()用于挂起特定的串口端口。函数原型如下：

```
int uart_suspend_port(struct uart_driver * drv, struct uart_port * port)
```

drv 为要挂起的串口端口所属的串口驱动，port 为要挂起的串口端口，成功返回 0，失败返回错误码。

6) uart_resume_port

uart_resume_port()用于恢复某个已挂起的串口。函数原型如下：

```
int uart_resume_port(struct uart_driver * drv, struct uart_port * port)
```

drv 为要恢复的串口端口所属的串口驱动，port 为要恢复的串口端口，成功返回 0，失败返回错误码。

7) uart_write_wakeup

uart_write_wakeup()唤醒上层因向串口端口写数据而阻塞的进程，通常在串口发送中断处理函数中调用。函数原型如下：

```
void uart_write_wakeup(struct uart_port * port)
```

port 为需要唤醒写阻塞进程的串口端口。

8) uart_get_divisor

uart_get_divisor()用于计算某一波特率的串口时钟分频数。函数原型如下：

```
unsigned int uart_get_divisor(struct uart_port * port, unsigned int baud)
```

port 为要计算时钟分频数的串口端口，baud 为期望的波特率。函数返回值为串口时钟分频数。

9) uart_get_baud_rate

uart_get_baud_rate()函数通过解析 termios 结构体来获取指定串口的波特率。函数原型如下：

```
unsigned intuart_get_baud_rate(struct uart_port * port, struct ktermios * termios,
        struct ktermios * old, unsigned int min, unsigned int max)
```

各参数简要说明：

- port 为要获取波特率的串口端口；
- termios 为当前期望的 termios 配置；
- old 为以前的 termios 配置，可以为 NULL；
- min 为可接收的最小波特率；
- max 为可接收的最大波特率。

函数返回值为串口的波特率。

10) uart_update_timeout

uart_update_timeout()用于更新或者设置串口 FIFO 超时时间。函数原型如下：

```
void uart_update_timeout(struct uart_port *port, unsigned int cflag, unsigned int baud)
```

port 为要更新超时时间的串口端口，cflag 为 termios 结构体的 cflag 值，baud 为串口的波特率。

11) uart_match_port

uart_match_port()用于判断两串口端口是否为同一端口。函数原型如下：

```
int uart_match_port(struct uart_port *port1, struct uart_port *port2)
```

port1、port2 为要判断的串口端口。两端口不同返回 0，相同则返回非 0。

12) uart_console_write

uart_console_write()用于向串口端口写一个控制台信息。函数原型如下：

```
void uart_console_write(struct uart_port *port, const char *s, unsigned int count,
            void (*putchar)(struct uart_port *, int))
```

各参数简要说明：

- port 为要写信息的串口端口；
- s 为要写的信息；
- count 为信息的大小；
- putchar 为用于向串口端口写字符的函数。

8.2 SC16IS752 芯片和电路原理

8.2.1 SC16IS752 芯片介绍

SC16IS752 是 I^2C 总线/SPI 总线接口、双通道高性能的 UART 扩展芯片，串口数据传输速率高达 5 Mbit/s，每路串口有 64 字节的读/写 FIFO 和一个可编程的波特率发生器，具备省电模式和睡眠模式，还提供了 8 个额外可编程的 I/O 脚，并且支持传输速率高达 1.1152 Mbit/s 的 IrDA，可实现自动硬件和软件流控，自动的 RS485 读/写切换和软件复位等功能。

1. 通用特性

- 64字节FIFO(发送器和接收器);
- 与工业标准16C450完全兼容并等效;
- 在16×时钟模式下波特率高达5 Mbit/s;
- 使用RTS/CTS的自动硬件流控制;
- 带有可编程Xon/Xoff字符的自动软件流控制;
- 一个或两个Xon/Xoff字符;
- 自动的RS485支持(自动的从地址检测);
- 8个可编程的I/O脚;
- 经过RTS信号的RS485驱动器方向控制;
- RS485驱动器方向控制翻转;
- 内置IrDA编码器和译码器接口;
- 支持的IrDA速率高达115.2 kbit/s;
- 软件复位;
- 发送器和接收器可相互独立使能/禁能;
- 接收和发送FIFO电平;
- 可编程的特殊字符检测;
- 完全可编程的字符格式:
  - 5,6,7或8位字符;
  - 偶、奇或无奇偶格式;
  - 1,1.5或2个停止位;
- Line break的产生和检测;
- 内部回送模式;
- 3.3 V时的睡眠电流低于30 μA;
- 工业和商业温度范围;
- 5 V容限输入;
- HVQFN32和TSSOP28封装。

2. I²C总线特性

- SCL/SDA输入上的噪声滤波器;
- 400 kbit/s(最大速率);
- 遵循I²C总线高速;
- 仅为从机模式。

3. SPI特性

- 最高速率为4 Mbit/s;
- 仅为从机模式;

➢ SPI 模式 0。

8.2.2 电路原理

本章的驱动实现基于 SC16IS752 芯片，通过 I²C 实现两路串口扩展。与 SC16IS752 相关电路原理图如图 8.1 所示。

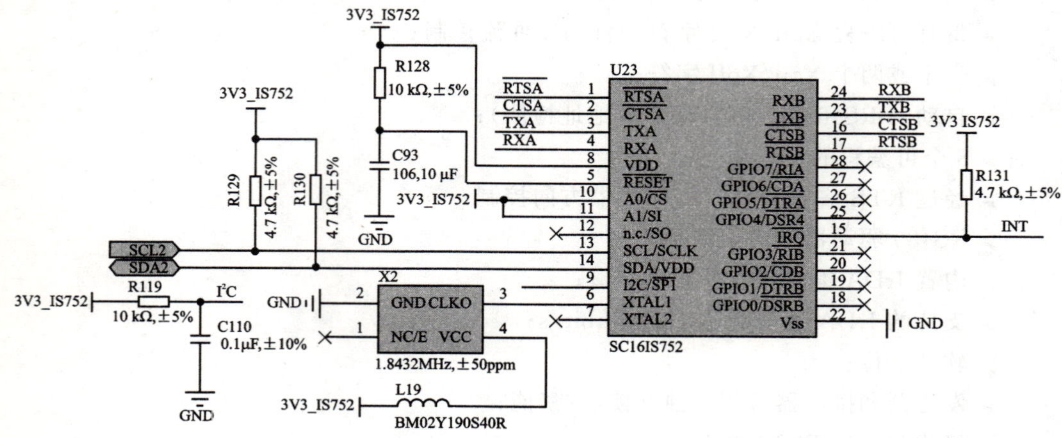

图 8.1 SC16IS752 原理图

对应的主控制器为 AM3352 处理器，I²C 和 INT 这 3 个信号没有在原理图中体现出来，I²C 接到处理器的 I2C2 上，中断 INT 接到处理器的 GPIO 上。

8.2.3 驱动移植思路

由于采用 I²C 接口实现 UART 扩展，在驱动方面也会涉及两方面内容：I²C 和 UART 两个驱动体系。首先需要按照普通 I²C 器件驱动添加方式，将该芯片接入 I²C 子系统，成功后才能通过 I²C 总线操作芯片内部的寄存器。通过 I²C 进行芯片寄存器操作后，遵照 UART 器件驱动编写规则，将该芯片驱动接入 Serial 子系统，最终实现 I²C到 UART 的扩展。

另外还涉及中断，这些内容在前面的驱动中已经多次用到。本章虽然基于 AM3352 处理器，但很容易推广到其他平台，过程也非常简单，仅需对 I²C 和中断部分驱动进行简单移植即可。

8.3 I²C 接口驱动实现

8.3.1 定义 i2c_device_id

首先为 SC16IS752 芯片定义 i2c_device_id，用于 I²C 驱动匹配，实现如程序清单 8.4 所示。

程序清单 8.4 sc16is752_ids 定义

```
static const struct i2c_device_id sc16is752_ids[] = {
    {"sc16is752",0},
    {},
};
```

芯片名称可以任意定义，这里定义为“sc16is752”，保持与芯片名称一致，这是通常做法。

8.3.2 添加注册 I²C 设备

这部分代码与平台相关，在不同平台上的实现可能稍有不同。

本章所采用的平台是 AM3352，Linux 内核版本为 3.2.0。添加 I²C 设备注册建议在平台主板文件中实现。本章修改＜arch/arm/mach-omap2/board_m3352.c＞文件，其中通过 i2c_board_info 添加一个新的 I²C 设备描述：

```
static struct i2c_board_info am335x_i2c2_boardinfo[] = {
{I2C_BOARD_INFO("sc16is752",0x48),},                    /* 设备名称和从机地址     */
};
```

说明，设备名要与定义的 i2c_device_id 中的某一个相匹配。

编写 i2c2_init 函数时，在其中通过 omap_register_i2c_bus()完成设备注册。由于 SC16IS752 接在 AM3352 的 I2C2 上，根据 BSP 的 I²C 定义，对应的 I²C 总线序号为 3；另外，为了保证 UART 能实现较高波特率，在此设置 I²C 总线速率为 400 kbit/s。i2c2_init()函数实现代码如程序清单 8.5 所示。

程序清单 8.5 i2c2_init 函数实现

```
static void i2c2_init(int evm_id, int profile)
{
    setup_pin_mux(i2c2_pin_mux);
    omap_register_i2c_bus(3, 400, am335x_i2c2_boardinfo,
            ARRAY_SIZE(am335x_i2c2_boardinfo));
    return;
}
```

为了便于理解，这里给出 omap_register_i2c_bus()函数原型，如下：

```
int __init omap_register_i2c_bus(int bus_id, u32 clkrate,struct i2c_board_info
const * info,unsigned len);
```

最后，将 i2c2_init 函数加入 zy_m3352_dev_cfg 初始化列表即可。

8.3.3 I²C 驱动实现

1. 定义 I²C 驱动

为 SC16IS752 定义一个 i2c_driver sc16is752_drv，主要完成 probe 和 id_table 的初始化，实现代码如程序清单 8.6 所示。

程序清单 8.6　sc16is752 定义

```
static struct i2c_driver sc16is752_drv = {
    .driver      =     {
        .name      =    SC16IS752_NAME,
        .owner     =    THIS_MODULE,
    },
    .probe          =     sc16is752_probe,          /* probe 函数                */
    .id_table       =     sc16is752_ids,           /* 制定自己的设备列表          */
};
```

probe 的实现函数定义为 sc16is752_probe()，该函数的实现在后面说明；id_table 初始化为前面定义的 sc16is752_ids。

2. 注册 I²C 驱动

编写 sc16is752_init()函数时，先通过 i2c_get_adapter()函数获取 I²C 总线，然后通过 i2c_add_driver()函数完成驱动注册。实现代码如程序清单 8.7 所示。

程序清单 8.7　sc16is752_init 函数实现

```
static int __init sc16is752_init(void)
{
    i2c2uart_adater       =      i2c_get_adapter(3);
    return i2c_add_driver(&sc16is752_drv);
}
```

系统起来后通过 sc16is752_init()函数完成 sc16is752_drv 的注册，当 i2c_device_id 中的名字与 i2c_board_info 中的名字相匹配时，则调用此驱动的 probe 函数，完成更多与 UART 子系统相关的初始化。

8.4 UART 相关驱动

8.4.1 信息描述和数据结构

1. 串口驱动描述

鉴于芯片特性以及驱动编写的需要，这里定义了结构体 sc16is752_port 来对

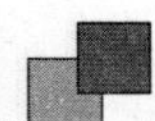

SC16IS752 的串口驱动进行描述，如程序清单 8.8 所示。实际上是对 uart_driver 的进一步封装，并增加了一个互斥锁和一个用于描述端口的结构 sc16is752_one。

程序清单 8.8　sc16is752_port 结构

```
struct sc16is752_port {
    struct uart_driver          uart;                  /* 串口驱动             */
    struct mutex                mutex;                 /* 互斥锁               */
    struct sc16is752_one        p[0];                  /* 具体的设备节点       */
};
```

2. 串口端口描述

定义一个结构 sc16is752_one 来对 SC16IS752 的串口端口进行描述，实际上是对 uart_port 的进一步封装，增加了一个工作队列和一个 serial_rs485 结构体，如程序清单 8.9 所示。

程序清单 8.9　sc16is752_one 结构

```
struct sc16is752_one {
    struct uart_port          port;                /*  串口节点                */
    struct work_struct        md_work;             /*  串口参数修改工作队列    */
    struct serial_rs485       rs485;               /* RS-485 串口节点信息      */
};
```

3. 设备类型描述

设备类型由 sc16is752_devtype 结构体表示，在驱动中用于记录驱动的串口数及串口名称，如程序清单 8.10 所示。

程序清单 8.10　sc16is752_devtype 结构

```
struct sc16is752_devtype {
    char    name[10];                          /*  设备驱动名称            */
    int     nr_uart;                           /*  串口节点数              */
};
```

8.4.2　底层操作函数和实现

将 SC16IS752 通过 I^2C 注册到系统中，然后可通过 I^2C 对芯片的寄存器进行访问。将底层访问封装成函数，便于后续的驱动编写。实现这样的底层访问，需要按照 I^2C 子系统的规则来操作。

SC16IS752 支持两路串口，可通过宏定义对两路串口分别命名：

```
#define SC16IS752_CHA           0
#define SC16IS752_CHB           1
```

1. 写单字节

通过 I²C 往 SC16IS752 写单字节的操作封装为 i2c2uart_out()函数，根据 i2c_msg 的要求填充好数据，然后调用 i2c_transfer()完成 I²C 写操作。函数代码如程序清单 8.11 所示。

程序清单 8.11 i2c2uart_out 函数

```
static void i2c2uart_out(struct uart_port * p,int offset,int value)
{
    unsigned char res,channel;
    unsigned char data[2];
    struct i2c_msg msg;
    channel = (p->iobase - 1)? SC16IS752_CHB:SC16IS752_CHA;
    res = (offset<<3)|(channel<<1);
    data[0]     =   res;
    data[1]     =   value;
    msg.addr    =   SC16IS752_SLAVE_ADDRESS;
    msg.flags   =   0;
    msg.buf     =   data;
    msg.len     =   2;
    i2c_transfer(i2c2uart_adater,&msg,1);
}
```

为了程序名称的统一性，再次封装为 sc16is752_port_write()，如下：

```
static void sc16is752_port_write(struct uart_port * port, u8 reg, u8 val)
{
    i2c2uart_out(port, reg, val);
}
```

2. 写多字节

因为 I²C 总线本身具备传送多字节的能力，写多字节就不是多次调用单字节写函数实现，而是重新实现。按照 i2c_msg 的要求填充数据，然后调用 i2c_transfer()函数一次性完成数据传送。将写多字节操作函数封装为 sc16is752_port_over_write()函数，实现代码如程序清单 8.12 所示。

程序清单 8.12 sc16is752_port_over_write 函数

```
static void sc16is752_port_over_write (struct uart_port * port, u8 offset, u8 buf[],
                                        int length)
{
    unsigned char res,channel;
    unsigned char data[length+1];
```

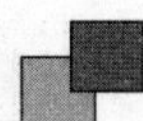

```
    struct i2c_msg msg;
    channel = (port->iobase - 1)? SC16IS752_CHB:SC16IS752_CHA;
    res = (offset<<3)|(channel<<1);
    data[0]     =     res;
    memcpy(&data[1], buf, length);
    msg.addr    =     SC16IS752_SLAVE_ADDRESS;
    msg.flags   =     0;
    msg.buf     =     data;
    msg.len     =     length + 1;
    i2c_transfer(i2c2uart_adater,&msg,1);
}
```

3. 读单字节

与写单字节数据类似，将从 SC16IS752 读取单字节的操作封装成 i2c2uart_in()函数，如程序清单 8.13 所示。

程序清单 8.13　i2c2uart_in 函数

```
static unsigned int i2c2uart_in(struct uart_port * p,int offset)
{
    unsigned char res,channel;
    unsigned char wr_data;
    unsigned char rd_data;
    struct i2c_msg msg[2];
    channel = (p->iobase - 1)? SC16IS752_CHB:SC16IS752_CHA;
    res = (offset << 3)|(channel << 1);
    wr_data = res;
    msg[0].addr     =    SC16IS752_SLAVE_ADDRESS;
    msg[0].flags    =    0;
    msg[0].buf      =    &wr_data;
    msg[0].len      =    1;
    msg[1].addr     =    SC16IS752_SLAVE_ADDRESS;
    msg[1].flags    =    I2C_M_RD;
    msg[1].buf      =    &rd_data;
    msg[1].len      =    1;
    i2c_transfer(i2c2uart_adater,msg,2);
    return rd_data;
}
```

进一步将读单字节操作封装成 sc16is752_port_read()函数，如下：

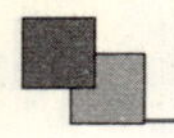


```
static u8 sc16is752_port_read(struct uart_port * port, u8 reg)
{
    unsigned int val = 0;
    val = i2c2uart_in(port, reg);
    return val;
}
```

4. 读多字节

如果需要读取多个字节的数据，则需要更改接收 buf(msg[1]. buf)和接收的字节数(msg[1]. len)。将多字节操作封装成 sc16is752_port_over_read()函数，实现代码如程序清单 8.14 所示。

程序清单 8.14　sc16is752_port_over_read 函数

```
static unsigned int sc16is752_port_over_read (struct uart_port * port, u8 offset,
                                              u8 buf[],int length)
{
    unsigned char res,channel;
    unsigned char wr_data;
    struct i2c_msg msg[2];
    if(length > (4 * SC16IS752_FIFO_SIZE) ) {
        length = 4 * SC16IS752_FIFO_SIZE;
    }
    channel     = (port->iobase - 1)? SC16IS752_CHB:SC16IS752_CHA;
    res = (offset << 3)|(channel << 1);
    wr_data = res;
    msg[0].addr      =     SC16IS752_SLAVE_ADDRESS;
    msg[0].flags     =     0;
    msg[0].buf       =     &wr_data;
    msg[0].len       =     1;
    msg[1].addr      =     SC16IS752_SLAVE_ADDRESS;
    msg[1].flags     =     I2C_M_RD;
    msg[1].buf       =     buf;
    msg[1].len       =     length;
    i2c_transfer(i2c2uart_adater,msg,2);
    return length;
}
```

5. 修改寄存器

在进行串口配置等操作的过程中，不可避免地会对某些寄存器进行修改，为了方便编程，将更改寄存器的操作封装成 sc16is752_port_update()函数，如程序清单 8.15 所示。

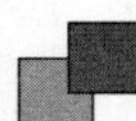

程序清单 8.15 sc16is752_port_update 函数

```
static void sc16is752_port_update(struct uart_port * port, u8 reg,
                    u8 mask, u8 val)
{
    int reg_val;
    reg_val = sc16is752_port_read(port, reg);
    if (val) {
        reg_val |= mask;
    }else {
        reg_val &= (~mask);
    }
    sc16is752_port_write(port, reg, reg_val);
}
```

6. 电源控制

SC16IS752 支持休眠，正常工作时须进入正常模式，不工作时候可进入休眠模式，以降低功耗。定义了 sc16is752_power()函数来实现该操作，函数如程序清单 8.16 所示。

程序清单 8.16 sc16is752_power 函数实现

```
static void sc16is752_power(struct uart_port * port, int on)
{
    sc16is752_port_update(port, SC16IS752_IER_REG,
                    SC16IS752_IER_SLEEP_BIT,
                    on ? 0 : SC16IS752_IER_SLEEP_BIT);
}
```

8.4.3 probe 函数和实现

在 I^2C 部分通过 i2c_add_driver()函数注册 sc16is752_drv 驱动后，I^2C 子系统根据 sc16is752_ids 进行名称匹配，匹配成功后则调用 sc16is752_probe()函数开始 SC16IS752 的初始化流程。

probe 过程需要完成的工作很多，包括 IRQ GPIO 的申请、IRQ 中断申请、串口端口初始化、工作队列初始化和串口注册等工作。完整的 sc16is752_probe()函数代码如程序清单 8.17 所示。

程序清单 8.17 sc16is752_probe 函数

```
static int sc16is752_probe (struct i2c_client * iclient,const struct i2c_device_id
                    * idevid)
{
```

```
    struct sc16is752_port * s;     struct device * dev;
    int i, ret;
    int irq;
    dev = &iclient->dev;
    ret = gpio_request(SC16IS752_IRQ_GPIO_NUM,"sc16is752 irq"); /* 申请 GPIO     */
    if(ret < 0) {
        printk("-----------request sc16is752 irq num error!! -----------\n");
        goto out_uart;
    }
    irq = gpio_to_irq(SC16IS752_IRQ_GPIO_NUM);      /* 获取 IRQ 引脚 GPIO 的中断号 */
    s = devm_kzalloc(dev, sizeof( * s) +
            sizeof(struct sc16is752_one) * (sc16is752_devtype.nr_uart),
            GFP_KERNEL);
    if (! s) {
        dev_err(dev, "Error allocating port structure\n");
        return -ENOMEM;
    }
    s->uart.owner           = THIS_MODULE;
    s->uart.dev_name        = "ttyN";                       /* 串口设备节点名   */
    s->uart.nr              = sc16is752_devtype.nr_uart;    /* 串口节点数   */
    ret = uart_register_driver(&s->uart);                   /* 注册串口驱动   */
    if (ret) {
        dev_err(dev, "Registering UART driver failed\n");
        goto out_uart;
    }
    mutex_init(&s->mutex);
    for (i = 0; i < sc16is752_devtype.nr_uart; ++i) {
                                                    /* 串口节点信息初始化         */
        /* 初始化端口数据 */
        s->p[i].port.iobase     = i + 1;        /* 串口读写基地址              */
        s->p[i].port.line       = i;            /* 串口节点序号               */
        s->p[i].port.dev        = dev;          /* 串口读写的设备              */
        s->p[i].port.irq        = irq;          /* 串口中断号                 */
        s->p[i].port.type       = PORT_SC16IS752;
                                            /* 用于描述总线的读写地址位数      */
        s->p[i].port.fifosize   = SC16IS752_FIFO_SIZE;
                                                /* 设备 FIFO 大小             */
        s->p[i].port.flags      = UPF_FIXED_TYPE | UPF_LOW_LATENCY;
                                                            /* 串口启动选项 */
        s->p[i].port.iotype     = UPIO_PORT;    /* 用于描述串口类型    */
        s->p[i].port.uartclk    = 1843200;      /* 串口节点的晶振频率   */
        s->p[i].port.ops        = &sc16is752_ops; /* 串口节点函数集    */
```

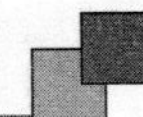

```
        sc16is752_port_write(&s->p[i].port, SC16IS752_IER_REG, 0);
                                                            /* 禁止所有中断     */
        sc16is752_port_write(&s->p[i].port, SC16IS752_EFCR_REG,
            SC16IS752_EFCR_RXDISABLE_BIT |
            SC16IS752_EFCR_TXDISABLE_BIT);                  /* 禁止发送和接收   */
        INIT_WORK(&s->p[i].md_work, sc16is752_md_proc);
                                                    /* 工作队列初始化:状态改变  */
        uart_add_one_port(&s->uart, &s->p[i].port);         /* 注册串口   */
        sc16is752_power(&s->p[i].port, 0);                  /* 进入休眠模式   */
    }
    ret = devm_request_threaded_irq(dev, irq, NULL, sc16is752_ist, /* 申请中断   */
        IRQF_ONESHOT | IRQF_TRIGGER_FALLING, dev_name(dev), s);
    if (! ret)
        return 0;
    mutex_destroy(&s->mutex);
    uart_unregister_driver(&s->uart);
out_uart:
    return ret;
}
```

几点说明：

① GPIO 和 IRQ。这部分代码与平台、具体硬件相关，在不同平台上的实现会有所差异。将 GPIO 用作 IRQ 时，需要先申请该 GPIO，只有申请成功才能使用。

② 中断申请。由于 SC16IS752 的数据是通过 I^2C 总线进行传输的，I^2C 总线的读/写有 sleep 机制，因此，SC16IS752 的中断不能直接使用 request_irq()这种普通的中断注册方式进行注册，需要使用线程中断方式注册，代码中使用了 devm_request_threaded_irq()函数来申请，中断服务程序为 sc16is752_ist。

③ 串口设备名称 dev_name，可以任意设置，代码中设置为 ttyN，得到的两个串口设备名称分别为 ttyN0 和 ttyN1。

8.4.4　uart_ops 函数和实现

uart_ops 是串口驱动的核心，包含了 UART 驱动的操作函数集合。SC16IS752 驱动的 uart_ops 定义为 sc16is752_ops，如程序清单 8.18 所示。

程序清单 8.18　sc16is752_ops

```
static const struct uart_ops sc16is752_ops = {
    .tx_empty     = sc16is752_tx_empty,          /* 用于判断发送 fifo 是否为空  */
    .set_mctrl    = sc16is752_set_mctrl,         /* 改变端口参数               */
    .get_mctrl    = sc16is752_get_mctrl,         /* 读取端口参数               */
    .stop_tx      = sc16is752_stop_tx,           /* 停止传输                   */
    .start_tx     = sc16is752_start_tx,          /* 开始传输                   */
```

```
    .stop_rx        = sc16is752_stop_rx,          /* 停止读取                    */
    .enable_ns      = sc16is752_null_void,        /* 空函数                      */
    .break_ct       = sc16is752_break_ctl,        /* 传输时发生 break 异常        */
    .startup        = sc16is752_startup,          /* 初始化串口                  */
    .shutdown       = sc16is752_shutdown,         /* 关闭串口                    */
    .set_termios    = sc16is752_set_termios,
                                        /* 配置串口波特率、数据位、停止位、流控 */
    .release_port   = sc16is752_null_void,        /* 空函数                      */
    .ioctl          = sc16is752_ioctl,            /* 串口 ioctl                  */
};
```

对 uart_ops 的全部成员进行初始化,并在接下来的篇幅中介绍各方法的具体实现。其中,enable_ms 和 release_port 均实现为空函数。

1. startup

当用户程序调用 open 函数打开串口节点时,系统驱动将调用对应的 startup 方法。SC16IS752 的 startup 函数如程序清单 8.19 所示。

程序清单 8.19　sc16is752_startup 函数

```
static int sc16is752_startup(struct uart_port * port)
{
    unsigned int val;
    sc16is752_power(port, 1);                          /* 退出休眠模式          */
    val = SC16IS752_FCR_RXRESET_BIT | SC16IS752_FCR_TXRESET_BIT;
                                                       /* 复位收发 FIFO    */
    sc16is752_port_write(port, SC16IS752_FCR_REG, val);
    udelay(5);
    sc16is752_port_write(port, SC16IS752_FCR_REG,SC16IS752_FCR_FIFO_BIT);
    sc16is752_port_write(port, SC16IS752_LCR_REG,SC16IS752_LCR_CONF_MODE_B);
    /* 使能 EFR 位 */
    sc16is752_port_write(port, SC16IS752_EFR_REG,SC16IS752_EFR_ENABLE_BIT);
    sc16is752_port_update(port, SC16IS752_MCR_REG,SC16IS752_MCR_TCRTLR_BIT,
        SC16IS752_MCR_TCRTLR_BIT);                     /* 使能 TCR/TLR        */
    /* 初始化 UART */
    sc16is752_port_write(port, SC16IS752_LCR_REG, SC16IS752_LCR_WORD_LEN_8);
    /* 使能接收和发送 FIFO */
    sc16is752_port_update(port, SC16IS752_EFCR_REG,SC16IS752_EFCR_RXDISABLE_BIT |
            SC16IS752_EFCR_TXDISABLE_BIT,0);
    /* 使能接收、发送和 CTS 改变中断 */
    val = SC16IS752_IER_RDI_BIT | SC16IS752_IER_THRI_BIT |SC16IS752_IER_CTSI_BIT;
    sc16is752_port_write(port, SC16IS752_IER_REG, val);
    return 0;
}
```

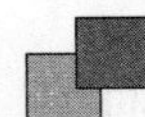

2. shutdown

当用户程序调用 close 函数时，则调用驱动的 shutdown 方法。SC16IS752 的 startup 函数如程序清单 8.20 所示。

程序清单 8.20　sc16is752_shutdown 函数

```
static void sc16is752_shutdown(struct uart_port * port){
    sc16is752_port_write(port, SC16IS752_IER_REG, 0);     /* 禁止所有中断          */
    sc16is752_port_write(port, SC16IS752_EFCR_REG,
        SC16IS752_EFCR_RXDISABLE_BIT |
        SC16IS752_EFCR_TXDISABLE_BIT);                     /* 禁止接收和发送        */
        sc16is752_power(port, 0);                          /* 进入休眠模式          */
}
```

3. start_tx

start_tx 实现 UART 驱动的开始数据发送操作。SC16IS752 的实现如程序清单 8.21 所示，如果启用了 RS485 功能，则先处理 RS485，然后使能发送保持寄存器中断（THRI）。

程序清单 8.21　sc16is752_start_tx 函数

```
static void sc16is752_start_tx(struct uart_port * port){
    struct sc16is752_one * one = to_sc16is752_one(port, port);
    char ier;
    /* 处理 RS485 */
    if ((one->rs485.flags & SER_RS485_ENABLED) &&
        (one->rs485.delay_rts_before_send > 0)) {
        mdelay(one->rs485.delay_rts_before_send);
    }
    ier = sc16is752_port_read(&one->port, SC16IS752_IER_REG);
    if (! (ier & SC16IS752_IER_THRI_BIT)) {
        ier |= SC16IS752_IER_THRI_BIT;
        sc16is752_port_write(&one->port, SC16IS752_IER_REG, ier);
                                                      /* 使能保持寄存器中断       */
    }
}
```

4. stop_tx

stop_tx 实现停止 UART 数据发送。SC16IS752 的具体实现如程序清单 8.22 所示，如果启用了 RS485 功能，则先处理 RS485 功能，等待发送完成，然后禁止保持寄存器中断（THRI）。

程序清单 8.22　sc16is752_stop_tx 函数

```
static void sc16is752_stop_tx(struct uart_port * port){
    struct sc16is752_one * one = to_sc16is752_one(port, port);
    struct circ_buf * xmit = &one->port.state->xmit;
    /* 处理 RS485 */
    if (one->rs485.flags & SER_RS485_ENABLED) {
        /* do nothing if current tx not yet completed */
        int lsr = sc16is752_port_read(port, SC16IS752_LSR_REG);
        if (!(lsr & SC16IS752_LSR_TEMT_BIT))
            return;
        if (uart_circ_empty(xmit) &&
            (one->rs485.delay_rts_after_send > 0))
            mdelay(one->rs485.delay_rts_after_send);
    }
    sc16is752_port_update(port, SC16IS752_IER_REG,
                SC16IS752_IER_THRI_BIT, 0);        /* 禁止保持寄存器中断        */
}
```

5. stop_rx

stop_rx 实现 UART 停止数据接收。SC16IS752 的 stop_rx 方法如程序清单 8.23 所示,主要禁能了接收保持寄存器中断(RHRI)。

程序清单 8.23　sc16is752_stop_rx 函数

```
static void sc16is752_stop_rx(struct uart_port * port)
{
    struct sc16is752_one * one = to_sc16is752_one(port, port);
    one->port.read_status_mask &= ~SC16IS752_LSR_DR_BIT;
    sc16is752_port_update(port, SC16IS752_IER_REG,
                SC16IS752_LSR_DR_BIT, 0);
}
```

6. tx_empty

tx_empty 用于判断 UART 的发送缓冲区是否为空,在 SC16IS752 上的实现如程序清单 8.24 所示。根据发送器 FIFO LEVEL 寄存器和线状态寄存器(LSR)THR 位的值来判断发送缓冲区是否为空,发送缓冲区为空返回 1,非空则返回 0。

程序清单 8.24　sc16is752_tx_empty 函数

```
static unsigned int sc16is752_tx_empty(struct uart_port * port)
{
    unsigned int lvl, lsr;
```

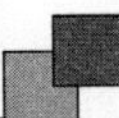

```
    lvl = sc16is752_port_read(port, SC16IS752_TXLVL_REG);
    lsr = sc16is752_port_read(port, SC16IS752_LSR_REG);
    return ((lsr & SC16IS752_LSR_THRE_BIT) && ! lvl) ? TIOCSER_TEMT : 0;
}
```

7. break_ctl

break_ctl 是线路中断控制。SC16IS752 的实现版本如程序清单 8.25 所示。如果设置了 break_state,则使能线控制寄存器(LCR)的 Break Control 位;否则,关闭 Break 功能。

程序清单 8.25　sc16is752_break_ctl 函数

```
static void sc16is752_break_ctl(struct uart_port * port, int break_state)
{
    sc16is752_port_update(port, SC16IS752_LCR_REG,
                  SC16IS752_LCR_TXBREAK_BIT,
                  break_state ? SC16IS752_LCR_TXBREAK_BIT : 0);
}
```

8. set_mctrl

set_mctrl 用于设置 Modem 控制。在程序清单 8.26 所示代码中,启用了一个工作队列,设置工作在工作队列中完成。

程序清单 8.26　sc16is752_set_mctrl 函数

```
static void sc16is752_set_mctrl(struct uart_port * port, unsigned int mctrl)
{
    struct sc16is752_one * one = to_sc16is752_one(port, port);
    schedule_work(&one->md_work);
}
```

probe 函数中的工作队列初始化语句“INIT_WORK(&s->p[i]. md_work, sc16is752_md_proc)”将 md_work 初始化为 sc16is752_md_proc。sc16is752_md_proc()函数实现代码如程序清单 8.27 所示,根据需求设置 Modem 控制寄存器的 loop-back 位。

程序清单 8.27　sc16is752_md_proc 函数

```
static void sc16is752_md_proc(struct work_struct * ws)
{
    struct sc16is752_one * one = to_sc16is752_one(ws, md_work);
    sc16is752_port_update(&one->port, SC16IS752_MCR_REG,
                  SC16IS752_MCR_LOOP_BIT,
                  (one->port.mctrl & TIOCM_LOOP) ?
                      SC16IS752_MCR_LOOP_BIT : 0);
}
```

9. get_mctrl

get_mctrl 用于获取 Modem 控制。由于 SC16IS752 芯片内部没有连接 DCD 和 DSR 信号,且 CTS 和 RTS 可通过增强特性寄存器(DFR)的 Bit6 使能自动控制,所以 get_mctrl 的实现直接返回数据准备就绪和数据载波检测,如程序清单 8.28 所示。

程序清单 8.28　sc16is752_get_mctrl 函数

```
static unsigned int sc16is752_get_mctrl(struct uart_port * port)
{
    return TIOCM_DSR | TIOCM_CAR;
}
```

10. set_termios

当用户程序调用 ioctl 函数配置串口时,则调用驱动的 set_termios 去配置,具体函数如程序清单 8.29 所示。设置串口的属性包括数据位、奇偶校验位、停止位、流控、和波特率等。

程序清单 8.29　sc16is752_set_termios

```
static void sc16is752_set_termios(struct uart_port * port,
                struct ktermios * termios, struct ktermios * old)
{
    unsigned int lcr, flow = 0;
    int baud;
    termios->c_cflag &= ~CMSPAR;                    /* 屏蔽不支持的 termios 特性    */
    switch (termios->c_cflag & CSIZE) {              /* 设置数据长度                */
    case CS5:
        lcr = SC16IS752_LCR_WORD_LEN_5;
        break;
    case CS6:
        lcr = SC16IS752_LCR_WORD_LEN_6;
        break;
    case CS7:
        lcr = SC16IS752_LCR_WORD_LEN_7;
        break;
    case CS8:
        lcr = SC16IS752_LCR_WORD_LEN_8;
        break;
    default:
        lcr = SC16IS752_LCR_WORD_LEN_8;
        termios->c_cflag &= ~CSIZE;
        termios->c_cflag |= CS8;
```

```
        break;
    }
    if (termios->c_cflag & PARENB) {                    /* 设置奇偶校验           */
        lcr |= SC16IS752_LCR_PARITY_BIT;
        if (! (termios->c_cflag & PARODD))
            lcr |= SC16IS752_LCR_EVENPARITY_BIT;
    }
    if (termios->c_cflag & CSTOPB)                     /* 设置停止位              */
        lcr |= SC16IS752_LCR_STOPLEN_BIT;
    port->read_status_mask = SC16IS752_LSR_OE_BIT;
                                                       /* 设置读状态掩码          */
    if (termios->c_iflag & INPCK)
        port->read_status_mask |= SC16IS752_LSR_PE_BIT |
            SC16IS752_LSR_FE_BIT;
    if (termios->c_iflag & (BRKINT | PARMRK))
        port->read_status_mask |= SC16IS752_LSR_BI_BIT;
    port->ignore_status_mask = 0;                      /* 设置状态忽略掩码        */
    if (termios->c_iflag & IGNBRK)
        port->ignore_status_mask |= SC16IS752_LSR_BI_BIT;
    if (! (termios->c_cflag & CREAD))
        port->ignore_status_mask |= SC16IS752_LSR_BRK_ERROR_MASK;
    sc16is752_port_write(port, SC16IS752_LCR_REG,
        SC16IS752_LCR_CONF_MODE_B);                                  /* 配置流控 */
    sc16is752_port_write(port, SC16IS752_XON1_REG, termios->c_cc[VSTART]);
    sc16is752_port_write(port, SC16IS752_XOFF1_REG, termios->c_cc[VSTOP]);
    if (termios->c_cflag & CRTSCTS)
        flow |= SC16IS752_EFR_AUTOCTS_BIT |
            SC16IS752_EFR_AUTORTS_BIT;
    if (termios->c_iflag & IXON)
        flow |= SC16IS752_EFR_SWFLOW3_BIT;
    if (termios->c_iflag & IXOFF)
        flow |= SC16IS752_EFR_SWFLOW1_BIT;
    sc16is752_port_write(port, SC16IS752_EFR_REG, flow);
        sc16is752_port_write(port, SC16IS752_LCR_REG, lcr);
                                                       /* 更新 LCR                */
        baud = uart_get_baud_rate(port, termios, old,
        port->uartclk / 16 / 4 / 0xffff,
        port->uartclk / 16);                           /* 获取波特率发生器配置    */
    baud = sc16is752_set_baud(port, baud);             /* 设置波特率发生器        */
    uart_update_timeout(port, termios->c_cflag, baud);
                                                       /* 根据波特率更新超时设置  */
}
```

设置波特率相对来说比较复杂,单独实现为如程序清单 8.30 所示的函数。设置波特率主要设置线控制寄存器(LCR),另外还开启了增强特性使能。

程序清单 8.30　sc16is752_set_baud

```
static int sc16is752_set_baud(struct uart_port * port, int baud)
{
    u8 lcr;
    u8 prescaler = 0;
    unsigned long clk = port->uartclk, div = clk / 16 / baud;
    if (div > 0xffff) {
        prescaler = SC16IS752_MCR_CLKSEL_BIT;
        div /= 4;
    }
    lcr = sc16is752_port_read(port, SC16IS752_LCR_REG);
    sc16is752_port_write(port, SC16IS752_LCR_REG, SC16IS752_LCR_CONF_MODE_B);
    /* 使能增强特性 */
    sc16is752_port_write(port, SC16IS752_EFR_REG, SC16IS752_EFR_ENABLE_BIT);
    sc16is752_port_write(port, SC16IS752_LCR_REG, lcr);
                                                    /* 设置 LCR 回到正常模式     */
    sc16is752_port_update(port, SC16IS752_MCR_REG,
                          SC16IS752_MCR_CLKSEL_BIT,
                         prescaler);
    /* 打开 LCR 分频设置使能 */
    sc16is752_port_write(port, SC16IS752_LCR_REG, SC16IS752_LCR_CONF_MODE_A);
    /* 写入新的分频值 */
    sc16is752_port_write(port, SC16IS752_DLH_REG, div / 256);
    sc16is752_port_write(port, SC16IS752_DLL_REG, div % 256);
    sc16is752_port_write(port, SC16IS752_LCR_REG, lcr);
                                                    /* 设置 LCR 回到正常模式     */
    return DIV_ROUND_CLOSEST(clk / 16, div);
}
```

11. ioctl

SC16IS752 支持 RS485,这里将 RS485 的实现放在 ioctl 中。sc16is752_ioctl()函数代码如程序清单 8.31 所示。

程序清单 8.31　sc16is752_ioctl 函数

```
static int sc16is752_ioctl(struct uart_port * port, unsigned int cmd, unsigned long arg)
{
#if defined(TIOCSRS485) && defined(TIOCGRS485)
    struct serial_rs485 rs485;
    switch (cmd) {
```

```
    case TIOCSRS485:
        if (copy_from_user(&rs485, (void __user *)arg, sizeof(rs485)))
            return -EFAULT;
        sc16is752_config_rs485(port, &rs485);
        return 0;
    case TIOCGRS485:
        if (copy_to_user((void __user *)arg,
                &(to_sc16is752_one(port, port)->rs485), sizeof(rs485)))
            return -EFAULT;
        return 0;
    default:
        break;
    }
#endif
    return -ENOIOCTLCMD;
}
```

代码中将配置 RS485 的操作封装为 sc16is752_config_rs485()函数，如果使能了 RS485 功能，则设置增强寄存器的 RTSCon 位，从而实现 RS485 自动方向，如程序清单 8.32 所示。

程序清单 8.32　sc16is752_config_rs485 函数

```
#if defined(TIOCSRS485) && defined(TIOCGRS485)
static void sc16is752_config_rs485(struct uart_port *port, struct serial_rs485
*rs485)
{
    struct sc16is752_one *one = to_sc16is752_one(port, port);
    one->rs485 = *rs485;
    if (one->rs485.flags & SER_RS485_ENABLED) {
        /* 设置 RS-485 自动方向,RTS 引脚      */
        sc16is752_port_update(port, SC16IS752_EFCR_REG,
                    SC16IS752_EFCR_AUTO_RS485_BIT,
                    SC16IS752_EFCR_AUTO_RS485_BIT);
    } else {
        sc16is752_port_update(port, SC16IS752_EFCR_REG,
                    SC16IS752_EFCR_AUTO_RS485_BIT, 0);
    }
}
#endif
```

8.4.5 中断处理

SC16IS752 有一个中断引脚与处理器相连,该中断引脚为低电平有效,只有在中断使能寄存器中使能相应中断后,该引脚才能产生中断。产生中断的条件包括:输入引脚的状态变化、接收错误、可用的接收缓冲数据、可用的发送缓冲空间和检测到 modem 状态标识。

特别说明,由于 SC16IS752 芯片的两路串口是共用一路中断的,所以在中断处理函数中需要扫描各自的 IIR 去处理中断。中断服务程序如程序清单 8.33 和程序清单 8.34 所示。

程序清单 8.33 sc16is752_ist 函数

```
static irqreturn_t sc16is752_ist(int irq, void * dev_id)
{
    struct sc16is752_port * s = (struct sc16is752_port * )dev_id;
    int i;
    for (i = 0; i < s->uart.nr; ++i)
        sc16is752_port_irq(s, i);
    return IRQ_HANDLED;
}
```

程序清单 8.34 sc16is752_port_irq 函数

```
static void sc16is752_port_irq(struct sc16is752_port * s, int portno)
{
    struct uart_port * port = &s->p[portno].port;
    do {
        unsigned int iir, msr, rxlen;
        iir = sc16is752_port_read(port, SC16IS752_IIR_REG);
        if (iir & SC16IS752_IIR_NO_INT_BIT)
            break;
        iir &= SC16IS752_IIR_ID_MASK;
        switch (iir) {
        case SC16IS752_IIR_RDI_SRC:
        case SC16IS752_IIR_RLSE_SRC:
        case SC16IS752_IIR_RTOI_SRC:
        case SC16IS752_IIR_XOFFI_SRC:
            rxlen = sc16is752_port_read(port, SC16IS752_RXLVL_REG);
            if (rxlen)
                sc16is752_handle_rx(port, rxlen, iir);
                                                /* 有数据,读数据处理函数    */
            break;
        case SC16IS752_IIR_CTSRTS_SRC:
```

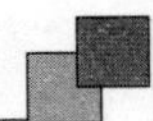

```
            msr = sc16is752_port_read(port, SC16IS752_MSR_REG);
            uart_handle_cts_change(port,
                !! (msr & SC16IS752_MSR_CTS_BIT));
            break;
        case SC16IS752_IIR_THRI_SRC:
            mutex_lock(&s->mutex);
            sc16is752_handle_tx(port);              /* 写数据处理函数          */
            mutex_unlock(&s->mutex);
            break;
        default:
            dev_err(port->dev,
                "Port %i: Unexpected interrupt: %x",
                (int)port->iobase, iir);
            break;
        }
    } while (1);
}
```

串口数据接收和发送的实际处理过程都是在中断中完成的，start_tx、stop_tx 和 stop_rx 几个方法都仅仅是对相应的中断使能位进行了操作。下面分别来看看数据收发的实际处理过程。

1. 接收数据处理

接收数据中断、线状态错误、超时中断或者接收 Xoff 中断时，都有可能进行数据接收。读取 FIFO LEVEL 寄存器的值，如果有数据，就进入数据接收处理流程，如程序清单 8.35 所示。

程序清单 8.35　sc16is752_handle_rx

```
static void sc16is752_handle_rx (struct uart_port *port, unsigned int rxlen,
                                 unsigned int iir)
{
    unsigned int lsr = 0, ch, flag, bytes_read, i;
    u8 buf[4 * port->fifosize];
    bool read_lsr = (iir == SC16IS752_IIR_RLSE_SRC) ? true : false;
                                                  /* 接收线状态错误?    */

    while (rxlen) {
        if (read_lsr) {                           /* 有线状态错误才做进一步判断 */
            lsr = sc16is752_port_read(port, SC16IS752_LSR_REG);
            if (! (lsr & SC16IS752_LSR_FIFOE_BIT))
                read_lsr = false;                 /* 没有 FIFO 数据错误    */
            } else{
                lsr = 0;
            }
```

```
            if (read_lsr) {                              /* LSR 错误,读 1 字节          */
                buf[0] = sc16is752_port_read(port, SC16IS752_RHR_REG);
                bytes_read = 1;
            } else {          /* 没有 FIFO 数据错误,正常数据,读取数据到 buf 中      */
                bytes_read = sc16is752_port_over_read(port,
                            SC16IS752_RHR_REG, buf, rxlen);
            }
            lsr &= SC16IS752_LSR_BRK_ERROR_MASK;
            port->icount.rx++;
            flag = TTY_NORMAL;
            if (unlikely(lsr)) {
                if (lsr & SC16IS752_LSR_BI_BIT) {
                    port->icount.brk++;
                    if (uart_handle_break(port))
                        continue;
                } else if (lsr & SC16IS752_LSR_PE_BIT)
                    port->icount.parity++;
                else if (lsr & SC16IS752_LSR_FE_BIT)
                    port->icount.frame++;
                else if (lsr & SC16IS752_LSR_OE_BIT)
                    port->icount.overrun++;
            lsr &= port->read_status_mask;
            if (lsr & SC16IS752_LSR_BI_BIT)
                flag = TTY_BREAK;
            else if (lsr & SC16IS752_LSR_PE_BIT)
                flag = TTY_PARITY;
            else if (lsr & SC16IS752_LSR_FE_BIT)
                flag = TTY_FRAME;
            else if (lsr & SC16IS752_LSR_OE_BIT)
                flag = TTY_OVERRUN;
        }
        for (i = 0; i < bytes_read; ++i) {
            ch = buf[i];
            if (uart_handle_sysrq_char(port, ch))      /* 无效字符                     */
                continue;
            if (lsr & port->ignore_status_mask)        /* 忽略状态标志                 */
                continue;
            uart_insert_char(port, lsr, SC16IS752_LSR_OE_BIT, ch,flag);
                                                        /* 提交到用户层的 buf           */
        }
        rxlen -= bytes_read;
    }
    tty_flip_buffer_push(port->state->port.tty);  /* 提交数据                      */
}
```

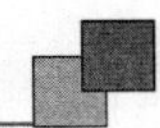

程序先判断线状态寄存器错误，在没有FIFO数据错误的情况下，将正常数据接收到buf中，最后将uart_insert_char()和tty_flip_buffer_push()两个函数分别向上层提交。

2. 发送数据处理

start_tx方法中使能了发送保持寄存器空中断。上层应用下传的数据存放在端口的state→xmit环形缓冲区中，UART发送程序从该缓冲区中获取数据。一旦UART的发送保持寄存器为空，则将环形缓冲区的数据取出，转换成线性缓冲区，并通过sc16is752_port_over_write()函数写到发送保持寄存器(THR)中，进行数据发送。当发送环形缓冲区剩余字符数目小于WAKEUP_CHARS(256)时，驱动通过uart_write_wakeup()请求上层向下传更多的数据，代码如程序清单8.36所示。

程序清单8.36 sc16is752_handle_tx

```
static void sc16is752_handle_tx(struct uart_port *port)
{
    struct circ_buf *xmit = &port->state->xmit;
    unsigned int txlen, to_send, i;
    u8 buf[port->fifosize];
    /* 如果发送环形缓冲区为空,或者串口发送已经停止,则退出 */
    if (uart_circ_empty(xmit) || uart_tx_stopped(port)) {
        return;
    }
    to_send = uart_circ_chars_pending(xmit);          /* 获取环形缓冲区剩余字节数 */
    if (likely(to_send)) {
        /* 最大长度为 FIFO 大小 */
        txlen = sc16is752_port_read(port, SC16IS752_TXLVL_REG);
            to_send = (to_send > txlen) ? txlen : to_send;
        port->icount.tx += to_send;                   /* 添加发送数据          */
        /* 转换成线性缓冲区 */
        for (i = 0; i < to_send; ++i) {
            buf[i] = xmit->buf[xmit->tail];
            xmit->tail = (xmit->tail + 1) & (UART_XMIT_SIZE - 1);
        }
        sc16is752_port_over_write(port, SC16IS752_THR_REG, buf, to_send);
    }
    /* 当发送环形缓冲区剩余字符数目小于 WAKEUP_CHARS 时,驱动将请求上层向下传更多的
       数据 */
    if (uart_circ_chars_pending(xmit) < WAKEUP_CHARS)
       uart_write_wakeup(port);  /* 唤醒因上层向串口端口写数据而阻塞的进程      */
}
```

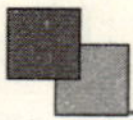

8.5 串口测试

将驱动文件编译为模块或者静态编译到内核,则可以从启动 LOG 中发现新增串口设备 ttyN0 和 ttyN1,如图 8.2 所示。

```
rtc-rx8025 2-0032: rtc core: registered rx8025 as rtc0
i2c /dev entries driver
ds2460 1-0040: byte_len looks suspicious (no power of 2)!
ds2460 1-0040: 18 byte ds2460 EEPROM (writable)
input: dcp-key as /devices/virtual/input/input1
3-0048: ttyN0 at I/O 0x1 (irq = 275) is a SC16IS752
3-0048: ttyN1 at I/O 0x2 (irq = 275) is a SC16IS752
OMAP Watchdog Timer Rev 0x01: initial timeout 60 sec
```

图 8.2　驱动加载信息

进入系统后,可按照普通串口的编程方式对新增串口进行操作和测试。

第9章

SGTL5000 声卡驱动移植

【本章导读】

产品开发完毕后，因为某些原因，用到的一些芯片停产，这是一件很让人头疼的事情，可是却又不得不面对这样的尴尬情形。如果有兼容的芯片还好处理，如果没有兼容芯片，那就不得不进行改版设计，实现与原来相同的功能。

EasyARM-i. MX283A 开发过程中就遇到了 UDA1380 芯片停产的情况，新方案准备采用 SGTL5000 来替换，本章就讲述 SGTL5000 声卡驱动在 i. MX283 平台上的移植过程。

9.1 背景交代

由于 AP-283Demo 板上的 UDA1380 音频芯片即将停产，因此，要用 SGTL5000 音频芯片代替。因此，需要在 EasyARM-i. MX283A 开发板的 Linux 内核上实现该芯片的驱动。

EasyARM-i. MX283A 开发板的 Linux 内核针对 i. MX283 处理器已经有了 SGTL5000 驱动代码，所以这里的工作主是使驱动正常工作起来。

SGTL5000 在内核的音频解/编码驱动源码文件在＜sound/soc/codes/sgtl5000. c＞文件。SGTL5000 在内核的关于处理器平台的源码文件在＜soud/soc/mxs/＞目录。

9.2 电路原理图

需要制作一块 SGTL5000 的验证板，其核心电路图如图 9.1 所示。

SGTL5000 并没有使用晶振提供的时钟，而采用处理器提供的 MCLK 信号作为系统时钟。SGTL5000 验证板的接口电路图如图 9.2 所示。SGTL5000 通过 I^2S 接口与 EasyARM-i. MX283A 开发板实现音频通信。SGTL5000 验证板的接口是通过杜邦线与 EasyARM-i. MX283A 开发板连接。

SGTL5000 验证板接口与 EasyARM-i. MX283A 开发板的连接方法如表 9.1 所列。

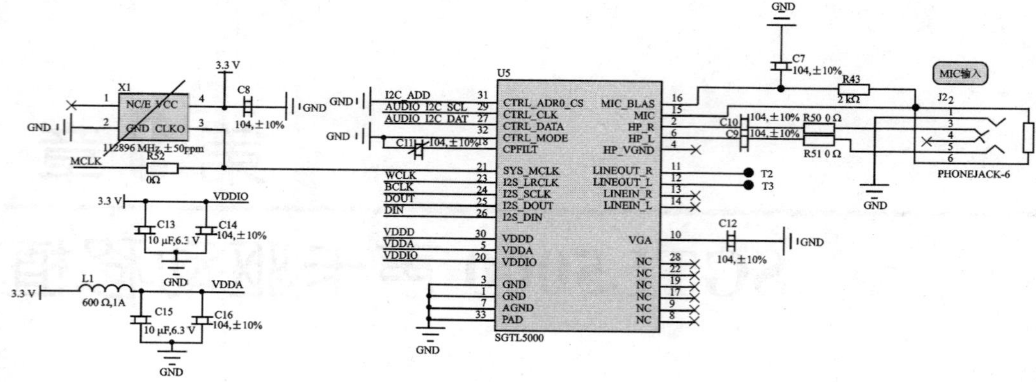

图 9.1 SGTL5000 验证板核心电路图

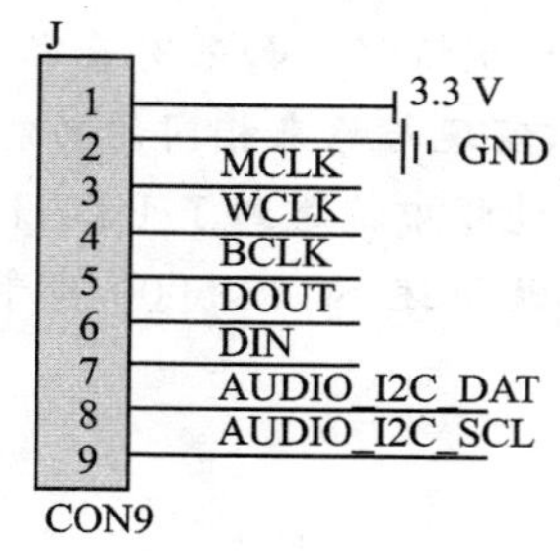

图 9.2 SGTL5000 验证板接口电路图

表 9.1 SGTL5000 验证板接口说明

接　口	接口说明	与 EasyARM-i. MX283A 的连接方法
3.3 V	电源 3.3 V 输入	与 3.3 V 排针连接
GND	电源地输入	与 GND 排针连接
MCLK	系统时钟	与 P3.20 排针连接
WCLK	I^2S 的左右声道字信号	与 P3.21 排针连接
BCLK	I^2S 的位时钟	与 URX4 排针连接
DOUT	I^2S 的数字音频输出	与 P3.26 排针连接
DIN	I^2S 的数字音频输入	与 UTX4 排针连接
AUDIO_I2C_DAT	I^2C 的 SDA 信号	与 SDA 排针连接
AUDIO_I2C_SCL	I^2C 的 SCL 信号	与 SCL 排针连接

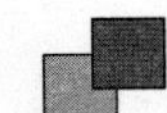

9.3　驱动移植

9.3.1　引脚设置

根据 SGTL5000 电路图中 SGTL5000 芯片和 EasyARM-i. MX283A 开发板的连接，在内核<arch/arm/mach-mx28/mx28evk_pins. c>文件的 mx28evk_fixed_pins 数组添加引脚配置，如程序清单 9.1 所示。

程序清单 9.1　添加音频引脚的初始化代码

```
#if defined(CONFIG_BCMDHD_WEXT) && defined(CONFIG_iMX_287) && ! defined(CONFIG_SPI_MXS)
    {
        .name     = "SSP2_DATA0",
        .id       = PINID_SSP0_DATA4,
        .fun      = PIN_FUN2,
        .strength = PAD_8MA,
        .voltage  = PAD_3_3V,
        .pullup   = 1,
        .drive    = 1,
        .pull     = 1,
    },
    {
        .name     = "SSP2_DATA1",
        .id       = PINID_SSP1_SCK,
        .fun      = PIN_FUN2,
        .strength = PAD_8MA,
        .voltage  = PAD_3_3V,
        .pullup   = 1,
        .drive    = 1,
        .pull     = 1,
    },
    {
        .name     = "SSP2_DATA2",
        .id       = PINID_SSP1_CMD,
        .fun      = PIN_FUN2,
        .strength = PAD_8MA,
        .voltage  = PAD_3_3V,
        .pullup   = 1,
        .drive    = 1,
        .pull     = 1,
    },
    {
```

```
            .name           = "SSP2_DATA3",
            .id             = PINID_SSP0_DATA5,
            .fun            = PIN_FUN2,
            .strength       = PAD_8MA,
            .voltage        = PAD_3_3V,
            .pullup         = 1,
            .drive          = 1,
            .pull           = 1,
        },
        {
            .name           = "SSP2_CMD",
            .id             = PINID_SSP0_DATA6,
            .fun            = PIN_FUN2,
            .strength       = PAD_8MA,
            .voltage        = PAD_3_3V,
            .pullup         = 1,
            .drive          = 1,
            .pull           = 1,
        },
        {
            .name           = "SSP2_SCK",
            .id             = PINID_SSP0_DATA7,
            .fun            = PIN_FUN2,
            .strength       = PAD_12MA,
            .voltage        = PAD_3_3V,
            .pullup         = 0,
            .drive          = 2,
            .pull           = 0,
        },
#endif
```

9.3.2 添加 SGTL5000 I²C 设备

EasyARM-i.MX283A 开发板是通过 I²C1 读/写 SGTL5000 的寄存器。为了使 SGTL5000 音频解/编码驱动能正常读/写芯片的寄存器,必须为该驱动添加 I²C 设备。在内核的<arch/arm/mach-mx28/mx28evk.c>文件修改,如程序清单 9.2 所示。

程序清单 9.2　添加 I²C 设备

```
static struct i2c_board_info __initdata mxs_i2c_device[] = {
    { I2C_BOARD_INFO("sgtl5000-i2c", 0xa), .flags = I2C_M_TEN }, //0xa 为设备的从机
                                                               //地址
    { I2C_BOARD_INFO("FM24C02A", 0x50)  },
};
```

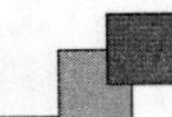

```
static void __init i2c_device_init(void)
{
    i2c_register_board_info(1, mxs_i2c_device, ARRAY_SIZE(mxs_i2c_device));
    ……省略……
}
```

SGTL5000音频解/编码驱动模块在启动时会寻找名为"sgtl5000-i2c"的I²C设备。

9.3.3 配置和编译

由于I²S的部分引脚和UART4的引脚复用,因此要禁用UART4的功能。在make menuconfig按以下路径进入音频配置界面:

```
Device Drivers→
    Sound card support →
        Advanced Linux Sound Architecture →
            ALSA for SoC audio support →
```

使能SGTL5000音频驱动配置如图9.3所示。

```
--- ALSA for SoC audio support
<*>    SoC Audio for the MXS chips
<*>    SoC Audio support for MXS-EVK SGTL5000
<*>    MXS Digital Audio Interface SAIF
< >    SoC SPDIF support for MXS EVK Development Board
< >    Build all ASoC CODEC drivers
```

图9.3 音频驱动使能

重新编译内核,并把新固件烧写到EasyARM-i.MX283A开发板。内核启动后,打印了如下信息:

```
ALSA device list:
    #0: mxs - evk(SGTL5000)
```

这表示SGTL5000音频芯片已经被正确探测并识别。

进入系统后,使用aplay命令播放wav格式的音频文件:

```
# aplay /root/halt.wav
```

可以听到音频文件的声音,但音频文件开头几秒(约3秒)的声音是听不到的。

9.3.4 修正播放音频的问题

在实际操作中发现:

➢ 在第一次播放音频文件时,音频文件的开头几秒是听不到的;

➢ 若马上再播放音频文件,音频文件的所有声音都可以听到;

➢ 但若过一段时间(约5、6秒)后再播放音频文件,还会出现这种情况。

为弄清楚产生这种情况的原因，需要打印 SGTL5000 音频解/编码驱动程序对 SGTL5000 寄存器的操作情况。在内核的<sound/soc/codes/sgtl5000.c>文件的 sgtl5000_write()函数任何位置添加下面一行：

```
printk("w r: %02x , v: %04x \n", reg, value);
```

编译内核后，把固件烧写到开发板。启动系统进入终端，输入 aplay halt.wav 命令如下：

```
root@EasyARM - iMX283 ~# aplay halt.wav
w r:06,v:0000                                                        (1)
w r:04,v:0000
w r:06,v:0130
w r:02,v:0001
w r:30,v:ffff
w r:02,v:0021
w r:24,v:0022
w r:2a,v:0200
w r:30,v:ffff
w r:0e,v:0200                                                        (2)
Playing WAVE 'halt.wav' : Signed 16 bit Little Endian, Rate 44100 Hz, Stereo
w r:0e,v:020c                                                        (3)
w r:02,v:0020
w r:06,v:0130                                                        (4)
root@EasyARM - iMX283 ~#
root@EasyARM - iMX283 ~# w r:2a,v:0000                               (5)
w r:30,v:ffff
w r:02,v:0020
w r:24,v:0132
w r:0e,v:020c
w r:30,v:ffff
w r:30,v:ffe6
w r:02,v:0000                                                        (6)
```

在该信息中，可以看到驱动对 SGTL5000 芯片寄存器的写入情况。(1)～(2)行信息表示播放声音前对寄存器写入情况；(3)～(4)行信息表示声音播放结束后，马上对寄存器的写入情况；在播放声音几秒(约 5、6 秒)后，将打印(5)～(6)行的内容。

在操作中发现：若在(5)～(6)行内容打印之前就马上再次播放音频文件，就可以听到音频文件的所有声音；否则，音频文件的前面几秒就听不到。

因此，可以得出以下结论：

① 在播放音频前，驱动程序会打开 SGTL5000 的一系列开关；

② 但这开关中可能有个别开关是要延时一段时间才起作用，这会造成第一次播放音频文件时前面几秒听不到；

③ (5)～(6)行信息表示关闭之前打开的开关；

④ 若在(5)～(6)行内容打印之前就马上播放音频文件，则可以听到全部声音，是因为之前打开的开关还在起作用。

因此，可以根据(1)～(2)行的内容，追踪是哪个寄存器写入后要一段时间才能起作用。这不妨从最后一个写入寄存器("w r:0e,v:0200")开始。在内核的<sound/soc/codes/sgtl5000.c>文件的 sgtl5000_set_bias_level()函数中，修改代码如程序清单 9.3 所示。

程序清单 9.3　修改对 VAG 开关的延迟

```
reg = sgtl5000_read(codec, SGTL5000_CHIP_ANA_POWER);
reg |= SGTL5000_VAG_POWERUP;
sgtl5000_write(codec, SGTL5000_CHIP_ANA_POWER, reg);
mdelay(3000);                                                    //添加这行代码
msleep(400);
```

这表示在 SGTL5000 的 0x0e 寄存器打开了 VAG 电源开后，延迟 3 秒再执行后面的代码。

编译内核并重新烧写固件后发现，使用 aplay halt. wav 命令可以播放音频文件的全部声音。也是说，VAG 电源打开了一段时间后才能起作用。

当然，使用延迟不是解决问题的方法。解决的办法是：在驱动初始化时打开 VAG 电源，播放音频后也不关闭 VAG 电源。

在<sound/soc/codes/sgtl5000.c>的 sgtl5000_set_bias_level()函数修改如程序清单 9.4 所示。

程序清单 9.4　在 sgtl5000_set_bias_level()函数中修改 VAG 电源控制

```
static int sgtl5000_set_bias_level(struct snd_soc_codec * codec,
                    enum snd_soc_bias_level level)
    {
        ……省略……
        case SND_SOC_BIAS_PREPARE:    /* partial On */
        ……
            reg = sgtl5000_read(codec, SGTL5000_CHIP_ANA_POWER);
            if (reg & SGTL5000_VAG_POWERUP)
                delay = 600;
        //  reg &= ～SGTL5000_VAG_POWERUP;                    //注释该行代码
            reg |= ～SGTL5000_VAG_POWERUP;                    //添加该行代码
            reg |= SGTL5000_DAC_POWERUP;
            reg |= SGTL5000_HP_POWERUP;
            reg |= SGTL5000_LINE_OUT_POWERUP;
```

```
        sgtl5000_write(codec, SGTL5000_CHIP_ANA_POWER, reg);
        if (delay)
            msleep(delay);
    ……省略……
    case SND_SOC_BIAS_STANDBY:/* Off, with power */
    ……省略……
        sgtl5000_mic_bias(codec, 0);
        reg = sgtl5000_read(codec, SGTL5000_CHIP_ANA_POWER);
        if (reg & SGTL5000_VAG_POWERUP) {
//          reg &= ~SGTL5000_VAG_POWERUP;          //注释该行代码
            sgtl5000_write(codec, SGTL5000_CHIP_ANA_POWER, reg);
            msleep(400);
        }
        reg &= ~SGTL5000_DAC_POWERUP;
        reg &= ~SGTL5000_HP_POWERUP;
        reg &= ~SGTL5000_LINE_OUT_POWERUP;
        sgtl5000_write(codec, SGTL5000_CHIP_ANA_POWER, reg);
        ……省略……
    return 0;
}
```

在 sgtl5000_probe()函数修改,如程序清单 9.5 所示。

程序清单 9.5　在 sgtl5000_probe()函数修改 VAG 电源的设置

```
static int sgtl5000_probe(struct platform_device *pdev)
{
    ……省略……
    reg = sgtl5000_read(codec, SGTL5000_CHIP_ANA_POWER);
    //ana_pwr |= reg & (SGTL5000_PLL_POWERUP | SGTL5000_VCOAMP_POWERUP);注释该行
    /* 添加下列行 */
    ana_pwr |= reg & (SGTL5000_PLL_POWERUP | SGTL5000_VCOAMP_POWERUP |
    SGTL5000_VAG_POWERUP);
    ……省略……
    return 0;
}
```

编译内核并烧写固件后,音频播放正常。

9.4　音频接口操作

SGTL5000 音频驱动提供了 OSS 接口和 ALSA 接口,下面介绍如何进一步使用该接口。

1. 播放音频文件

使用 aplay 程序可以播放 wav 格式的音频文件。使用示例如下：

```
# aplay halt.wav
Playing WAVE 'halt.wav' : Signed 16 bit Little Endian, Rate 44100 Hz, Stereo
```

aplay 程序会在音频文件中识别音频的采样频率和采样精度。

2. 录制音频

使用 arecord 程序可以录制音频而形成文件。arecord 命令加“-h”参数可以显示该命令的使用方法：

```
# arecord -h
```

该命令返回信息如下所示：

```
#arecord -h
Usage: arecord [OPTION]... [FILE]...

-h, --help                   help
    --version                print current version
-l, --list-devices           list all soundcards and digital audio devices
-L, --list-pcms              list all PCMs defined
-D, --device=NAME            select PCM by name
-q, --quiet                  quiet mode
-t, --file-type TYPE         file type (voc, wav, raw or au)
-c, --channels=#             channels
-f, --format=FORMAT          sample format (case insensitive)
-r, --rate=#                 sample rate
-d, --duration=#             interrupt after # seconds
-s, --sleep-min=#            min ticks to sleep
-M, --mmap                   mmap stream
-N, --nonblock               nonblocking mode
-F, --period-time=#          distance between interrupts is # microseconds
-B, --buffer-time=#          buffer duration is # microseconds
    --period-size=#          distance between interrupts is # frames
    --buffer-size=#          buffer duration is # frames
-A, --avail-min=#            min available space for wakeup is # microseconds
-R, --start-delay=#          delay for automatic PCM start is # microseconds
                             (relative to buffer size if <= 0)
-T, --stop-delay=#           delay for automatic PCM stop is # microseconds from xrun
-v, --verbose                show PCM structure and setup (accumulative)
-I, --separate-channels      one file for each channel
```

arecord 命令的部分选项介绍如表 9.2 所列。

表 9.2　arecord 命令的部分选项

选　项	选项说明	选项参数
-f	置输入音频的格式	cd：16 位小端，采样频率为 44 100，立体声
		cdr：16 位大端，采样频率为 44 100，立体声
		dat：16 位小端，采样频率为 480 000，立体声
-t	设置录制音频文件的格式	voc、wav、raw、au
-d	设置录制音频的秒数	秒数值

使用 arecord 程序录制音频文件的示例如下：

```
# arecord -f dat -t  wav -d 3 test.wav
Recording WAVE '/root/test.wav' : Signed 16 bit Little Endian, Rate 48000 Hz, Stereo
```

该执行完成后，音频文件保存为当前目录的 test.wav 文件。

3. amixer 和音频设置

音频驱动定义了音频设备的多个控件，包括音量控制、声道控制、音频输入路径控制等，不同的音频设备定义的控件不尽相同。使用 amixer 程序可以查看/设置音频控件。该命令的帮助信息如下所示：

```
# amixer help
Usage: amixer <options> [command]
Available options:
  -h, -- help          this help
  -c, -- card N        select the card
  -D, -- device N      select the device, default 'default'
  -d, -- debug         debug mode
  -n, -- nocheck       do not perform range checking
  -v, -- version       print version of this program
  -q, -- quiet         be quiet
  -i, -- inactive      show also inactive controls
  -a, -- abstract L    select abstraction level (none or basic)
  -s, -- stdin         Read and execute commands from stdin sequentially
Available commands:
  scontrols            show all mixer simple controls
  scontents            show contents of all mixer simple controls (default command)
  sset sID P           set contents for one mixer simple control
  sget sID             get contents for one mixer simple control
  controls             show all controls for given card
  contents             show contents of all controls for given card
  cset cID P           set control contents for one control
  cget cID             get control contents for one control
```

下面介绍amixer程序的部分帮助信息：

(1) 查看所有控件

使用amixer scontents命令可以查看音频设备的所有控件。针对SGTL5000音频设备驱动，amixer contents命令返回信息如下所示：

```
# amixer contents
numid = 5,iface = MIXER,name = 'Headphone Volume'
  ; type = INTEGER,access = rw--- ,values = 2,min = 0,max = 127,step = 0
  : values = 103,103
numid = 7,iface = MIXER,name = 'ADC Mux'
  ; type = ENUMERATED,access = rw--- ,values = 1,items = 2
  ; Item #0 'MIC_IN'
  ; Item #1 'LINE_IN'
  : values = 0
numid = 3,iface = MIXER,name = 'Capture Vol Reduction'
  ; type = ENUMERATED,access = rw--- ,values = 1,items = 2
  ; Item #0 'No Change'
  ; Item #1 'Reduced by 6dB'
  : values = 0
numid = 2,iface = MIXER,name = 'Capture Volume'
  ; type = INTEGER,access = rw--- ,values = 2,min = 0,max = 15,step = 0
  : values = 15,15
numid = 4,iface = MIXER,name = 'Playback Volume'
  ; type = INTEGER,access = rw--- ,values = 2,min = 0,max = 192,step = 0
  : values = 192,192
numid = 6,iface = MIXER,name = 'DAC Mux'
  ; type = ENUMERATED,access = rw--- ,values = 1,items = 2
  ; Item #0 'DAC'
  ; Item #1 'LINE_IN'
  : values = 0
numid = 1,iface = MIXER,name = 'MIC GAIN'
  ; type = ENUMERATED,access = rw--- ,values = 1,items = 4
  ; Item #0 '0dB'
  ; Item #1 '20dB'
  ; Item #2 '30dB'
  ; Item #3 '40dB'
  : values = 0
```

音频设备的控件定义是根据各自设备驱动决定的，所以有比较大的随意性，这需要根据各项的字面意思进行理解。

例如，ADC输入选择控件信息如下：

```
numid=7,iface=MIXER,name='ADC Mux'                          #该控件为 ADC 输入选择
  ;type=ENUMERATED,access=rw---,values=1,items=2            #该控件有两个取值
  ;Item #0 'MIC_IN'                                          #第一个取值为 0:MIN 输入
  ;Item #1 'LINE_IN'                                         #第二个取值为 1:LINE 输入
  :values=0                                                  #当前值为 0
```

例如,耳机音量控制控件信息如下:

```
numid=5,iface=MIXER,name='Headphone Volume'                 #控件名为 Headphone Volume
   #该项的最小值为 2,最大值为 127
 ;type=INTEGER,access=rw---,values=2,min=0,max=127,step=0
 :values=103,103                                             #当前值为 103
```

(2) 控件设置

使用 amixer 命令的 cset 选项可以设置指定的控件。例如,把“ADC Mux”项设置为 1 的命令为:

```
#amixer cset numid=7,iface=MIXER,name='ADC Mux'  1
numid=7,iface=MIXER,name='ADC Mux'
  ;type=ENUMERATED,access=rw---,values=1,items=2
  ;Item #0 'MIC_IN'
  ;Item #1 'LINE_IN'
  :values=1
```

例如,需要把耳机音量设置为 50 的命令为:

```
#amixer cset numid=5,iface=MIXER,name='Headphone Volume' 50
numid=5,iface=MIXER,name='Headphone Volume'
  ;type=INTEGER,access=rw---,values=2,min=0,max=127,step=0
  :values=50,50
```

第10章

AP6181 无线网卡驱动移植

【本章导读】

AP6181 是一款低成本、低功耗 WiFi 模块，遵循 IEEE802.11b/g/n WLAN 标准，支持 SDIO 接口，本章介绍 AP6181 WiFi 网卡的驱动移植及使用方法。

10.1 硬件原理图

AP6181 在 EPC-28x 上相关电路如图 10.1 所示。可以看到，AP6181 使用 4 bit SDIO 接口，连接到处理器的 SD2(mmc2)。图中没体现出来的信息补充如下：

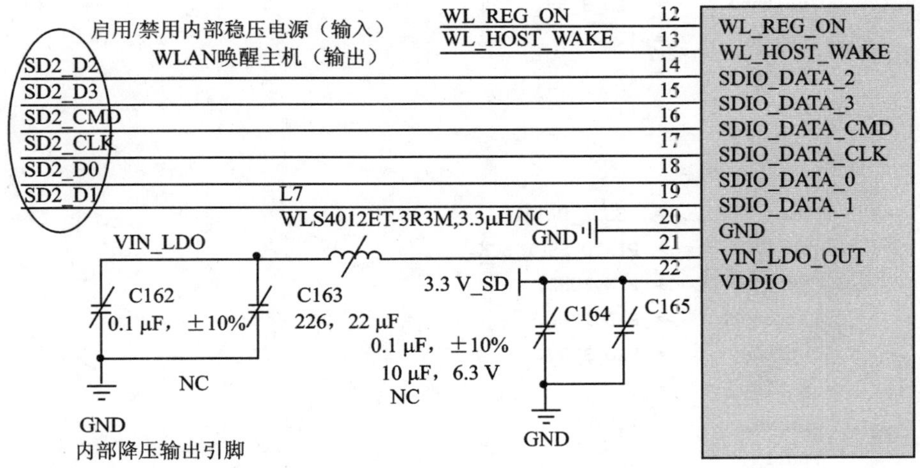

图 10.1 AP6181 在开发板的原理图

① AP6181 网卡内部稳压电源引脚 WL_REG_ON 接到 GPIO3_15，高电平有效。

② AP6181 的 WLAN 唤醒主机引脚 WL_HOST_WAKE 接到 GPIO3_6。

10.2 驱动移植

10.2.1 修改引脚功能

修改处理器与 AP6181 连接的 6 个引脚为 MMC2 接口功能，同时将连接到 WL_REG_ON 的 GPIO3_15 设置为 GPIO 输出功能，将连接到 WL_HOST_WAKE 的 GPIO3_6 设置为 GPIO 输入功能。

修改<arch/arm/mach-mx28/mx28evk_pins.c>文件，在数组 mx28evk_fixed_pins[]的“#if defined(CONFIG_MMC_MXS) || defined(CONFIG_MMC_MXS_MODULE)”内添加如程序清单 10.1 所示代码。

程序清单 10.1 相关引脚功能配置

```
#if  defined(CONFIG_BCMDHD_WEXT) || defined(CONFIG_BCMDHD_WEXT_MODULE) \
    {
        name            = "SSP2_DATA0",
        .id             = PINID_SSP0_DATA4,
        .fun            = PIN_FUN2,
        .strength       = PAD_12MA,
        .voltage        = PAD_3_3V,
        .pullup         = 1,
        .drive          = 1,
        .pull           = 1,
    },
    {
        .name           = "SSP2_DATA1",
        .id             = PINID_SSP1_SCK,
        .fun            = PIN_FUN2,
        .strength       = PAD_12MA,
        .voltage        = PAD_3_3V,
        .pullup         = 1,
        .drive          = 1,
        .pull           = 1,
    },
    {
        .name           = "SSP2_DATA2",
        .id             = PINID_SSP1_CMD,
        .fun            = PIN_FUN2,
        .strength       = PAD_12MA,
        .voltage        = PAD_3_3V,
        .pullup         = 1,
```

```
        .drive          = 1,
        .pull           = 1,
    },
    {
        .name           = "SSP2_DATA3",
        .id             = PINID_SSP0_DATA5,
        .fun            = PIN_FUN2,
        .strength       = PAD_12MA,
        .voltage        = PAD_3_3V,
        .pullup         = 1,
        .drive          = 1,
        .pull           = 1,
    },
    {
        .name           = "SSP2_CMD",
        .id             = PINID_SSP0_DATA6,
        .fun            = PIN_FUN2,
        .strength       = PAD_12MA,
        .voltage        = PAD_3_3V,
        .pullup         = 1,
        .drive          = 1,
        .pull           = 1,
    },
    {
        .name           = "SSP2_SCK",
        .id             = PINID_SSP0_DATA7,
        .fun            = PIN_FUN2,
        .strength       = PAD_12MA,
        .voltage        = PAD_3_3V,
        .pullup         = 0,
        .drive          = 1,
        .pull           = 0,
    },
    /* WL_HOST-WAKE */
    {
        .name           = "GPIO-3_26",
        .id             = PINID_SAIF1_SDATA0,
        .fun            = PIN_GPIO,
        .strength       = PAD_12MA,
        .voltage        = PAD_3_3V,
        .pullup         = 1,
        .drive          = 1,
        .pull           = 1,
```

```
    },
    /* WIFI WL_REG_ON */
    {
        .name               = "GPIO-3_15",
        .id                 = PINID_AUART3_RTS,
        .fun                = PIN_GPIO,
        .strength           = PAD_8MA,
        .voltage            = PAD_3_3V,
        .pullup             = 1,
        .drive              = 1,
        .pull               = 1,
    },
#endif  //end BCMDHD
```

10.2.2 添加 mmc 设备

修改<arch/arm/plat-mxs/device.c>文件，在数组 mxs_mmc[]定义部分后面添加如程序清单 10.2 所示代码。

程序清单 10.2 添加 mmc2 设备

```
#if  defined(CONFIG_BCMDHD_WEXT) || defined(CONFIG_BCMDHD_WEXT_MODULE)
    {
        .name                       = "mxs-mmc",
        .id                         = 2,
        .dev                        = {
        .dma_mask                   = &common_dmamask,
        .coherent_dma_mask          = DMA_BIT_MASK(32),
        .release                    = mxs_nop_release,
        },
    },
#endif
```

修改<arch/arm/mach-mx28/device.c>文件，在函数 static void __init mx28_init_mmc(void)前面添加如程序清单 10.3 所示代码，以便 MMC 驱动能正确添加并初始化 mmc2 设备。

程序清单 10.3 添加 mmc2 初始化代码

```
#if  defined(CONFIG_BCMDHD_WEXT) \
        || defined(CONFIG_BCMDHD_WEXT_MODULE) \
        || defined(CONFIG_DTU_M28X)
#define WL_REG_ON           MXS_PIN_TO_GPIO(PINID_AUART3_RTS)
#define WL_HoST_WAKE        MXS_PIN_TO_GPIO(PINID_SAIF1_SDATA0)
static int mxs_mmc_get_wp_ssp2(void)
```

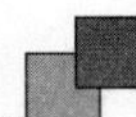

```
{
    return 0;
}
static int mxs_mmc_hw_init_ssp2(void)
{
    int ret = 0;
    gpio_direction_output(WL_REG_ON, 1);
    mdelay(15);
    return ret;
}
static void mxs_mmc_hw_release_ssp2(void)
{
    gpio_direction_output(WL_REG_ON, 0);
}
static void mxs_mmc_cmd_pullup_ssp2(int enable)
{
    mxs_set_pullup(PINID_SSP0_DATA6, enable, "mmc2_cmd");
}
static unsigned long mxs_mmc_setclock_ssp2(unsigned long hz)
{
    struct clk * ssp = clk_get(NULL, "ssp.2"), * parent;
    if (hz > 1000000)
            parent = clk_get(NULL, "ref_io.1");
    else
            parent = clk_get(NULL, "xtal.0");
    clk_set_parent(ssp, parent);
    clk_set_rate(ssp, 2 * hz);
    clk_put(parent);
    clk_put(ssp);

    return hz;
}
#endif   //end BCMDHD
```

修改<arch/arm/mach-mx28/device.c>文件中，在函数 static void __init mx28_init_mmc(void)定义后面添加如程序清单 10.4 所示代码。

程序清单 10.4　初始化 mmc2 设备

```
#if  defined(CONFIG_BCMDHD_WEXT) \
    || defined(CONFIG_BCMDHD_WEXT_MODULE) \
   if (mxs_get_type(PINID_SSP0_DATA6) == PIN_FUN2) {
       pdev = mxs_get_device("mxs-mmc",2);
       if (pdev == NULL || IS_ERR(pdev))
```

```
            return;
        pdev->resource = mmc2_resource;
        pdev->num_resources = ARRAY_SIZE(mmc2_resource);
        pdev->dev.platform_data = &mmc2_data;
        mxs_add_device(pdev, 2);
    }else{
        printk(" PINID DATA6 = %d\n", mxs_get_type(PINID_SSP0_DATA6));
    }
#endif   //end BCMDHD
```

10.2.3 添加驱动源码

在内核源码目录<drivers/net/wireless>下新建一个目录 bcmdhd,并把 AP6181 网卡驱动文件添加进去。添加后代码文件展示如下:

```
~/linux-2.6.35.3/drivers/net/wireless/bcmdhd$ ls
aiutils.c               dhd_cfg80211.c       dhd_sdio.c        wl_android.h
bcmevent.c              dhd_cfg80211.h       dngl_stats.h      wl_cfg80211.c
bcmsdh.c                dhd_common.c         dngl_wlhdr.h      wl_cfg80211.h
bcmsdh_linux.c          dhd_config.c         hndpmu.c          wl_cfgp2p.c
bcmsdh_sdmmc.c          dhd_config.h         include           wl_cfgp2p.h
bcmsdh_sdmmc_linux.c    dhd_custom_gpio.c    Kconfig           wl_dbg.h
bcmutils.c              dhd_dbg.h            linux_osl.c       wldev_common.c
bcmwifi.c               dhd_gpio.c           Makefile          wldev_common.h
dhd_bta.c               dhd.h                sbutils.c         wl_iw.c
dhd_bta.h               dhd_linux.c          siutils.c         wl_iw.h
dhd_bus.h               dhd_linux_sched.c    siutils_priv.h    wl_linux_mon.c
dhd_cdc.c               dhd_proto.h          wl_android.c
```

10.2.4 添加唤醒中断

打开文件 dhd_gpio.c,添加无线网卡中断唤醒引脚宏定义:

```
#define WL_HoST_WAKE     MXS_PIN_TO_GPIO(PINID_SAIF1_SDATA0)
```

在同一个文件中的函数 int bcm_wlan_get_oob_irq(void)后面添加代码,以配置 WLAN 唤醒主机中断,如程序清单 10.5 加粗标注部分代码。

程序清单 10.5 设置 OOB 中断

```
#ifdef CUSTOMER_OOB
int bcm_wlan_get_oob_irq(void)
{
        int host_oob_irq = 0;
#if 0
#ifdef CONFIG_MACH_ODROID_4210
```

```
        printk("GPIO(WL_HOST_WAKE) = EXYNOS4_GPX0(7) = %d\n", EXYNOS4_GPX0(7));
        host_oob_irq = gpio_to_irq(EXYNOS4_GPX0(7));
        gpio_direction_input(EXYNOS4_GPX0(7));
        printk("host_oob_irq: %d \r\n", host_oob_irq);
#endif
#endif

        host_oob_irq = gpio_to_irq(WL_HoST_WAKE);
        gpio_direction_input(WL_HoST_WAKE);
        printk("host_oob_irq: %d \r\n", host_oob_irq);

        return host_oob_irq;
}
#endif
```

10.2.5 添加上下电控制

由于 cpu mmc2 的 Card Detection 引脚没有接 AP6181，因此必须在 mmc2 初始化之前拉高 AP6181 网卡的 WL_REG_ON 引脚，否则 mmc 驱动会识别不到 AP6181 网卡。

打开文件 dhd_gpio. c，无线网卡上电控制引脚 GPIO 宏定义：

```
#define WL_REG_ON          MXS_PIN_TO_GPIO(PINID_AUART3_RTS)
```

在文件 dhd_gpio. c 中的函数 void bcm_wlan_power_on(int flag)后面添加代码，使网卡驱动加载运行后拉高网卡的 WL_REG_ON 引脚，从而启动 AP6181 内部电源，修改后的代码见程序清单 10.6 加粗标注部分。

程序清单 10.6 修改驱动代码上电函数

```
void bcm_wlan_power_on(int flag)
{
        if (flag == 1) {
                printk("======== PULL WL_REG_ON HIGH! ========\n");
#ifdef CONFIG_MACH_ODROID_4210
                gpio_set_value(EXYNOS4_GPK1(0), 1);
                /* Lets customer power to get stable */
                mdelay(100);
                printk("======== Card detection to detect SDIO card! ======\n");
                sdhci_s3c_force_presence_change(&sdmmc_channel, 1);
#endif
        } else {
                printk("======= PULL WL_REG_ON HIGH! (flag = %d) ======\n", flag);
#ifdef CONFIG_MACH_ODROID_4210
                gpio_set_value(EXYNOS4_GPK1(0), 1);
```

```
#endif
        }
        gpio_set_value(WL_REG_ON, 1);
}
```

在同一个文件中的函数 void bcm_wlan_power_off(int flag)后面添加代码,使网卡驱动移除后能关闭 AP6181 网卡内部电源,修改后代码见程序清单 10.7 加粗部分。

程序清单 10.7　网卡驱动关闭电源函数

```
void bcm_wlan_power_off(int flag)
        if (flag == 1) {
{
                printk("====== Card detection to remove SDIO card! ========\n");
#ifdef CONFIG_MACH_ODROID_4210
                sdhci_s3c_force_presence_change(&sdmmc_channel, 0);
                mdelay(100);
                printk("======== PULL WL_REG_ON LOW! ========\n");
                gpio_set_value(EXYNOS4_GPK1(0), 0);
#endif
        } else {
                printk("======== PULL WL_REG_ON LOW! (flag = %d) ========\n",
flag);
#ifdef CONFIG_MACH_ODROID_4210
                gpio_set_value(EXYNOS4_GPK1(0), 0);
#endif
        }
    gpio_set_value(WL_REG_ON, 0);
}
```

10.2.6　修改内核配置文件

打开<drivers/net/wireless/Kconfig>文件,在合适位置添加 source "drivers/net/wireless/bcmdhd/Kconfig",如图 10.2 所示。

图 10.2　修改内核 Kconfig 文件

打开<drivers/net/wireless/Makefile>文件,添加"obj-$(CONFIG_BCMDHD) += bcmdhd/",如图 10.3 所示。

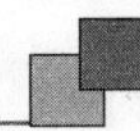

```
obj-$(CONFIG_MAC80211_HWSIM)      += mac80211_hwsim.o
obj-$(CONFIG_WL12XX)      += wl12xx/
obj-$(CONFIG_IWM)         += iwmc3200wifi/
obj-$(CONFIG_ATH6K_LEGACY)        += ath6kl/
obj-$(CONFIG_BCMDHD)              += bcmdhd/
```

图 10.3　修改内核 Makefile 文件

10.2.7　配置内核

1. 配置内核支持 WiFi 网卡驱动

配置内核将驱动编译成模块，输入 make menuconfig，启动内核配置界面：

```
$ make menuconfig
```

选择 Device Drivers→Network device support，在配置界面选中 Wireless LAN，如图 10.4 所示。

```
                    Network device support
Arrow keys navigate the menu.  <Enter> selects submenus --->.
Highlighted letters are hotkeys.  Pressing <Y> includes, <N> excludes,
<M> modularizes features.  Press <Esc><Esc> to exit, <?> for Help, </>
for Search.  Legend: [*] built-in  [ ] excluded  <M> module  < >

    [*]   Ethernet (10 or 100Mbit)  --->
    [ ]   Ethernet (1000 Mbit)  --->
    [ ]   Ethernet (10000 Mbit)  --->
    [*]   Wireless LAN  --->
          *** Enable WiMAX (Networking options) to see the WiMAX driv
          USB Network Adapters  --->
    [ ]   Wan interfaces support  --->
    < >   PPP (point-to-point protocol) support
    < >   SLIP (serial line) support
    < >   Network console logging support

             <Select>    < Exit >    < Help >
```

图 10.4　选中 Wireless LAN

进入 Wireless LAN 菜单后，选择子菜单 Broadcom 4329/30 wireless cards support 为＜M＞，选择子菜单 Enable WEXT support 为＜＊＞，如图 10.5 所示。

注：如果 Broadcom 4329/30 wireless cards support 选择为＜M＞，则 Firmware path 和 NVRAM path 路径下面需要有固件网卡固件文件和配置文件。

如果需要 WLAN 唤醒主机功能，则还需要进入 Interrupt type（In-Band Interrupt)→子菜单把 Out-of-Band Interrupt 选中，如图 10.6 所示。

2. 配置内核支持 IEEE802.11

使用无线网卡时还需支持 IEEE802.11，需要在内核选中 Common routines for IEEE802.11 drivers：

```
                    Wireless LAN
Arrow keys navigate the menu.  <Enter> selects submenus --->.
Highlighted letters are hotkeys.  Pressing <Y> includes, <N> excludes,
<M> modularizes features.  Press <Esc><Esc> to exit, <?> for Help, </>
for Search.  Legend: [*] built-in  [ ] excluded  <M> module  < >

    --- Wireless LAN
    < >   USB ZD1201 based Wireless device support
    < >   IEEE 802.11 for Host AP (Prism2/2.5/3 and WEP/TKIP/CCMP)
    < >   Atheros AR600x support (non mac80211)
    <M>   Broadcom 4329/30 wireless cards support
    (/opt/etc/firmware/fw_bcmdhd.bin) Firmware path
    (/opt/etc/firmware/nvram.txt) NVRAM path
    (/opt/etc/firmware/config.txt) Config path
    [*]     Enable WEXT support
              Interrupt type (Out-of-Band Interrupt)  --->

          <Select>    < Exit >    < Help >
```

图 10.5　配置 Broadcom 无线网卡

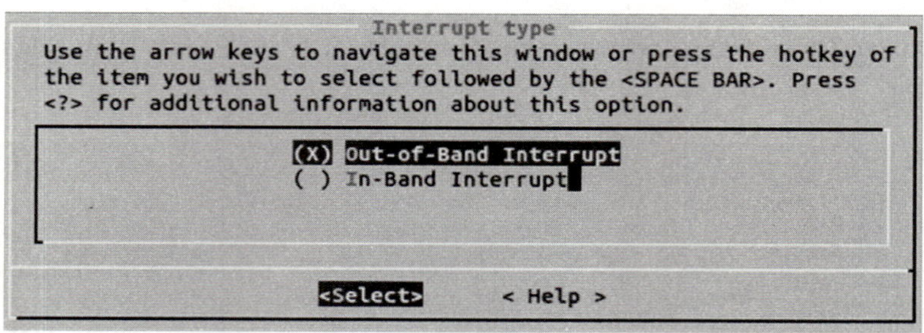

图 10.6　选中“Out-of-Band Interrupt”

```
[ * ] Networking support --->
    - * - Wireless --->
        < * > Common routines for IEEE802.11 drivers
```

10.2.8　编译内核、模块驱动

选择把 WIFI 驱动编译为模块时，可分别执行如下命令产生 uImage、bcmdhd.ko：

```
$ make uImage
$ make modules
```

其中，驱动模块 bcmdhd.ko 在<drivers/net/wireless/bcmdhd/>目录下。

10.3　使用网卡

10.3.1　加载驱动模块

AP6181 网卡驱动被编译为模块时，要使用 insmod 命令加载其驱动模块。加载时

要指定几个参数，示例如下：

```
insmod /lib/modules/`uname -r`/bcmdhd.ko "iface_name = wlan0"
"firmware_path = /etc/firmware/fw_bcm40181a2_apsta.bin" "nvram_path = /etc/firmware/
nvram.txt"
```

以下是参数的简要说明：

- iface_name：该参数可以指定想要的网络接口名称。
- firmware_path：AP6181 专用的固件文件路径。
- nvram_path：AP6181 固件配置文件路径。

执行 insmod 之后，用 ifconfig 命令就可以看到无线网卡的设备接口了。

10.3.2　连接到 AP

使用不同方式加密的 AP 时，连接的方法也不同。下面以连接 WPA/WPA2 方式加密 AP 为例，说明如何作为 STA 连接到 AP。

1. 扫描热点

可使用 iwlist 命令扫描附件热点，使用方法如下：

```
$ iwlist wlan0 scan
```

如果附件热点过多，则直接用上面的命令，这样输出结果会显得很乱，可用 grep 命令过滤，示例如下所示：

```
$ iwlist wlan0 scan | grep "ESSID"
```

2. 连接热点

wpa_supplicant 命令可用于连接 WPA/WPA2 方式加密的热点，示例如下：

```
# wpa_supplicant -B -Dwext -iwlan0 -c/etc/wpa_supplicant.conf
```

常用参数及含义如表 10.1 所列。

表 10.1　wpa_supplicant 命令参数介绍

参数选项	含　义
-B = run daemon in the background	后台执行
-D = driver name (can be multiple drivers: nl80211, wext)	驱动名称，本产品须指定为 wext，意为 Linux wireless extensions (generic)
-i = interface name	网络接口名称，本产品是 wlan0
-c = Configuration file	附加配置文件，程序会解析此文件执行指定的功能

配置文件内容分为两部分，第一部分为运行接口文件，一般默认为：

```
ctrl_interface = /var/run/wpa_supplicant
```

第二部分为要连接热点网络信息，根据加密方式不同设置不同内容。WiFi 数据使用 WPA/WPA2 方式加密时示例如下：

```
# WPA/WPA2-PSK authentication with TKIP/AES encryption
network = {
    ssid = "your ssid"              #要连接热点的 SSID
    psk = "* * * * * * * *         "#要连接热点的密码
}
```

示例配置文件内容如下：

```
[root@EPC - 28x  ~]# cat /usr/test/epc28x/wpa_supplicant.conf
ctrl_interface = /var/run/wpa_supplicant

network = {
        ssid = "Athena"
        psk = "12345678"
}
```

执行以下命令即可连接到 ssid 为 Athena 的热点：

```
# wpa_supplicant -B -Dwext -iwlan0 -c/usr/test/epc28x/wpa_supplicant.conf
```

命令成功执行后会输出一系列信息，下面这行可以看到连接到 Athena 热点，通道是 8：

```
#wl_iw_set_essid: join SSID = Athena ch = 8
```

3. 设置无线网卡 IP 地址

使用 udhcpc 命令自动给无线网卡分配 IP 地址，命令如下所示：

```
[root@EPC - 28x ~]# udhcpc -i wlan0
udhcpc (v1.18.4) started
Sending discover...
Sending discover...
Sending select for 192.168.43.219...
Lease of 192.168.43.219 obtained, lease time 3600
deleting routers
route: SIOCDELRT: No such process
adding dns 192.168.43.1
```

由输出可知，获取到的 IP 地址是 192.168.43.219，地址租期为 3600 秒，dns 为 192.168.43.1。

4. 测　试

Ping AP 网关 IP：

```
[root@EPC-28x ~]# ping -I wlan0 192.168.43.1
PING 192.168.43.1 (192.168.43.1): 56 data bytes
64 bytes from 192.168.43.1: seq=0 ttl=64 time=19.218 ms
64 bytes from 192.168.43.1: seq=1 ttl=64 time=3.688 ms
64 bytes from 192.168.43.1: seq=2 ttl=64 time=17.188 ms
64 bytes from 192.168.43.1: seq=3 ttl=64 time=16.531 ms

--- 192.168.43.1 ping statistics ---
4 packets transmitted, 4 packets received, 0% packet loss
round-trip min/avg/max = 3.688/14.156/19.218 ms
```

第 11 章

SIM6320-PCIE 3G 模块驱动移植

【本章导读】

本章主要介绍 SIM6320-PCIE 3G 网络网卡驱动移植和 PPP 拨号上网操作过程。

11.1 驱动移植

SIM6320-PCIE 是一款 PCIE 接口的 3G 网卡，实际工作是通过 USB Serial 完成的，所以需要在内核中启用 USB Serial 功能。另外需要进行 PPP 拨号测试，所以还需要在使能内核的 PPP 功能。

SIM6320-PCIE 模块厂家提供了 Linux 下的驱动，移植中也需要将驱动源码添加到内核中。

11.1.1 添加驱动源码

厂家提供的驱动源码为 gobiserial. tar，将源码解压到内核<drivers/net>目录下：

```
vmuser@Linux - host:~ $ tar -xvf gobiserial.tar -C /kernel_path/drivers/net
```

修改 Linux 内核<drivers/net>目录下的 Makefile，在文件尾部添加“obj-y += gobiserial/”语句，保存退出。

修改 Linux 内核<drivers/net>目录下的 Kconfig，在文件合适位置添加“source "drivers/net/gobiserial/Kconfig"”语句，保存退出。

11.1.2 配置内核

在内核源码目录输入 make menuconfig 命令，启动进入内核配置界面：

```
vmuser@Linux - host:~ $ cd linux - 2.6.35.3/
vmuser@Linux - host:~/linux - 2.6.35.3 $ make menuconfig
```

选中 Device Drivers，进入 Device Driver 配置界面，选中“[*] USB support --->”，如图 11.1 所示。

```
                          Device Drivers
Arrow keys navigate the menu.  <Enter> selects submenus --->.
Highlighted letters are hotkeys.  Pressing <Y> includes, <N> excludes,
<M> modularizes features.  Press <Esc><Esc> to exit, <?> for Help, </>
for Search.  Legend: [*] built-in  [ ] excluded  <M> module  < >
    ^(-)
    [*] Voltage and Current Regulator Support  --->
    < > Multimedia support  --->
        Graphics support  --->
    <*> Sound card support  --->
    [*] HID Devices  --->
    [*] USB support  --->
    <*> MMC/SD/SDIO card support  --->
    < > Sony MemoryStick card support (EXPERIMENTAL)  --->
    [*] LED Support  --->
    [ ] Accessibility support  --->
    v(+)
              <Select>    < Exit >    < Help >
```

图 11.1　选中 USB support

按回车键进入 USB support 配置界面，选中 USB Serial Converter support，如图 11.2所示。

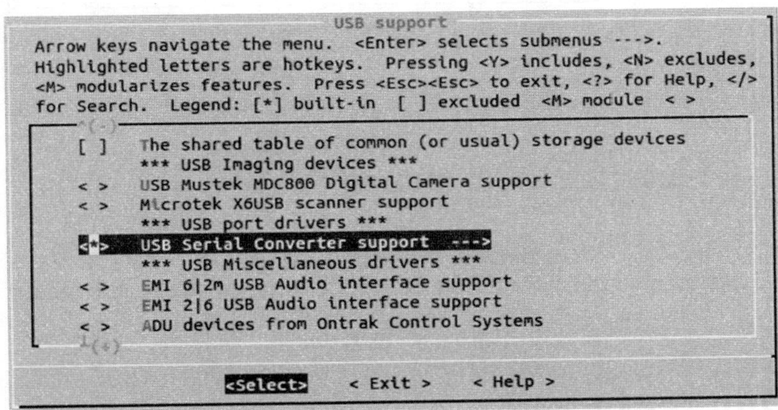

图 11.2　选中 USB Serial Converter support

再选中 SIMCOM Modem USB Serial driver，如图 11.3 所示。

退回到 Device Drivers，然后依次进入“Device Drivers→[*] Network device support”，将 PPP (point-to-point protocol) support 以及其子选项都选中，如图 11.4 所示。

保存内核配置，编译内核以及驱动模块：

```
vmuser@Linux - host:~/linux - 2.6.35.3 $  makeuImage
vmuser@Linux - host:~/linux - 2.6.35.3 $  make modules
```

将生成<arch/arm/boot/uImage>内核文件和<drivers/net/gobiserial/GobiSerial.ko>驱动文件。将内核烧写到目标板，启动系统，并将驱动模块文件复制到文件系统中。

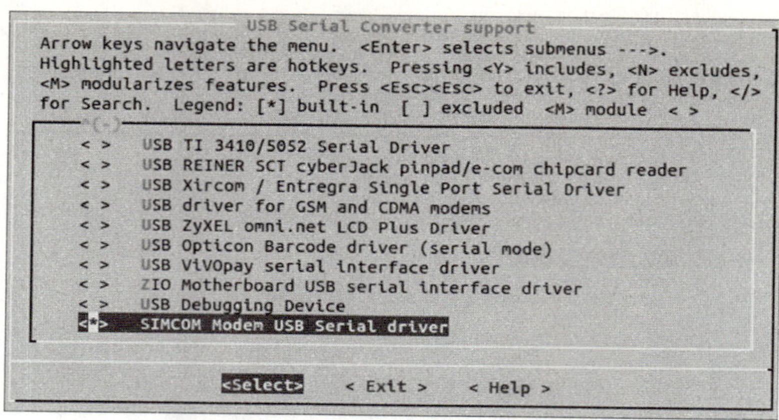

图 11.3　选中 SIMCOM Modem USB Serial driver

```
Network device support
Arrow keys navigate the menu.  <Enter> selects submenus --->.
Highlighted letters are hotkeys.  Pressing <Y> includes, <N> excludes,
<M> modularizes features.  Press <Esc><Esc> to exit, <?> for Help, </>
for Search.  Legend: [*] built-in  [ ] excluded  <M> module  < >
    ^(-)
    <*>   PPP (point-to-point protocol) support
    [*]     PPP multilink support (EXPERIMENTAL)
    [*]     PPP filtering
    <*>     PPP support for async serial ports
    <*>     PPP support for sync tty ports
    <*>     PPP Deflate compression
    <*>     PPP BSD-Compress compression
    <*>     PPP MPPE compression (encryption) (EXPERIMENTAL)
    <*>     PPP over Ethernet (EXPERIMENTAL)
    < >   SLIP (serial line) support
    v(+)
            <Select>    < Exit >    < Help >
```

图 11.4　配置 PPP

11.2　PPP 拨号上网

在 AP_287Wire 配板上插入 SIM 卡和 SIM6320-PCIE 模块，然后将 AP_287Wire 与开发板连接，并且使用 USB 连接线将 AP_287wire 配板的 USB 接口和 EasyARM-i.MX287A 开发套件的 USB HOST1 接口连接。

EasyARM-i.MX287A 开发套件上电完全启动后，等待 10 s(3G 入网检测)。待 AP_287Wire LED2 指示灯(绿色)每隔灭 800 ms 亮一次时，表示入网正常，此时方可使用。

将编译好的 SIM6320-PCIE 模块驱动(GobiSerial.ko)使用 TF 卡复制到开发板，加载动态模块驱动，结果如图 11.5 所示。参考命令：

```
root@EasyARM-iMX28x ~# insmod GobiSerial.ko
```

将 PPP 拨号脚本文件 ppp.tar.bz2 复制到 EasyARM-i.MX287A 开发套件文件系统/etc 目录下，并解压：

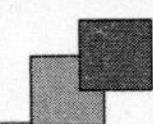

```
serial-com10 - SecureCRT
File Edit View Options Transfer Script Tools Window Help
root@EasyARM-iMX28x ~#
root@EasyARM-iMX28x ~# insmod GobiSerial.ko
USB Serial support registered for GobiSerial

Num Interfaces = 5
This Interface = 0
1num=0, inface_num=bf006508num=0, inface_num=4
Modem port found
GobiSerial 2-1:1.0: GobiSerial converter detected
usb 2-1: GobiSerial converter now attached to ttyUSB0

Num Interfaces = 5
This Interface = 1
1num=0, inface_num=bf006508num=0, inface_num=4
Modem port found
GobiSerial 2-1:1.1: GobiSerial converter detected
usb 2-1: GobiSerial converter now attached to ttyUSB1

Num Interfaces = 5
This Interface = 2
1num=0, inface_num=bf006508num=0, inface_num=4
Modem port found
GobiSerial 2-1:1.2: GobiSerial converter detected
usb 2-1: GobiSerial converter now attached to ttyUSB2

Num Interfaces = 5
This Interface = 3
1num=0, inface_num=bf006508num=0, inface_num=4
Modem port found
GobiSerial 2-1:1.3: GobiSerial converter detected
usb 2-1: GobiSerial converter now attached to ttyUSB3

Num Interfaces = 5
This Interface = 4
1num=0, inface_num=bf006508num=0, inface_num=4
Unsupported interface number
```

图 11.5　模块驱动加载

```
root@EasyARM - iMX28x /# cd /etc
root@EasyARM - iMX28x /etc# tar -xvf ppp.tar.bz2
```

进入 ppp 目录，执行 cdma.dial 脚本（注意，AP_287Wire LED2 必须要等到 800 ms 闪一次方可执行此命令）：

```
root@EasyARM - iMX28x /etc# cd ppp/
root@EasyARM - iMX28x /etc/ppp# ./cdma.dial
```

执行后，等待 10 s，查看网络设备，如图 11.6 所示。

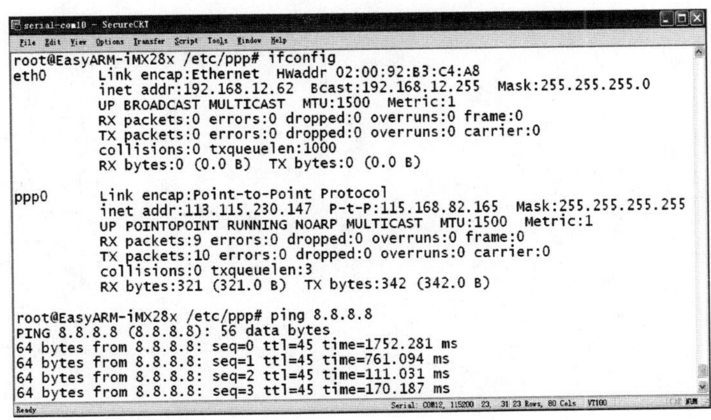

```
serial-com10 - SecureCRT
File Edit View Options Transfer Script Tools Window Help
root@EasyARM-iMX28x /etc/ppp# ifconfig
eth0      Link encap:Ethernet  HWaddr 02:00:92:B3:C4:A8
          inet addr:192.168.12.62  Bcast:192.168.12.255  Mask:255.255.255.0
          UP BROADCAST MULTICAST  MTU:1500  Metric:1
          RX packets:0 errors:0 dropped:0 overruns:0 frame:0
          TX packets:0 errors:0 dropped:0 overruns:0 carrier:0
          collisions:0 txqueuelen:1000
          RX bytes:0 (0.0 B)  TX bytes:0 (0.0 B)

ppp0      Link encap:Point-to-Point Protocol
          inet addr:113.115.230.147  P-t-P:115.168.82.165  Mask:255.255.255.255
          UP POINTOPOINT RUNNING NOARP MULTICAST  MTU:1500  Metric:1
          RX packets:9 errors:0 dropped:0 overruns:0 frame:0
          TX packets:10 errors:0 dropped:0 overruns:0 carrier:0
          collisions:0 txqueuelen:3
          RX bytes:321 (321.0 B)  TX bytes:342 (342.0 B)

root@EasyARM-iMX28x /etc/ppp# ping 8.8.8.8
PING 8.8.8.8 (8.8.8.8): 56 data bytes
64 bytes from 8.8.8.8: seq=0 ttl=45 time=1752.281 ms
64 bytes from 8.8.8.8: seq=1 ttl=45 time=761.094 ms
64 bytes from 8.8.8.8: seq=2 ttl=45 time=111.031 ms
64 bytes from 8.8.8.8: seq=3 ttl=45 time=170.187 ms
Ready    Serial: COM12, 115200  23, 31 23 Rows, 80 Cols  VT100
```

图 11.6　PPP 网络设备及网络状态图

从命令 ping 8.8.8.8 返回值说明外网已经连接。

第 2 篇　嵌入式 Linux 系统整合

本篇讲述嵌入式 Linux 系统整合，包括 Bootloader 和文件系统制作两方面内容。这部分没有深奥的理论，都是常规的实践性操作。

本篇共分 4 章，各章标题和内容概要如下：

- 第 12 章　嵌入式 Linux Bootloader，主要介绍了 U-Boot 和使用，从实用角度出发，本章没有对 U-Boot 源码进行深入分析；
- 第 13 章　嵌入式 Linux 文件系统，主要介绍了嵌入式 Linux 根文件系统的要素和类型，并介绍了使用 BusyBox 制作根文件系统的详细方法；
- 第 14 章 Buildroot，详细介绍了通过 Buildroot 定制嵌入式 Linux 根文件系统的方法；
- 第 15 章 OpenWRT，介绍了通过 OpenWRT 定制文件系统的过程。

本篇的重点是嵌入式 Linux 根文件系统，介绍的 3 种制作方法各有千秋，在实际使用中需要根据情况灵活选择。

第 12 章

嵌入式 Linux 和 Bootloader

【本章导读】

Bootloader 不是嵌入式 Linux 的一部分，但却是嵌入式 Linux 系统不可缺少的组成部分。当然也有例外，例如支持 XIP 的内核就可以不需要 Bootloader，这里暂不考虑这种情形。

Bootloader 的基本功能是引导嵌入式 Linux 运行，通常是先将 Linux 内核加载到 RAM 指定位置，设置内核启动参数，然后启动 Linux。实际应用中，Bootloader 的功能还包括固化和更新内核，甚至更新 Bootloader 本身和 Linux 文件系统等，有的 Bootloader 还有硬件测试功能。

能引导嵌入式 Linux 的 Bootloader 有很多，如 U-Boot、Vivi、Blob 等，其中以 U-Boot 应用最为广泛，本章以 U-Boot 为例进行介绍。

12.1 概 述

12.1.1 系统硬件和映像布局

Linux 是一个可裁剪的操作系统，伸缩性极强，在资源匮乏的嵌入式领域也能运行自如。嵌入式 Linux 是将标准 Linux 经过裁剪后在嵌入式系统中运行的发行版。嵌入式 Linux 功能针对性较强，往往针对于某种特殊应用，如嵌入式网关、路由器、交换机，或者分布式数据采集等。

常见的运行嵌入式 Linux 的处理器有 ARM、PowerPC、Blackfin、MIPS、M68K 系列等，其中又以 ARM 最为流行。ARM Linux 是嵌入式 Linux 的一个非常重要的分支，主页为 http://www.arm.linux.org.uk。

运行嵌入式 Linux 的一般硬件系统架构如图 12.1 所示，以处理器为中心，配备电源系统、调试串口、以太网接口、存储系统和其他功能接口。其中，调试串口和以太网接口在调试阶段通常是必不可少的，所以把它们单独列出来。

运行嵌入式 Linux 的系统，一般由引导程序、内核以及根文件系统等几部分组成，一般都存放在 Flash 闪存这样的存储介质上。各映像在存储介质上的逻辑分布如

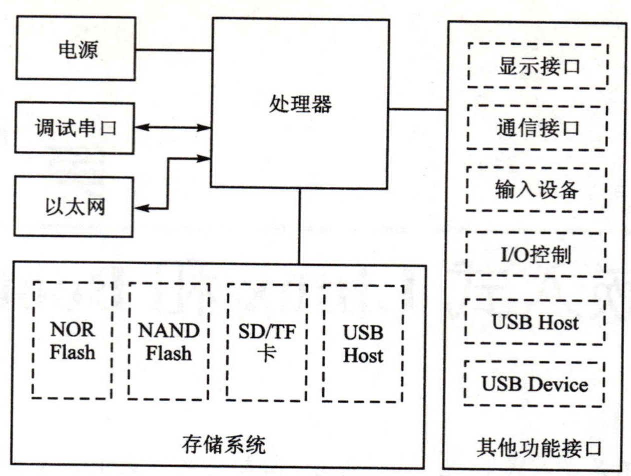

图 12.1 运行嵌入式 Linux 的硬件系统示意图

图 12.2所示。

图 12.2 嵌入式 Linux 系统映像逻辑分布

之所以称之为逻辑分布,是因为:

① 这些映像文件可能并不存在于同一个存储介质上,可以分布于多个或者多种存储介质上,这与系统设计以及系统开发阶段有关系。例如,有个系统有专门存放 Bootloader 的 NOR Flash,其他文件存放其他介质;而有的系统则只有一个 NAND Flash,有的则只有一个 SD/TF 卡,开发过程中还可以使用网络存放根文件系统。

② 这些映像文件可能并不以完全独立的文件存在,有的系统将这些功能的文件重新打包,生成一个整体映像文件。即便如此,但是从逻辑上,还是能够划分为这些功能模块。

引导程序用于加载并运行内核,可通过参数控制内核的运行;Linux 内核在启动过程中会寻找并加载根文件系统,加载成功则进入 Linux Shell,运行用户程序。如果找不到合适的根文件系统,则出现 Kernel Panic 错误并停止。

12.1.2 嵌入式 Linux Bootloader

1. Bootloader 简介

与桌面通用 Linux 一样,嵌入式 Linux 也需要一段引导代码来引导其运行,这段引导代码被称为 Bootloader。在 PC 机上,通常是主板 BIOS;而在嵌入式领域,由于处理器的多样性,Bootloader 也不尽相同,如 S3C24x0 系列处理器的 vivi、PXA2x0 系列的 Blob,都是比较有名的 Bootloader,但是这类 Bootloader 主要针对于某系列特定的处理

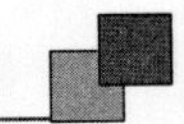

器，通用性较差。通用性强且使用方便的莫过于 U-Boot 了。

Bootloader 一般存放于能上电自引导的 NOR Flash，对于有 NAND Flash 控制器的处理器，一般也能从 NAND Flash 引导运行，也可以将 U-Boot 放在 NAND Flash 中。

2. Bootloader 的功能

嵌入式 Linux Bootloader 的基本功能是引导和下载，也可以说嵌入式 Linux Bootloader 的两种运行模式分别是系统引导模式和程序下载模式。

在引导模式下，Bootloader 根据设定的参数直接引导操作系统启动。引导操作系统启动时，Bootloader 最基本的核心功能。

在程序下载模式下，Bootloader 能够完成内核、根文件系统的固化和更新，甚至实现 Bootloader 的自我更新。至于通过何种方式来完成文件下载和固化，则与处理器以及 Bootloader 的具体实现相关，没有统一的标准，可以通过串口下载，也可以通过以太网下载，甚至可以通过 USB 接口或者 SD 等接口完成这些功能。

扩展功能，如硬件检测，文件系统支持和文件浏览等，这些是 Bootloader 的附加功能。但是在很多情况下，这些扩展功能往往能在开发过程中发挥巨大作用，特别是在产品开发初期的硬件调试阶段，硬件检测功能往往能带来非常大的便利。对于一个完善易用的 Bootloader，这些功能也是必要的。

12.1.3 U-Boot 介绍

U-Boot 全称 Universal Boot Loader，是德国 DENX 软件工程中心 Wolfgang Denk 工程师维护的一个遵循 GPL 条款的开放源码项目，从 FADSROM、8xxROM、PPC-BOOT 逐步发展演化而来。U-Boot 既能支持多种处理器，包括 PowerPC 系列的处理器、MIPS、X86、ARM、NIOS、XScale 等，还能引导 Linux、BSD、Solaris、VxWorks、LynxOS、pSOS、QNX、RTEMS、ARTOS 等众多操作系统。

U-Boot 的源码目录与 Linux 类似，甚至于编译方式也与 Linux 内核相似。U-Boot 的源码很多都是 Linux 内核源码的简化，特别是驱动部分的源码。

1. U-Boot 的特点

U-Boot 的一些特性：

- 开放源码，自由使用；
- 支持多种嵌入式操作系统内核，如 Linux、NetBSD、VxWorks、QNX、RTEMS 等；
- 支持多个处理器系列，如 PowerPC、ARM、x86、MIPS、XScale；
- 可靠性和稳定性都较好；
- 支持命令行，有自己的 Shell；
- 配置灵活，使用方便；
- 支持外设丰富，如串口、以太网、SDRAM、Flash、LCD、NVRAM、EEPROM、

RTC、键盘等;

➢ 文档较多,网络技术支持方便。

2. U-Boot 的功能

U-Boot 是一个通用性强、使用方便的 Bootloader,除了嵌入式 Bootloader 的基本功能之外,还有很多非常实用的功能,这些功能包括:

➢ 系统引导;

➢ 支持 NFS 挂载、RAMDISK(压缩或非压缩)形式的根文件系统;

➢ 支持 NFS 挂载、从 Flash 中引导压缩或非压缩系统内核;

➢ 操作系统接口功能强大:可灵活设置、传递多个关键参数给操作系统,适合系统在不同开发阶段的调试要求与产品发布;

➢ CRC32 校验,可校验 Flash 中内核、RAMDISK 镜像文件是否完好;

➢ 提供各种外设的驱动,如串口、Flash、以太网、LCD、EEPROM、键盘、USB、PCMCIA、RTC 等;

➢ 上电自检能:可自动检测 SDRAM、Flash 大小,也能检测外设故障;

➢ 特殊功能:还可支持 XIP 内核引导。

12.2 U-Boot 使用

12.2.1 U-Boot 常用命令

1. 进入命令

U-Boot 自带命令行接口,在 U-Boot 启动期间,按空格可进入 U-Boot Shell 命令行,在 Shell 界面可输入 U-Boot 支持的命令,使用 U-Boot 提供的各种功能:

```
U-Boot 2009.08-dirty ( 5 月 18 2015 - 10:22:36)
Freescale i.MX28 family
CPU:   454 MHz
BUS:   151 MHz
EMI:   205 MHz
GPMI:   24 MHz
DRAM:  128 MB
NAND:  proton id:  c2 f1 80 1d c2 f1
mfr_id: c2
nand_device_info_fn_mx called.
nand slc
Manufacturer        : Unknown (0xc2)
Device Code         : 0xf1
Cell Technology     : SLC
```

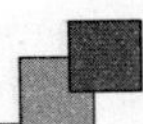

```
Chip Size           : 128 MiB
Pages per Block     : 64
Page Geometry       : 2048 + 64
ECC Strength        : 4 bits
ECC Size            : 512 B
Data Setup Time     : 20 ns
Data Hold Time      : 10 ns
Address Setup Time: 20 ns
GPMI Sample Delay : 6 ns
tREA                : Unknown
tRLOH               : Unknown
tRHOH               : Unknown
Description         : MX30LF1G08
128 MiB
MMC:   IMX_SSP_MMC: 0, IMX_SSP_MMC: 1
using default environment
In:     serial
Out:    serial
Err:    serial
Net:    fec_get_mac_addr
FEC0
Hit any key to stop autoboot::    0
MX28 U - Boot >
```

2. 查看命令列表

在 MX28 U-Boot >提示符下，输入？或者 help 可以查看 U-Boot 支持的全部命令以及介绍。一个具体的 U-Boot 支持命令的多少由编译时候的配置决定。事实上，由于硬件差异，一个 U-Boot 不可能同时使用 U-Boot 支持的全部命令。各命令的功能如下：

```
MX28 U - Boot >?
?          - alias for 'help'
base       - print or set address offset
bdinfo     - print Board Info structure
bootm      - boot application image from memory
bootp      - boot image via network using BOOTP/TFTP protocol
chpart     - change active partition
cmp        - memory compare
cp         - memory copy
crc32      - checksum calculation
dhcp       - boot image via network using DHCP/TFTP protocol
echo       - echo args to console
```

```
go          - start application at address 'addr'
help        - print command description/usage
i2c         - I2C sub - system
loadb       - load binary file over serial line (kermit mode)
loads       - load S - Record file over serial line
loady       - load binary file over serial line (ymodem mode)
loop        - infinite loop on address range
md          - memory display
mm          - memory modify (auto - incrementing address)
mtdparts    - define flash/nand partitions
mtest       - simple RAM read/write test
mw          - memory write (fill)
nand        - NAND sub - system
nboot       - boot from NAND device
nm          - memory modify (constant address)
ping        - send ICMP ECHO_REQUEST to network host
printenv    - print environment variables
rarpboot    - boot image via network using RARP/TFTP protocol
reset       - Perform RESET of the CPU
run         - run commands in an environment variable
saveenv     - save environment variables to persistent storage
saves       - save S - Record file over serial line
setenv      - set environment variables
tftpboot    - boot image via network using TFTP protocol
ubi         - ubi commands
ubifsload   - load file from an UBIFS filesystem
ubifsls     - list files in a directory
ubifsmount  - mount UBIFS volume
version     - print monitor version
```

输入“? 命令”或者“help 命令”能够获取相应命令的使用方法。

3. 命令子类

U-Boot 命令中，有一些命令归类在某一个子类中，如 I^2C、NAND Flash、UBI 等，直接输入命令类名称，将会显示该类下面的子命令及使用说明，这类命令的使用方法是“类+子命令”。以 ubi 子系统为例，输入 ubi 将会得到：

```
MX28 U - Boot >ubi
ubi - ubi commands

Usage:
ubi part [part] [offset]
   - Show or set current partition (with optional VID header offset)
ubi info [l[ayout]] - Display volume and ubi layout information
```

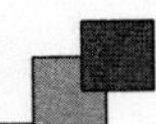

```
ubi create[vol] volume [size] [type] - create volume name with size
ubi write[vol] address volume size - Write volume from address with size
ubi read[vol] address volume [size] - Read volume to address with size
ubi remove[vol] volume - Remove volume
[Legends]
volume: character name
size: specified in bytes
type: s[tatic] or d[ynamic] (default = dynamic)
```

4. 启动命令

bootm 命令可以执行内存中的执行的二进代码，而这些二进代码是有特定的格式，通常为 mkimage 命令处理过的文件。bootm 命令的格式为：

```
MX28 U - Boot>bootm [loadaddr]
```

其中，loadaddr 参数为二进代码在内存的起始地址，但该地址等于 $(loadaddr)的值，可以不需要该参数。

U-Boot 常用 bootm 命令启动 uImage 内核固件。使用 bootm 启动内核固件之前，需要先把内核固件加载到内存。假如 NAND Flash 的 kernel 分区保存有内核固件，大小为 3 MB，那么启动内核固件的命令为：

```
MX28 U - Boot>mtdparts default
MX28 U - Boot>nand read MYM(loadaddr) kernel 0x300000
NAND read: device 0 offset 0x200000, size 0x300000
 3145728 bytes read: OK
MX28 U - Boot >bootm
# # Booting kernel from Legacy Image at 41600000 ...
  Image Name:    Linux - 2.6.35.3 - 571 - gcca29a0 - gc12
……省略……
```

12.2.2 环境变量

1. 查看环境变量

U-Boot 支持环境变量。使用 printenv 命令即可查看 U-Boot 的所有环境变量：

```
MX28 U - Boot >printenv
bootcmd = run nand_boot
bootdelay = 0
baudrate = 115200
ipaddr = 192.168.1.87
netmask = 255.255.255.0
bootfile = "uImage"
loadaddr = 0x41600000
```

```
……省略……
serverip = 192.168.1.94
mem = 64M
stdin = serial
stdout = serial
stderr = serial
ver = U - Boot 2009.08 ( 3 月 11 2015 - 18:40:57)

Environment size: 1656/131068 bytes
```

当要查看具体哪个环境变量的值时，只需要在 printenv 命令加上环境变量名参数即可。例如，若要查看 serverip 环境变量的值，方法如下：

```
MX28 U - Boot >printenv serverip
serverip = 192.168.1.94
```

2. 环境变量的使用

环境变量的作用是字符串替换。若已经定义了 serverip 环境变量，那么引用该环境的方法为：

```
$ (serverip)
```

例如，若要在 U-Boot 下探测网络上是否有 192.168.1.94 的 IP 时，可以使用如下命令：

```
MX28 U - Boot > ping 192.168.1.94
```

若设置了 serverip 环境变量的值为 192.168.1.94，那么 ping 命令可改成：

```
MX28 U - Boot > ping $(serverip)
```

3. 设置环境变量

使用 setenv 命令可以设置环境变量。setenv 命令的格式如下：

```
MX28 U - Boot >setenv 环境变量名 环境变量值
```

当使用 setenv 命令时，若环境变量名不存在，则该命令会添加这个新的环境变量；若环境变量已经存在，则该命令修改环境变量的值。

例如，设置 serverip 环境变量的值为 192.168.1.94 的方法为：

```
MX28 U - Boot >setenv serverip 192.168.1.94
```

注意，setenv 命令设置的环境变量仅保存在内存中；当 U-Boot 重新启动时，设置内容将丢失。若需要保存所设置的环境变量，则可使用 saveenv 命令：

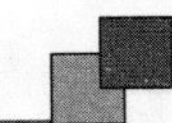

```
MX28 U - Boot >saveenv
Saving Environment to NAND...
Erasing Nand...
NAND Erasing at 0x0000000000100000  --  100 % complete.
Writing to Nand... done
```

saveenv 命令会把所有的环境变量都一起保存在非易失性储存器中。

4. 特殊环境变量

U-Boot 有一些特殊的环境在使用中经常用到，如表 12.1 所列。

表 12.1　特殊环境变量

环境变量	说　明
bootdelay	U-Boot 启动后会等待延迟若干秒，等待用户按键进入 U-Boot 的命令行。等待的秒数则由 bootdelay 环境变量设定
bootcmd	U-Boot 启动后，若没有进入命令行，则自动执行 bootcmd 环境变量保存的命令组合，以启动内核
bootargs	该环境变量保存了内核启动时，则传递内核的启动参数

12.2.3　使用网络

1. 设置网络参数

U-Boot 提供了 ipaddr 环境变量来保存本地 IP(U-Boot 不支持多个网卡，如果有多个网卡也只用一个)，提供了 serverip 环境变量来保存服务器 IP。

例如，把本地 IP 和服务器 IP 分别设置为 192.168.1.89、192.168.1.94 的命令为：

```
MX28 U - Boot > setenv ipaddr 192.168.1.89
MX28 U - Boot > setenv serverip 192.168.1.94
```

2. ping 命令

U-Boot 提供了 ping 命令来探测网络是否畅通或者网络上是否有指定 IP 的主机。ping 命令的用法示例如下：

```
MX28 U - Boot > ping 192.168.1.94
host 192.168.1.94 is alive
```

若 ping 命令打印“host xxx. xxx. xxx. xxx is alive”信息，表示本地设备和目的主机之间网络畅通；否则，ping 命令将打印“ping failed; host xxx. xxx. xxx. xxx is not alive”。

3. 通过 tftp 下载文件

使用 tftp 命令可以把 tftp 服务器的文件下载到内存的指定位置。该命令的格式为：

```
MX28 U-Boot > tftp loadAddress  xxx.xxx.xxx:filename
```

其中,loadAddress 表示要下载到内存的地址,xxx.xxx.xxx 表示 tftp 服务器的 IP 地址,filename 表示要从 tftp 服务器下载文件的名字。

例如,当需要从 IP 为 192.168.1.94 的 tftp 服务器下载 uImage 文件到本地内存的 0x4160000 地址时,那么 tftp 的命令为:

```
MX28 U-Boot > tftp 0x4160000 192.168.1.94:uImage
Using FEC0 device
TFTP from server 192.168.1.94; our IP address is 192.168.1.89
Filename 'uImage'.
Load address: 0x4160000
Loading: T #################################################################
         #################################################################
         ##############################################################
done
Bytes transferred = 2627780 (2818c4 hex)
```

当 tftp 正在下载数据包时,会打印"#"符号;当打印"T"符号时,表示网络出现停顿。

12.2.4 NAND Flash 操作

1. NAND Flash 分区

U-Boot 也像内核一样把 NAND Flash 分为若干个分区,以便于管理操作。NAND Flash 分区操作命令为 mtdpart。

mtdpart 命令的 default 选项用于从默认分区表(在 U-Boot 源码中设定的)中初始化分区表:

```
MX28 U-Boot >mtdpart default
```

单独调用 mtdpart 命令而不加选项参数可以查看分区表,例如:

```
MX28 U-Boot > mtdpart
device nand0 <nandflash0>, # parts = 7
 #: name                size            offset          mask_flags
 0: bootloder           0x00c00000      0x00000000      0
 1: reserve             0x00080000      0x00c00000      0
 2: reserve             0x00080000      0x00c80000      0
 3: bmp                 0x00200000      0x00d00000      0
 4: reserve             0x00080000      0x00f00000      0
 5: rootfs              0x04000000      0x00f80000      0
 6: opt                 0x03080000      0x04f80000      0
```

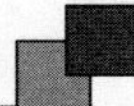

```
active partition: nand0,0 - (bootloder) 0x00c00000 @ 0x00000000

defaults:
mtdids  : nand0 = nandflash0
mtdparts:
mtdparts = nandflash0:12m(bootloder),512k(reserve),512k(reserve),2m(bmp),512k(re-
serve),64m(rootfs),-(opt)
```

mtdparts 命令会列出所有分区的详细信息,包含各分区的名称、起始地址和分区长度。

注意:使用过程中,若用到 NAND Flash 的分区,则一定要先初始化分区表。

2. NAND Flash 擦除操作

NAND Flash 的擦除操作命令格式为:

```
MX28 U-Boot >nand erase  part
```

或

```
MX28 U-Boot >nand erase offset  size
```

NAND 命令擦除的对象可以是 NAND Flash 的分区或一片地址空间(其中,offset 参数为 NAND Flash 要擦除的起始地址,size 为要擦除的长度)。

假如,NAND Flash 中有 kernel 分区,那么擦除该分区的命令为:

```
MX28 U-Boot > nand erase kernel
NAND erase: device 0 offset 0x200000, size 0x1200000
Skipping bad block at  0x0000000000b60000
NAND Erasing at 0x00000000013e0000  --  100% complete.
OK!
```

若这个 kernel 分区的地址空间为 0x200000～0x500000(长度为 3M),那么擦除命令可以改为:

```
MX28 U-Boot >nand erase 0x200000 0x300000
```

NAND Flash 在执行擦除操作时以擦除块为单位(64 KB 或 128 KB)。使用该命令擦除 NAND Flash 的过程中,若遇到坏的擦除块,则跳过坏的擦除块而进入一个擦除块进行擦除。

3. NAND Flash 写入操作

NAND 命令的 write 选项可以把内存中指定地址的数据连续写入 NAND Flash 的指定地址中。该命令格式为:

```
U-Boot $ nand write loadaddr part/offset_addr size
```

在该命令中,第一个参数 loadaddr 为内存的起始地址;每二个参数可以是 part 或 offset_addr,part 是写入 NAND Flash 分区名字,offset_addr 是要写入 NAND Flash 的起始地址;第三个参数为 size,表示写入数据的长度。

假如,某固件文件的长度为 3 MB,保存在内存 0x41600000～0x41600000＋3 MB 的地址空间。那么把该固件写入到 NAND Flash 的 kernel 分区的命令为:

```
MX28 U-Boot > nand write 0x41600000 kernel 0x300000
NAND write: device 0 offset 0x200000, size 0x300000
 3145728 bytes written: OK
```

若 kernel 分区的起始地址为 0x200000,那么命令可以改为:

```
MX28 U-Boot > nand write 0x41600000   0x200000 0x300000
NAND write: device 0 offset 0x200000, size 0x300000
3145728 bytes written: OK
```

NAND write 命令把数据写入一个擦除块前,会检查这个擦除块是否坏块。如果该擦除块是坏块,则跳过这个擦除块,从下一个擦除块继续写入数据。

4. NAND Flash 读取操作

NAND 命令的 read 选项可以把 NAND Flash 指定位置的数据读取到内存的指定位置中。该命令格式为:

```
MX28 U-Boot >nand read loadaddr  part/offset_addr  size
```

在该命令中,第一个参数 loadaddr 为内存的起始地址;每 2 个参数可以 part 或 offset_addr,part 是读取 NAND Flash 分区名字,offset_addr 是要读取 NAND Flash 的起始地址;第三个参数为 size,表读取数据的长度。

假如,某固件文件的长度为 3 MB,保存在 NAND Flash 的 kernel 分区,那么把该固件复制内存的 0x41600000 地址的命令为:

```
MX28 U-Boot > nand read 0x41600000 kernel 0x300000
NAND read: device 0 offset 0x200000, size 0x300000
3145728 bytes read: OK
```

若 kernel 分区的起始地址为 0x200000,那么命令可以改为:

```
MX28 U-Boot > nand read 0x41600000 0x200000 0x300000
NAND read: device 0 offset 0x200000, size 0x300000
3145728 bytes read: OK
```

当 NAND read 命令从一个擦除块读取数据之前,会检查这个擦除块是否坏块。如果该擦除块是坏块,则跳过这个擦除块,从下一个擦除块继续读取数据。

5. NAND Flash 格式化操作

NAND 命令加 scrub 选项可以格式化整片 NAND Flash:

```
MX28 U - Boot >nand scrub

NAND scrub: device 0 whole chip
Warning: scrub option will erase all factory set bad blocks!
         There is no reliable way to recover them.
         Use this command only for testing purposes.
NAND Erasing at 0x0000000000a20000 --    8 % complete.
nand0: MTD Erase failure: - 5 at:0x0000000000b60000
NAND Erasing at 0x0000000007fe0000 -- 100 % complete.
nand_write_oob: to = 0x00b60040, len = 2
Chip: 0 DMA Buf: 0x40c08048 Length: 1
status:0
OK!
nand scrub done.
```

NAND scrub 命令会擦除 NAND Flash 上所有信息，包括厂商标记坏块信息，因此该命令要慎重！

12.2.5 组合命令

U-Boot 支持任意变量以及赋值。如果为变量赋值为一串命令的组合，则可称之为“组合命令”。执行这类命令的方法是“run+组合命令”。组合命令都是自定义的，没有统一标准，在 U-Boot 命令提示符下输入 printenv 命令，可查看该移植版 U-Boot 是否有组合命令以及组合命令的实际内容。使用者也可以任意设置自己的组合命令。

假定预设一条组合命令 upkernel 用于更新内核，其内容如下：

```
upkernel = tftp $(loadaddr) $(bootfile);nand erase clean $(kerneladdr) $(filesize);
nand write.jffs2 $(loadaddr)
 $(kerneladdr) $(filesize);setenv kernelsize $(filesize); saveenv
```

实际需要更新内核的时候，在其他环境满足的情况下，只须输入“run upkernel”就可以了。

12.3 U-Boot 源码介绍

12.3.1 U-Boot 目录简介

U-Boot 源代码结构清晰，按照 CPU 以及开发板进行安排。进入 U-Boot 源码目录，可以看到如图 12.3 的目录。在该目录中，重要的子目录说明如表 12.2 所列。

```
abc.txt                         doc             lib_microblaze  nand_spl
api                             drivers         lib_mips        net
board                           examples        lib_nios        onenand_ipl
build-uboot                     fs              lib_nios2       post
CHANGELOG                       include         lib_ppc         README
CHANGELOG-before-U-Boot-1.1.5   lib_arm         lib_sh          rules.mk
common                          lib_avr32       lib_sparc       sbtool
config.mk                       lib_blackfin    MAINTAINERS     tags
COPYING                         libfdt          MAKEALL         tools
cpu                             lib_generic     Makefile
CREDITS                         lib_i386        mkconfig
disk                            lib_m68k        mkuboot.sh
```

图 12.3　U-Boot 根目录内容

表 12.2　U-Boot 重要目录说明

目　录	说　明
board	存放了 U-Boot 支持的开发板的相关代码，目前支持几十个不同体系架构的开发板，如 evb4510、pxa255_idp、omap2420h4 等
common	U-Boot 命令实现代码目录
cpu	包含了不同处理器相关的代码，按照不同的处理器进行分类，如 arm920t、arm926ejs、i386、nios2 等
drivers	U-Boot 支持外设的驱动程序。按照不同类型驱动进行分类，如 spi、mtd、net 等
fs	U-Boot 支持的文件系统的代码。目前 U-Boot 支持 cramfs、ext2、fat、fdos、jffs2、reiserfs
include	U-Boot 头文件目录，里面还包含各种不同处理器的相关头文件等，以 asm-体系架构这样的目录出现。另外，不同开发板的配置文件也在这个目录下：include/configs/开发板.h
lib_xxx	不同体系架构的一些库文件目录
net	U-Boot 所支持网络协议相关代码，如 bootp、nfs 等
tools	U-Boot 工具源代码目录。其中的一些小工具(如 mkimage)就非常实用

12.3.2　U-Boot 的启动简介

U-Boot 的启动可以分为第一个阶段和第二个阶段。第一阶段的代码主要用汇编语言写成，主要工作是初始化部分硬件(初始化内存、调试串口等)、搬移代码(从非易失储存器卡中把 U-Boot 复制到 SDRAM)、准备 C 代码的执行环境；第二阶段代码主要用 C 语言写成，主要任务是初始化硬件、环境变量、部份驱动等，最后进入命令提示符。

下面对 U-Boot 的这两个启动阶段分别介绍：

1. 第一阶段

对于所有的处理器来说，U-Boot 的最初启动代码都在 cpu 目录下。i.MX28 系列处理器使用了 ARM926EJ-S 内核，所以其最初始启动代码在 cpu/arm926ejs/目录下。该目录下有 start.S 文件。start.S 文件的代码是用汇编代码写成的。所有使用 ARM926EJ-S 内核的处理器都是由该文件代码启动的。

start.S 文件的执行流程如图 12.4 所示。start.S 首先要初始化部分硬件，主要是要初始化 RAM，为下一步“复制第二阶段的代码到 RAM”做好准备。

U-Boot 第二阶段的代码必须要在 RAM 中执行，所以在第一阶段必须要把第二阶段的代码复制到 RAM 中。对不同的开发板而言，U-Boot 有各种不同的安装方式：有时安装在 NOR Flash、有的安装在 NAND Flash、有的安装在 SD/TF 卡等。为方便起见，这里只考虑 U-Boot 安装在 NOR Flash 和 NAND Flash 的情况。

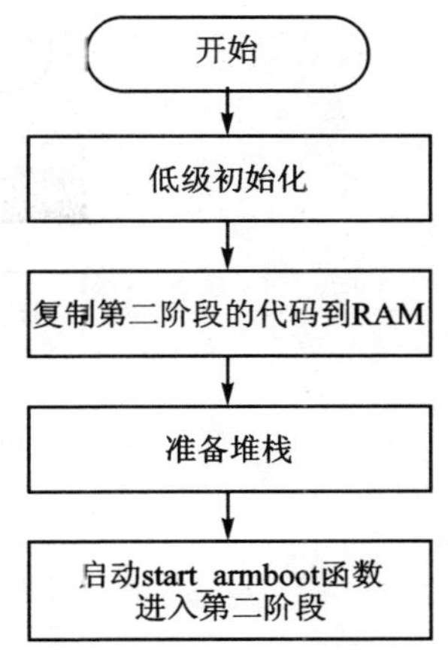

图 12.4　第一阶段的执行流程

(1) U-Boot 安装在 Nor Flash

早期的 ARM 低端处理器大多只能从 0 地址启动。而 NOR Flash 支持直接的地址随机读取，所以 NOR Flash 的内部存储器的首地址安排为 0 地址，同时 U-Boot也在 NOR Flash 的 0 地址开始安装。

当处理器上电复位后，就在 NOR Flash 的 0 地址执行 U-Boot 的第一阶段代码。在该段代码中，需要以__armboot_boot 地址（start_armboot()函数的起始地址）为起始，以 U-Boot 固件大小为长度，把 NOR Flash 上 U-Boot第二阶段的代码复制到 RAM 的指定地址。

(2) U-Boot 安装在 NAND Flash

由于 NAND Flash 容量大、价钱便宜，现在越来越多的 ARM 高端处理器支持从 NAND Flash 启动，这为 U-Boot 安装在 NAND Flash 提供了可能。

如果 U-Boot 安装在 NAND Flash 的首地址，并且处理器设置为 NAND Flash 方式启动(处理器的指定引脚输入高/低电平)，那么当处理器上电复位后，将在 NAND Flash 的首地址把 U-Boot 前面的一段代码(大小一般为 4 KB)复制到 RAM 的指定地址，然后执行这段代码。U-Boot 的第一阶段代码因此被执行。在该段代码中会初始化 NAND Flash 控制器，然后把整个 U-Boot 代码(自然包含了第二阶段代码)复制到 RAM 的指定地址。

2. 第二阶段

第一阶段启动完成后，就会启动 start_armboot()函数，进入第二阶段的启动。start_armboot()函数实现在 lib_arm/board.c 文件。start_armboot()函数的执行流程如图 12.5 所示。

U-Boot 的环境变量可以保存在 NOR Flash、NAND Flash、TF/SD、EEPROM 等设备中。U-Boot 启动时会根据预先的设定在指定设备的指定位置读取环境变量。如果环境变量不存在，则 U-Boot 使用默认的环境。

U-Boot 的 start_armboot()函数在最后会执行 main_loop()函数。在 main_loop()函数中，会根据用户的响应而决定进入 U-Boot 命令行终端或根据 bootcmd 环境变量启动内核。

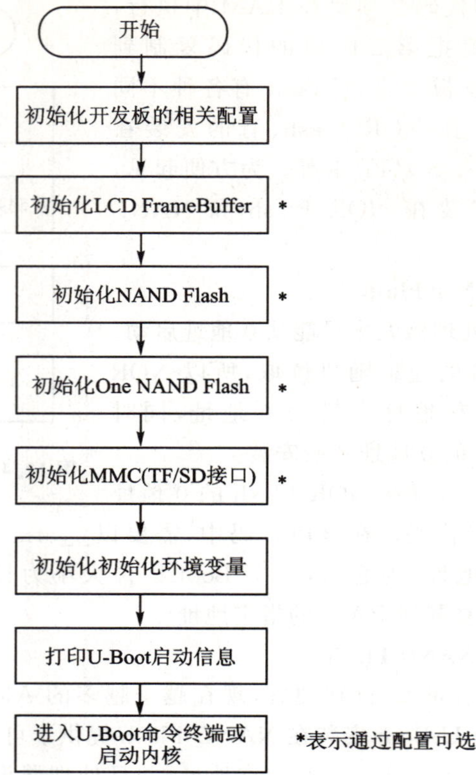

图 12.5　start_armboot( )函数的执行流程

12.3.3　U-Boot 的驱动

U-Boot 使用了多种设备，每种设备都有相应的驱动程序支持。U-Boot 的驱动程序代码在 drivers 目录下，该目录下的内容如图 12.6 所示。drivers 目录下的每个子目录都是包含一种类型设备的驱动代码。

```
bios_emulator  fastboot  hwmon  misc  net     power  serial    usb
block          fpga      i2c    mmc   pci     qe     spi       video
dma            gpio      input  mtd   pcmcia  rtc    twserial  watchdog
```

图 12.6　U-Boot 支持的设备驱动

U-Boot 的驱动代码力求简洁、够用，但部分驱动程序是从 Linux 移植过来的，如 MTD 驱动。

12.3.4　U-Boot 的命令

U-Boot 的命令实现大多在 common 目录下，该目录下命令的代码文件都是以“cmd_”开头的，如图 12.7 所示。每一个文件都是一个命令实现的代码文件，而且文件名和命令名称是相关的，如 cmd_nand.c 是实现 nand 命令的文件。

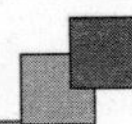

```
cmd_ambapp.c              cmd_ext2.c        cmd_mfsl.c        cmd_reginfo.c
cmd_bdinfo.c              cmd_fastboot.c    cmd_mgdisk.c      cmd_reiser.c
cmd_bdinfo.o              cmd_fat.c         cmd_mii.c         cmd_sata.c
cmd_bedbug.c              cmd_fat.o         cmd_mii.o         cmd_scsi.c
cmd_bmp.c                 cmd_fdc.c         cmd_misc.c        cmd_setexpr.c
cmd_boot.c                cmd_fdos.c        cmd_misc.o        cmd_sf.c
cmd_bootldr.c             cmd_fdt.c         cmd_mmc.c         cmd_source.c
cmd_bootm.c               cmd_flash.c       cmd_mmc.o         cmd_source.o
cmd_bootm.o               cmd_fpga.c        cmd_mp.c          cmd_spibootldr
cmd_boot.o                cmd_i2c.c         cmd_mtdparts.c    cmd_spi.c
cmd_cache.c               cmd_ide.c         cmd_mtdparts.o    cmd_strings.c
cmd_clk.c                 cmd_iim.c         cmd_nand.c        cmd_terminal.c
cmd_console.c             cmd_immap.c       cmd_nand.o        cmd_tsi148.c
cmd_console.o             cmd_irq.c         cmd_net.c         cmd_ubi.c
cmd_cplbinfo.c            cmd_itest.c       cmd_net.o         cmd_ubifs.c
cmd_dataflash_mmc_mux.c   cmd_itest.o       cmd_nvedit.c      cmd_ubifs.o
cmd_date.c                cmd_jffs2.c       cmd_nvedit.o      cmd_ubi.o
cmd_dcr.c                 cmd_license.c     cmd_onenand.c     cmd_universe.c
cmd_df.c                  cmd_load.c        cmd_otp.c         cmd_usb.c
cmd_diag.c                cmd_load.o        cmd_pata.c        cmd_vfd.c
cmd_display.c             cmd_log.c         cmd_pci.c         cmd_ximg.c
cmd_dtt.c                 cmd_mac.c         cmd_pcmcia.c      cmd_ximg.o
cmd_eeprom.c              cmd_mem.c         cmd_pcmcia.o      cmd_yaffs2.c
cmd_elf.c                 cmd_mem.o         cmd_portio.c
```

图 12.7　common 目录下的命令代码文件

U-Boot 的每个命令都是用一个 cmd_tbl_s 类型的结构体描述的，该结构体的定义如程序清单 12.1 所示。

程序清单 12.1　cmd_tbl_s 结构的定义

```
struct cmd_tbl_s {
    char        *name;          /* Command Name                   */
    int         maxargs;        /* maximum number of arguments    */
    int         repeatable;     /* autorepeat allowed?            */
    int         (*cmd)(struct cmd_tbl_s *, int, int, char *[]);
                /* Implementation function                        */
    char        *usage;         /* Usage message  (short)         */
};
```

下面介绍 cmd_tbl_s 结构的部分成员：

name 成员为命令的名称。用户在 U-Boot shell 输入命令名称后，U-Boot 是通过该名称找到实现命令的 cmd_tbl_s 结构的。

maxargs 成员为命令的最大参数个数。

cmd 成员为实现命令的函数。

usage 成员为命令使用的帮助信息。

实现每个命令的 cmd_tbl_s 结构都静态编译到 U-Boot 固件的“.u_boot_cmd”数据段，从而形成数组，该数组的首元素指针为__u_boot_cmd_start。

12.3.5　U-Boot 的平台相关代码

U-Boot 的源码树里，与开发板相关的代码都在 board 目录下，如图 12.8 所示。在该目录里,大部分的子目录都是包含一款开发板的支持代码。当然,也有部分处理器是同一厂商的开发板安排在同一子目录,例如 freescales 目录下包含了飞思卡尔处理器的各种开发板的支持代码,如图 12.9 所示。

```
a3000          cpu87        idmr             mx1ads         sandpoint
actux1         cradle       ids8247          mx1fs2         sbc2410x
actux2         cray         impa7            nc650          sbc405
actux3         csb226       imx31_litekit    netphone       sbc8240
actux4         csb272       imx31_phycore    netstal        sbc8260
adder          csb472       incaip           netstar        sbc8349
afeb9260       csb637       inka4x0          netta          sbc8548
alaska         cu824        innokom          netta2         sbc8560
altera         dave         ip860            netvia         sbc8641d
amcc           davedenx     iphase4539       ns9750dev      sc3
amirix         davinci      ispan            nx823          sc520_cdp
apollon        dbau1x00     ivm              o2dnt          sc520_spunk
armadillo      delta        ixdp425          omap1510inn    scb9328
armltd         digsy_mtc    jse              omap1610inn    shannon
assabet        dnp1110      jupiter          omap2420h4     sheldon
atc            earthlcd     kb9202           omap3          siemens
AtmarkTechno   eltec        keymile          omap5912osk    sixnet
atmel          emk          korat            omap730p2      sl8245
atum8548       eNET         kup              oxc            snmc
avnet          ep7312       lantec           pb1x00         socrates
barco          ep8248       lart             pcippc2        sorcery
bc3450         ep8260       LEOX             pcs440ep       spc1920
bf518f-ezbrd   ep82xxm      linkstation      phytec         spd8xx
bf526-ezbrd    ep88x        logodl           pleb2          ssv
bf527-ezkit    eric         lpc2292sodimm    pm520          st
bf533-ezkit    esd          lpd7a40x         pm826          stxgp3
bf533-stamp    espt         lubbock          pm828          stxssa
```

图 12.8 board 目录的部分内容

```
common       m5329evb      mpc8323erdb   mpc8548cds    mx31ads
m5208evbe    m5373evb      mpc832xemds   mpc8555cds    mx31pdk
m52277evb    m54451evb     mpc8349emds   mpc8560ads    mx35_3stack
m5235evb     m54455evb     mpc8349itx    mpc8568mds    mx50_rdp
m5249evb     m547xevb      mpc8360emds   mpc8569mds    mx51_3stack
m5253demo    m548xevb      mpc8360erdk   mpc8572ds     mx51_bbg
m5253evbe    mpc5121ads    mpc837xemds   mpc8610hpcd   mx53_rd
m5271evb     mpc7448hpc2   mpc837xerdb   mpc8641hpcn   p2020ds
m5272c3      mpc8260ads    mpc8536ds     mx23_evk
m5275evb     mpc8266ads    mpc8540ads    mx25_3stack
m5282evb     mpc8313erdb   mpc8541cds    mx28_evk
m53017evb    mpc8315erdb   mpc8544ds     mx31_3stack
```

图 12.9 freescales 目录下的内容

其中,mx28_evk 目录存放 EPC-28x 的支持代码。进入 mx28_evk 目录可以看到有两个代码文件:lowlevel_init. S 和 mx28_evk. c。大多数开发板支持代码文件的目录都有 lowlevel_init. S 文件。该文件用汇编代码写成,主要用于 U-Boot 启动的第一阶段时,初始化部分硬件的操作。mx28_evk. c 文件主要作用是初始化 i. MX28x 处理器的 GPIO,以及实现对开发板上部分功能部件的复位操作(如网卡 PHY 芯片的复位)。

12.3.6　U-Boot 的配置文件

U-Boot 并不像 Linux 内核源码一样可以通过 make menuconfig 实现可视化的配置界面。所有开发板的配置文件都在<include/configs/>目录下,其中该目录下的 mx28_evk.h 文件就是 EPC-28x 的配置文件。针对各开发板的配置工作只能在各自的配置文件中直接修改。

在配置文件中,所有配置选项都是以"config_"开头的宏。部分经常要修改选项的说明如下:

(1) CONFIG_SYS_PROMPT

该选项是定义 U-Boot 的命令行提示符,设置示例如下:

```
#define CONFIG_SYS_PROMPT             "MX28 U-Boot > "
```

那么当 U-Boot 进入命令行终端后,提示符如下:

```
MX28 U-Boot >
```

(2) CONFIG_BOOTDELAY

bootdelay 环境变量的默认值,设置示例如下:

```
#define CONFIG_BOOTDELAY       0
```

这表示 bootdelay 环境变量的默认值为 0 秒。

(3) CONFIG_BOOTCOMMAND

该选项是 bootcmd 环境变量的默认值,设置示例如下:

```
#define CONFIG_BOOTCOMMAND       "run nand_boot"
```

这表示 U-Boot 启动后,若不进入 U-Boot 命令行终端,则将默认执行"run nand_boot"命令。

(4) UBOOT_IMAGE_SIZE

该项表示 U-Boot 固件的大小。在 U-Boot 启动的第一阶段会把 U-Boot 的第二阶段代码复制到 RAM 里面,若 U-Boot 安装在 TF/SD 卡或 NAND Flash,则复制代码的长度由 UBOOT_IMAGE_SIZE 的值指定。所以当 U-Boot 固件的体积变量大时,需要调整该值的大小。

该项的设置示例如下:

```
#define UBOOT_IMAGE_SIZE           0x50000
```

该设置表示 U-Boot 的固件大小为 320 KB。

(5) MTDPARTS_DEFAULT

该项是设置 NAND Flash 的默认分区表。该项的设置示例如下:

```
#define MTDPARTS_DEFAULT "mtdparts=nandflash0:12m(bootloder),"          \
                                                "512k(reserve),"         \
                                                "512k(reserve),"         \
                                                "2m(bmp),"               \
                                                "512k(reserve),"         \
                                                "64m(rootfs),"           \
                                                "-(opt)"
```

该设置的 NAND Flash 分区如表 12.3 所列。

表 12.3 NAND Flash 分区和说明

分 区	大 小	用 途
mtd0	12 MB	Linux 内核 1&Linux 内核(备份)
mtd1	512 KB	U-Boot
mtd2	512 KB	保留分区
mtd3	2 MB	启动画面
mtd4	512 KB	保留分区
mtd5	64 MB	用户文件系统区域
mtd6	剩余空间	/opt 分区,可存放用户数据或者程序

(6) CONFIG_EXTRA_ENV_SETTINGS

该项是设置自定义的默认环境变量,设置示例如下:

```
#define CONFIG_EXTRA_ENV_SETTINGS \
        "kernel=uImage\0"                          \
        "kernelsize=0x300000\0"                    \
        "rootfs=rootfs.ubifs\0"                    \
        "showbitmap=0\0"                           \
        "kerneladdr="          "0x00200000\0"      \
        "kerneladdr2="         "0x00700000\0"      \
        省略……
```

当 U-Boot 启动后,若在指定的非易性储存器中找不到环境变量,则使用该选项设置的默认自定义环境。

12.3.7 U-Boot Tools

U-Boot 提供了一些有用的小工具,在 U-Boot 源代码的 tools 目录下。这些工具都是在主机上使用的。编译完毕,可以将这些小工具复制到系统目录(如/usr/bin 目录)下,以方便使用。

其中的 mkimage 工具在编译内核的时候需要用到,务必复制到系统/usr/bin 目录下(如使用 ZLG 网官提供的 ubuntu,则不需这一步),或者将 U-Boot 的 tools 目录添加

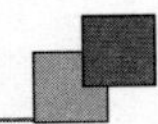

到系统目录中。该工具可以生成 U-Boot 格式的文件，以配合 U-Boot 使用。

12.4　U-Boot 编译实例

本节讲述 EPC-28x 的 Bootloader 快速编译和编译后对二进制文件的进一步处理。

12.4.1　编译说明

把配套资料中的 bootloader. tar. bz2 文件复制到 Linux 主机的工作目录，然后解压该压缩包：

```
$ tar -jxvf bootloader.tar.bz2
```

则将得到一个 bootloader 目录，其中包含 3 个目录 elftosb、u-boot-2009. 08 和 imx-bootlets-src-10. 12. 01：

- u-boot-2009. 08 目录内有 U-Boot 的源代码，把 U-Boct 源码编译后得到u-boot 文件；
- imx-bootlets-src-10. 12. 01 目录包含将 U-Boot 文件进一步编译成 imx28_ivt_uboot. sb 文件（用于烧写到 NAND Flash 的文件）的工具；
- elftosb 目录下提供了 32 bit 和 64 bit Linux 系统下适用的 elftosb 转换工具。

生成适用于 EPC-28x 的 U-Boot 文件需要按如下步骤进行操作：

① 进入 u-boot-2009. 08 目录，清除原有的编译文件，其对应的终端命令如下：

```
$ cd bootloader/u-boot-2009.08
$ make ARCH = arm CROSS_COMPILE = arm-fsl-linux-gnueabi-distclean
```

② 需要配置 U-Boot 的平台为 mx28_evk_config，对应的终端命令如下：

```
$ make ARCH = arm CROSS_COMPILE = arm-fsl-linux-gnueabi-mx28_evk_config
Configuring for mx28_evk board...
```

③ 执行编译，对应的终端命令如下：

```
$ make ARCH = arm CROSS_COMPILE = arm-fsl-linux-gnueabi-
```

编译完成后将在 u-boot-2009. 08 目录的根目录下得到 U-Boot 文件，但该U-Boot 文件并不能作为固件在 EPC-28x 的 NAND Flash 中直接烧写后启动。U-Boot文件需要使用 imx-bootlets-src-10. 12. 01 目录下的工具进一步编译成带电源配置的 imx28_ivt_uboot. sb 固件文件。

④ 把 U-Boot 复制到 imx-bootlets-src-10. 12. 01 目录下：

```
$ cp u-boot ../ imx-bootlets-src-10.12.01
```

进行 U-Boot 转换前需要先将 elftosb 目录下的 elftosb_32bit 或 elftosb_64bit 文件

改名为 elftosb,并复制到/usr/bin/目录下(以用户搭建的 Linux 上位机系统位宽为准)。复制完后需要将 elftosb 赋予可执行的权限(使用 ZLG 官网提供的 ubuntu 时不需要这步操作)。

```
$ cd ../elftosb/
$ mv elftosb_64bit elftosb        # 若用户的 Linux 上位机系统是 32bit 的,则选择 elftosb_
                                    32bit 文件
$ sudo cp elftosb /usr/bin/
$ sudo chmod 777 /usr/bin/elftosb
```

进入 imx-bootlets-src-10.12.01 目录,然后执行编译命令:

```
$ cd ../ imx-bootlets-src-10.12.01
$ ./ build
```

⑤ 编译完成后,imx-bootlets-src-10.12.01 目录下的 imx28_ivt_uboot.sb 文件就是可以烧写到 NAND Flash 的固件文件。

12.4.2 i.MX28 U-Boot 的实用工具

(1) 通过网络更新内核固件

i.MX28 U-Boot 预设了 upkernel 的命令,能够完成从 tftp 服务器加载 uImage 内核文件,并完成相应 NAND Flash 擦除、烧写内核以及设置内核参数的工作,命令如下:

```
upkernel = tftp $(loadaddr) $(serverip):$(kernel);nand erase clean $(kerneladdr)
$(kernelsize);nand write.jffs2
$(loadaddr) $(kerneladdr) $(kernelsize);
```

(2) 通过网络更新文件系统固件

i.MX28 U-Boot 预设了 uprootfs 的组合命令,能够完成从 tftp 服务器加载 rootfs.ubifs 文件,并完成 NAND Flash 擦除和文件烧写的工作,命令如下:

```
uprootfs = mtdparts default;nand erase rootfs;ubi part rootfs;ubi create rootfs;tftp
$(loadaddr) $(rootfs);ubi write
$(loadaddr) rootfs $(filesize)
```

(3) 通过 NAND Flash 启动内核

i.MX28 U-Boot 预设了 nand_boot 的组合命令,用于从 NAND Flash 的 kernel 分区启动内核:

```
nand_boot = nand read.jffs2 $(loadaddr) $(kerneladdr) $(kernelsize);bootm $(loadaddr)
```

(4) 通过网络启动内核

当把内核的固件文件 uImage 放在 PC 机的 tftp 服务器的根目录时,就可以通过网络来启动内核,方便内核调试。假设 tftp 服务器的 IP 为 192.168.12.122,EasyARM-i.

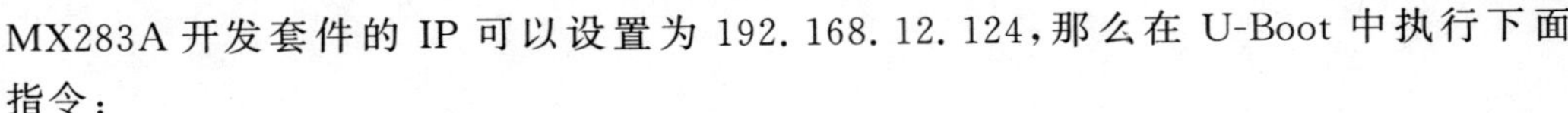

MX283A 开发套件的 IP 可以设置为 192.168.12.124，那么在 U-Boot 中执行下面指令：

```
U-Boot $setenv ipaddr 192.168.12.124
U-Boot $setenv serverip 192.168.12.122
U-Boot $run settftpboot
```

然后重启 U-Boot 即可。这样在 EasyARM-i.MX283A 开发套件每次开机时，U-Boot 都会在 tftp 服务器中下载 uImage 内核文件到 DRAM，然后在 DRAM 中启动内核。

若要恢复为开机，则从 NAND Flash 启动内核可使用以下命令：

```
U-Boot $run setnandboot
```

然后重启 U-Boot 即可。

第 13 章 嵌入式 Linux 文件系统

【本章导读】

从文件组织结构上来说，嵌入式 Linux 文件系统与普通 PC/服务器 Linux 的文件系统是一样的，只是嵌入式 Linux 文件系统根据产品功能进行过裁剪，在内容多少和体积大小上不同。进行嵌入式 Linux 产品开发，构建一个合适的文件系统是不可或缺的，可以基于已有文件系统进行裁剪或者定制，也可以从头开始构建。

这一章先介绍了根文件系统的大致布局和内容，并介绍了几种常见的嵌入式 Linux 根文件系统镜像，重点介绍了通过 BusyBox 构建文件系统的全过程，最后介绍了 ubifs 镜像文件的制作过程。

13.1 根文件系统

13.1.1 根文件系统布局

嵌入式 Linux 根文件系统布局，建议还是按照 FHS(Filesystem Hierarchy Standard)标准来安排，事实上，大多数嵌入式 Linux 都是这样做的。但是，嵌入式系统可能并不需要桌面/服务器那样庞大系统的全部目录，可以酌情对系统目录进行精简，以简化 Linux 的使用。如嵌入式 Linux 文件系统中通常不会放置内核源码，因而存放源码的/usr/src 目录是不必要的，甚至连头文件也不需要，即/usr/include 目录也不必要，但是/bin、/dev、/etc、/lib、/proc、/sbin、/usr 这几个目录是不可或缺的。

为适应具体应用场合的需求，允许嵌入式 Linux 对系统目录结构进行精简，一个典型的嵌入式 Linux 根文件系统根目录如表 13.1 所列。

要构建一个可用的 Linux 根文件系统，需要的二进制文件和库文件都不少，完全从零开始也是不现实的，推荐参考其他现有可用的文件系统，在原有基础上按需修改；或者使用文件系统制作工具(如 BusyBox)来实现文件系统的生成。

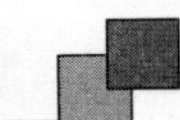

表 13.1　典型嵌入式 Linux 根文件系统根目录

目　录	内　容	说　明	目　录	内　容	说　明
bin	系统命令和工具		sbin	系统管理员命令和工具	
dev	系统设备文件		sys	sysfs 文件系统	
etc	系统初始化脚本和配置文件		tmp	临时文件	
lib	系统运行库文件		usr	用户命令和工具,下分 usr/bin 和 usr/sbin 目录	
proc	proc 文件系统		var	系统运行产生的可变数据	

13.1.2　根文件系统类型

如果文件系统已经布局完成,则可以发布到目标系统中了。通常会制作成一个镜像文件,然后通过某种方式固化到目标系统中,具体采用什么样的形式发布,需要根据系统资源状况、内核情况和系统需求等方面进行决定:

- 硬件方面:至少需要考虑主存储介质的类型和大小,如 Flash 是 NOR Flash 还是 NAND Flash、RAM 的大小等;
- 内核方面:须考虑裁剪后的内核支持哪些文件系统,采用哪种文件系统最合适,能满足性能、速度等要求;
- 系统需求方面,需要考虑运行速度、是否可写、是否压缩等方面因素。

常见的可用于根文件系统的文件系统类型有 ramdisk、cramfs、jffs2、yaffs/yaffs2 和 ubifs 等,各类型的特性如表 13.2 所列。

表 13.2　常见文件系统和特性

类　型	介　质	是否压缩	是否可写	掉电保存	存在于 RAM 中
Ramdisk 上的 EXT2		是	是	否	是
cramfs		是	否	—	否
jffs2	NOR Flash	是	是	是	否
yaffs/yaffs2	NAND Flash	否	是	是	否
ubifs	NAND Flash	是	是	是	否

尽管文件系统固件以某一种文件系统的镜像发布,但是整个文件系统实际上还是并存多种逻辑文件系统的。例如,一个系统根文件系统以 ubifs 挂载,但是/dev 目录却是以 tmpfs 挂载的、/sys 目录挂载的是 sysfs 文件系统:

```
[root@zlg /]# mount
rootfs on / type rootfs (rw)
ubi0:rootfs on / type ubifs (rw,relatime)
proc on /proc type proc (rw,relatime)
sys on /sys type sysfs (rw,relatime)
```

```
tmpfs on /dev type tmpfs (rw,relatime,mode = 755)
shm on /dev/shm type tmpfs (rw,relatime)
rwfs on /mnt/rwfs type tmpfs (rw,relatime,size = 512k)
```

1. JFFS/JFFS2

Journalling Flash File System(闪存设备日志型文件系统,JFFS)是由瑞典的 Axis Communication AB 为嵌入式设备开发的文件系统。

JFFS2 是 JFFS 的后继者,由 Red Hat 重新改写而成,全名为 Journalling Flash File System Version 2(闪存日志型文件系统第 2 版),其功能就是管理在 MTD(Memory Technology Device)设备上实现的日志型文件系统。

JFFS2 直接在 MTD 设备上实现日志结构的文件系统。JFFS2 会在安装的时候,扫描 MTD 设备的日志内容,并在 RAM 中重新建立文件系统结构本身,所以启动时间依赖于文件系统大小,时间通常比较长。

JFFS2 还实现了 MTD 设备的损耗平衡和数据压缩等特性。

JFFS2 最初只支持 NOR Flash,后来也增加了 NAND Flash 支持,但是在 NAND Flash 上的表现不好,不推荐。

2. YAFFS/YAFFS2

YAFFS(Yet Another Flash File System)是由 Aleph One 公司开发的,是第一个在 GPL 协议下发布的、基于日志的、专门为 NAND Flash 存储器设计的、适用于大容量存储设备的嵌入式文件系统。

YAFFS 是基于日志的文件系统,提供了磨损平衡和掉电恢复的健壮性。它还为大容量的 Flash 芯片做了很好的调整,针对启动时间和 RAM 的使用做了优化。它适用于大容量的存储设备,已经在 Linux 和 WinCE 商业产品中使用。

YAFFS2 和 YAFFS 主要差异在于页面读/写尺寸的大小,YAFFS2 可支持到 2 KB 页面,远高于 YAFFS 的 512 字节,因此对大容量 NAND Flash 更具优势。另外,YAFFS2 不再写 NAND Flash 的 Spare Area,sequenceNumber 用 29 bit 表示。

3. UBIFS

UBIFS 文件系统(Unsorted Block Image File System,UBIFS)用于固态硬盘存储设备上,并与 LogFS 相互竞争,作为 JFFS2 的后继文件系统之一;真正开始于 2007 年,并于 2008 年 10 月第一次加入 Linux 2.6.27 稳定版内核。

UBIFS 最早在 2006 年由 IBM 与 Nokia 的工程师 Thomas Gleixner、Artem Bityutskiy 设计,专门为了解决 MTD 设备所遇到的瓶颈。由于 NAND Flash 容量暴涨,YAFFS 等都无法再有效管理 NAND Flash 的空间。UBIFS 通过 UBI 子系统处理与 MTD 设备之间的动作。与 JFFS2 一样,UBIFS 建构于 MTD 设备之上,因而与一般的块设备不兼容。

UBIFS 在设计与性能上均较 YAFFS2、JFFS2 更适合 MLC NAND Flash。例如,

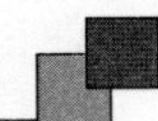

UBIFS 支持回写(write-back),写入的数据会被缓存,直到有必要写入时才写到 NAND,大大降低了分散小区块数量,并提高了 I/O 效率。UBIFS 文件系统目录存储在 Flash 上,UBIFS 挂载时不需要扫描整个 Flash 的数据来重建文件目录,所以启动速度很快。

另外,UBIFS 支持文件数据压缩,而且可选择性压缩部分文件。UBIFS 也是日志型文件系统,使用日志可减少对 Flash 的更新频率。

13.2　使用 BusyBox 制作根文件系统

13.2.1　BusyBox 介绍

Busybox 被誉为 Linux 工具里的"瑞士军刀",是一个 Linux 工具集,通过一个可执行文件实现了很多标准 Linux 的命令和工具。它既包含了一些简单的工具,如 cat 和 echo,也包含了一些更大、更复杂的工具,如 grep、find、mount。Busybox 的源码可从官方主页 www.busybox.net 获得,目前最新版本为 Busybox-1.22.1。

Busybox 非常适合于嵌入式 Linux,根据配置选项的多少,Busybox 编译得到的可执行文件在几百 KB 到 1 MB 之间;而如果单独实现每个工具,全部工具体积总和一般都在 4 MB 以上。使用 Busybox 制作的文件系统时,其中的命令都是指向 busybox 文件的一个软链接。

13.2.2　交叉编译 BusyBox

1. 下载和解压源码

到 www.busybox.net 下载 BusyBox 的源码。本节以 busybox-1.22.1.tar.bz2 为例进行说明。首先解压源码包:

```
chenxibing@linux-compiler:~$tar xjvf busybox-1.22.1.tar.bz2
```

2. 修改顶层 Makefile

进入 busybox-1.22.1 目录,打开顶层目录下的 Makefile 文件:

```
chenxibing@linux-compiler:~$cd busybox-1.22.1/
chenxibing@linux-compiler:busybox-1.22.1$vi Makefile
```

修改体系结构 ARCH 的值,指定体系结构为 arm(大约在 190 行):

```
190 ARCH ?= $(SUBARCH)
```

修改为:

```
190 ARCH ?= arm
```

修改 CROSS_COMPILE 变量,指定所使用的交叉编译器(大约在 164 行):

```
164 CROSS_COMPILE ?= arm-none-linux-gnueabi-
```

如果不修改 Makefile 文件,则也可以在 make 的时候指定 ARCH 和 CROSS_COMPILE 的值,如:

```
chenxibing@linux-compiler: busybox-1.22.1 $ make ARCH=arm CROSS_COMPILE=arm-none-linux-gnueabi-
```

3. 配置 Busybox

与配置内核类似,输入 make menuconfig 命令,则可进入 Busybox 的配置界面,如图 13.1 所示。

```
chenxibing@linux-compiler: busybox-1.22.1 $ make menuconfig
```

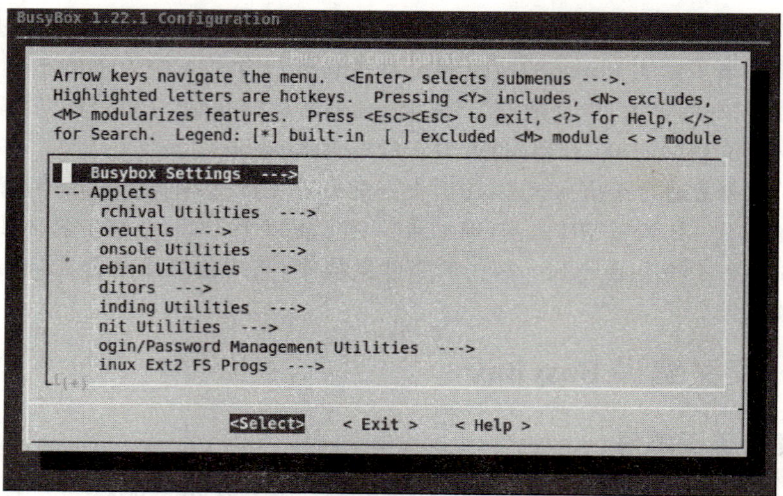

图 13.1 BusyBox 配置界面

进入 Busybox Settings→Build Options 进行编译选项设置:

```
Busybox Settings  --->
    Build Options  --->
        [ ] Build BusyBox as a static binary (no shared libs) (NEW)
        [ ]   Build BusyBox as a position independent executable (NEW)
        [ ] Force NOMMU build (NEW)
        [ ] Build shared libbusybox (NEW)
        [ * ] Build with Large File Support (for accessing files > 2 GB) (NEW)
        ()  Cross Compiler prefix
        ()  Path to sysroot (NEW)
        ()  Additional CFLAGS (NEW)
        ()  Additional LDFLAGS (NEW)
        ()  Additional LDLIBS (NEW)
```

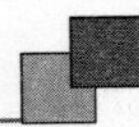

如果不选中 Build BusyBox as a static binary，则采用动态链接（默认）；Cross Compiler prefix 用于设置编译所用的交叉编译器，如果已经修改了 Makefile，这里可以不填。

```
Busybox Settings    --->
    Installation Options ("make install" behavior)   --->
        What kind of applet links to install (as soft - links)   --->
      (./_install) BusyBox installation prefix  (NEW)
```

可在 BusyBox installation prefix 中指定文件系统的安装路目录；如果不指定，则在 BusyBox 当前目录的_install 目录下。为了使用方便，建议设置为 NFS 共享目录下的一个子目录，如“/home/chenxibing/nfs/myrootfs”：

```
    (/home/chenxibing/nfs/myrootfs) BusyBox installation prefix
```

其余设置选项是 BusyBox 的组件和工具命令等，可以使用默认配置，也可以根据需要进行裁剪。

配置完毕，选择 Save Configuration to an Alternate File，保存配置为一个配置文件，如 myconfig，默认为. config 文件。

4. 编译和安装

输入 make 命令，开始编译：

```
chenxibing@linux - compiler: busybox - 1.22.1 $make
```

编译完成后，输入 make install 命令完成安装：

```
chenxibing@linux - compiler: busybox - 1.22.1 $make install
```

按照前面的操作，编译基本不会出错，如果出错，则可先将出错的模块裁剪掉，直至编译通过。安装后，可在安装目录看到 bin、sbin、usr 这 3 个目录和一个指向 busybox 可执行文件的软链接 linuxrc：

```
chenxibing@linux - compiler: busybox - 1.22.1 $ls /home/chenxibing/nfs/myrootfs/
bin  linuxrc  sbin  usr
```

在终端的实际截图如图 13.2 所示。

13.2.3　构建根文件系统

构建根文件系统时，通常用 NFS Rootfs 方式来测试，需要使能内核 NFS Rootfs 支持以及 U-Boot 的 bootargs 设置，读者须先温习这两方面的内容。

BusyBox 安装后，仅仅有 bin、sbin、usr 这 3 个目录和软链接 linuxrc，这不足以构成一个可用的根文件系统，如果此时进行 NFS Rootfs 启动，将会出现“Kernel panic-not syncing: No init found”这样的错误：

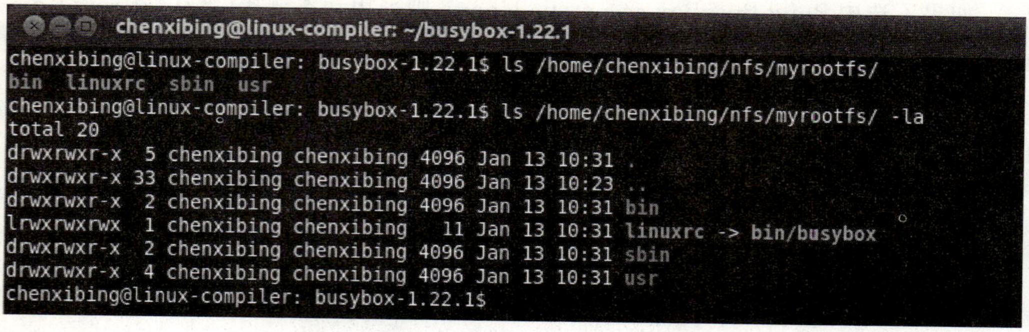

```
chenxibing@linux-compiler: ~/busybox-1.22.1
chenxibing@linux-compiler: busybox-1.22.1$ ls /home/chenxibing/nfs/myrootfs/
bin  linuxrc  sbin  usr
chenxibing@linux-compiler: busybox-1.22.1$ ls /home/chenxibing/nfs/myrootfs/ -la
total 20
drwxrwxr-x  5 chenxibing chenxibing 4096 Jan 13 10:31 .
drwxrwxr-x 33 chenxibing chenxibing 4096 Jan 13 10:23 ..
drwxrwxr-x  2 chenxibing chenxibing 4096 Jan 13 10:31 bin
lrwxrwxrwx  1 chenxibing chenxibing   11 Jan 13 10:31 linuxrc -> bin/busybox
drwxrwxr-x  2 chenxibing chenxibing 4096 Jan 13 10:31 sbin
drwxrwxr-x  4 chenxibing chenxibing 4096 Jan 13 10:31 usr
chenxibing@linux-compiler: busybox-1.22.1$
```

图 13.2　安装 BusyBox

```
VFS: Mounted root (nfs filesystem) on device 0:14.
Freeing init memory: 284K
Kernel panic - not syncing: No init found.  Try passing init = option to kernel. See Linux
Documentation/init.txt
for guidance.
```

必须进行其他完善工作,才能构成一个可用的根文件系统。

1. 完善目录结构

```
chenxibing@linux-compiler: ~ $cd /home/chenxibing/nfs/myrootfs/
chenxibing@linux-compiler: myrootfs $mkdir dev etc lib proc sys tmp var
```

创建后的目录效果如图 13.3 所示。

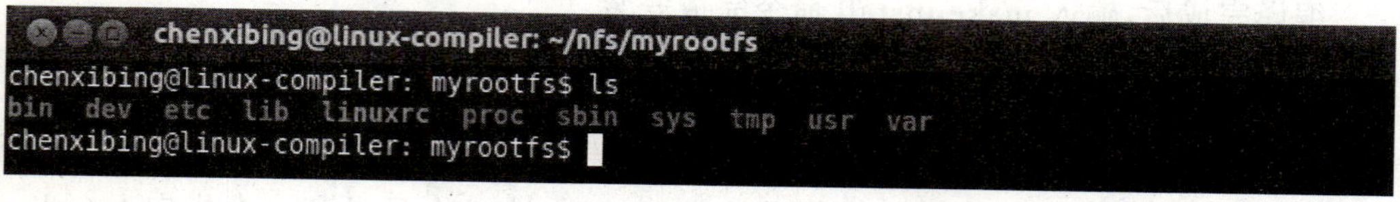

```
chenxibing@linux-compiler: ~/nfs/myrootfs
chenxibing@linux-compiler: myrootfs$ ls
bin  dev  etc  lib  linuxrc  proc  sbin  sys  tmp  usr  var
chenxibing@linux-compiler: myrootfs$
```

图 13.3　完善后的目录

2. 添加 C 运行库

C 运行库可直接从交叉工具链获取,一般在工具链的"libc/lib/"目录下。复制到 myrootfs 的"/lib"目录:

```
chenxibing@linux-compiler: myrootfs $cp -av /home/ctools/arm-2011.03/arm-none-linux-gnueabi/libc/lib/* lib/
```

添加了 C 运行库的结果如图 13.4 所示。

3. 添加初始化配置脚本

在"/etc"目录下添加系统启动所需的初始化配置脚本,BusyBox 提供了一些初始化范例脚本,在"examples/bootfloppy/etc/"目录下。将这些配置文件复制到 myrootfs

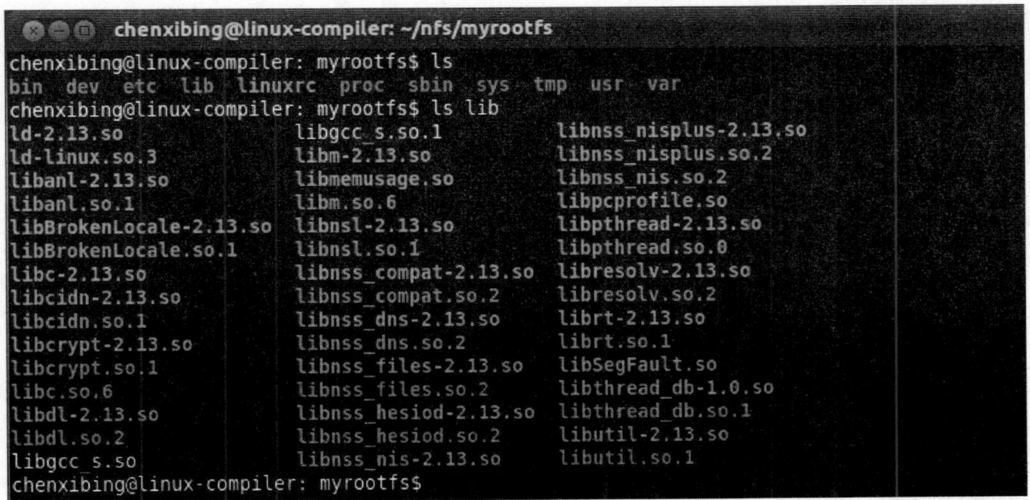

图 13.4　添加 C 运行库

的“/etc”目录：

```
chenxibing@linux - compiler: myrootfs $cp-av ~/busybox-1.22.1/examples/bootfloppy/
etc/ * etc/
```

添加后的结果如图 13.5 所示。

```
chenxibing@linux-compiler: ~/nfs/myrootfs
chenxibing@linux-compiler: myrootfs$ ls -R etc/
etc/:
fstab  init.d  inittab  profile

etc/init.d:
rcS
chenxibing@linux-compiler: myrootfs$
```

图 13.5　添加初始化脚本

此时再次进行 NFS Rootfs 挂载，则能够启动并进入根文件系统，但是出现了“can't open /dev/tty2: No such file or directory”这样的错误：

```
VFS: Mounted root (nfs filesystem) on device 0:14.
Freeing init memory: 284K
can't open /dev/tty2: No such file or directory
Processing /etc/profile... Done
can't open /dev/tty2: No such file or directory
can't open /dev/tty2: No such file or directory
can't open /dev/tty2: No such file or directory
```

打开 myrootfs/ect/inittab 文件，注释其中的第 3 行“tty2::askfirst:-/bin/sh”：

```
::sysinit:/etc/init.d/rcS
::respawn:-/bin/sh
#tty2::askfirst:-/bin/sh
::ctrlaltdel:/bin/umount -a -r
```

再次进行 NFS Rootfs 启动，则能够正常进入系统，如图 13.6 所示。

```
FEC Ethernet Driver
fec_enet_mii_bus: probed
rtc-pcf8563 1-0051: low voltage detected, date/time is not reliable.
rtc-pcf8563 1-0051: retrieved date/time is not valid.
rtc-pcf8563 1-0051: hctosys: invalid date/time
eth0: Freescale FEC PHY driver [Generic PHY] (mii_bus:phy_addr=0:05, irq=-1)
IP-Config: Complete:
     device=eth0, addr=192.168.1.156, mask=255.255.255.0, gw=192.168.1.245,
     host=epc, domain=, nis-domain=zlgmcu.com,
     bootserver=192.168.1.157, rootserver=192.168.1.157, rootpath=
Looking up port of RPC 100003/2 on 192.168.1.157
PHY: 0:05 - Link is Up - 100/Full
Looking up port of RPC 100005/1 on 192.168.1.157
VFS: Mounted root (nfs filesystem) on device 0:15.
Freeing init memory: 420K

Processing /etc/profile... Done

/ #
```

图 13.6　NFS Rootfs 启动成功

4. 增加其他功能

至此，得到了一个可用的基本文件系统；如果需要添加更多的命令，则可以重新配置 BusyBox，然后编译安装。如果希望对根文件系统进行更多配置、实现更多功能，则可在“/etc”目录下操作，修改或者增加脚本文件实现想要的功能。

(1) 挂载 sysfs 等文件系统

目前系统启动后，仅挂载了 proc 文件系统，像 Linux 2.6 以上内核的 sysfs 都没有挂载，则可以修改“/etc/fstab”文件，在其中增加第 2～4 行，从而实现 sysfs 等其他文件系统挂载：

```
1 proc     /proc   proc    defaults   0   0
2 tmpfs    /tmp    tmpfs   defaults   0   0
3 sysfs    /sys    sysfs   defaults   0   0
4 tmpfs    /dev    tmpfs   defaults   0   0
```

再次启动 ARM 板，进行 NFS Rootfs 启动，则可以看到“/sys”目录下有内容了。

(2) 动态创建设备节点

BusyBox 默认配置含 mdev，通过 mdev 可实现设备节点的动态管理，但默认配置文件并没有启用这个功能，系统“/dev”目录下是空的。要实现动态设备管理，则可在“/etc/init.d/rcS”文件中添加命令来实现。

打开 myrootfs/etc/init.d/rcS 文件，在其中添加第 4～7 行：

```
#! /bin/sh

/bin/mount -a
mkdir -p /dev/pts
mount -t devpts devpts /dev/pts
echo /sbin/mdev > /proc/sys/kernel/hotplug
mdev -s
```

再次启动 ARM 板，进行 NFS Rootfs 挂载，可以看到“/dev”目录下的设备节点文件。

13.3　制作根文件系统镜像

对根文件系统的裁剪或者定制，最好在 NFS Root 中操作，便于在主机上对根文件系统进行修改，直到所有功能测试完成。

由于嵌入式 Linux 存储空间通常有限，根文件系统体积不宜过大，除了进行功能模块裁剪，删除帮助文档等之外，还可以用 strip 命令对库文件进行裁剪，删除其中的符号等信息。

裁剪前 lib 目录的大小：

```
chenxibing@linux-compiler: myrootfs $  du lib/ -h
7.1M     lib/
```

用 arm-none-linux-gnueabi-strip 命令进行裁剪，忽略其中的一个提示：

```
chenxibing@linux-compiler: myrootfs $  arm-none-linux-gnueabi-strip lib/*.so
arm-none-linux-gnueabi-strip:lib/libgcc_s.so: File format not recognized
```

再次看 lib 目录的大小：

```
chenxibing@linux-compiler: myrootfs $du lib/ -h
6.3M     lib/
```

可以看到，裁剪后 lib 目录体积有所减小。

一个根文件系统定制完成后，可根据实际板子的需求，制作成一个根文件系统镜像，并固化到系统存储介质的根文件系统分区中；同时，设置内核启动参数，让内核启动后挂载这个文件系统并启动。

下面以制作 ubifs 镜像文件为例进行说明。

制作 ubifs 镜像文件时，需要知道几个关键参数，如逻辑擦除块 LEB 大小、NAND Flash 页面大小以及 UBI 分区的物理擦除块数目，这些信息可在 uboot 命令行输入指令查看：

```
MX28 U-Boot > mtdparts default
MX28 U-Boot >ubi part rootfs
Creating 1 MTD partitions on "nand0":
0xf8000041059828 - 0x4f8000000000000 : "<NULL>"
UBI: attaching mtd1 to ubi0
UBI: physical eraseblock size:          131072 bytes (128 KiB)
UBI: logical eraseblock size:           126976 bytes
UBI: smallest flash I/O unit:           2048
UBI: VID header offset:                 2048 (aligned 2048)
UBI: data offset:                       4096
UBI: attached mtd1 to ubi0
UBI: MTD device name:                   "mtd = 5"
UBI: MTD device size:                   274877906944 MiB
UBI: number of good PEBs:               512
UBI: number of bad PEBs:                0
UBI: max. allowed volumes:              128
UBI: wear-leveling threshold:           4096
UBI: number of internal volumes:        1
UBI: number of user volumes:            1
UBI: available PEBs:                    14
UBI: total number of reserved PEBs:     498
UBI: number of PEBs reserved for bad PEB handling: 5
UBI: max/mean erase counter: 2/1
```

这是一个在页面大小为 2 KB,块大小为 128 KB 的 NAND Flash 上创建了一个 64 MB 大小 UBI 分区后得到的信息,从信息我们可获得制作 ubifs 镜像所需要的 3 个关键参数:

- 逻辑擦除块 LEB 大小:126 976,0x1F000;
- 物理擦除块 PEB 数目:512;
- NAND 页面大小:2 048,0x800。

Linux 下制作 ubifs 镜像文件的命令为 mkfs. ubifs,结合前面的参数,则得到将 myrootfs 制作成 ubifs 镜像的命令如下:

```
chenxibing@linux-compiler: nfs $ sudo mkfs.ubifs -d myrootfs -e 0x1f000 -c 512 -m 0x800
-x lzo -o rootfs.ubifs
```

几个参数的定义可结合前面的描述来理解,“-d”指定根文件系统目录,“-x lzo”表示用 LZO 压缩算法,这是 ubifs 的默认压缩算法,如果不压缩,可指定为“none”;-o 表示输出的根文件系统镜像文件名。

注意,必须加 sudo 获取 root 权限,否则生成的 rootfs 镜像可能会有问题。

然后将生成的 rootfs. ubifs 烧写到 NAND 中,并将内核参数设置为 ubifs 启动,启动系统测试构建完成的文件系统。

第 14 章 Buildroot

【本章导读】

本章讲述嵌入式 Linux 系统集成利器之一——Buildroot 的使用，重点介绍如何使用 Buildroot 工具来定制适合自己产品的文件系统。

14.1 Buildroot 简介

Buildroot 是一个简单高效且易用的、用于通过交叉编译生成嵌入式 Linux 文件系统的工具，其官网是 http://buildroot.uclibc.org。

14.2 安装 Buildroot

Buildroot 目前的最新版本是 2014.11，可以下载 buildroot-2014.11.tar.gz 或者 buildroot-2014.11.tar.bz2，然后进行解压，从而完成 Buildroot 安装。

```
chenxibing@linux-compiler: ~ $ tar xzvf buildroot-2014.11.tar.gz 或者
chenxibing@linux-compiler: ~ $ tar xjvf buildroot-2014.11.tar.bz2
```

解压后得到 builtroot-2014.11 目录。

Buildroot 还提供了 Git 仓库，从 Git 仓库克隆源码能够很方便让本地代码与 Git 仓库的源码保持一致，推荐用这种方式获得 Buildroot 源码：

```
chenxibing@linux-compiler: ~ $ git clone git://git.buildroot.net/buildroot 或者
chenxibing@linux-compiler: ~ $ git clone http://git.buildroot.net/git/buildroot.git
```

克隆完成后得到 Buildroot 目录。

说明：

① 本章使用基于 git 克隆得到的版本，由于 Buildroot 经常更新，因此实际配置界面与本章的截图可能有所不同；

② 在 Buildroot 目录下执行 git pull 可获取 Buildroot 的最新源码。

14.3　使用 Buildroot 构建根文件系统

使用 Buildroot 构建根文件系统时须配置主机能够访问外网。

14.3.1　配置 Buildroot

进入 Buildroot 安装目录，首先进行配置。输入 make menuconfig 命令，则进入如图 14.1 所示的配置菜单界面。

```
chenxibing@linux - compiler: buildroot $  make menuconfig
```

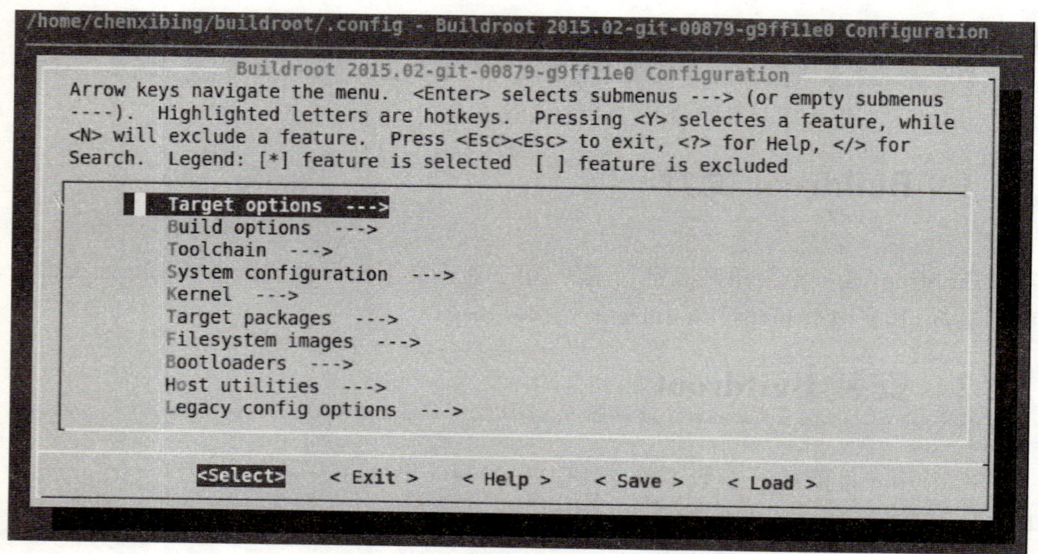

图 14.1　Buildroot 配置界面

1. 目标选项

进入 Target options 菜单，根据目标板的实际情况进行配置，包括目标体系结构、ABI 接口、浮点和指令集等。如图 14.2 所示的示例分别设置了体系结构为 ARM(小端)，arm926t，EABI，采用 ARM 指令集。

2. 编译选项

进入 Build options 菜单，可对编译过程进行一些设置，通常用默认设置即可。

3. 工具链设置

进入 Toolchains 菜单，设置编译文件系统所用的工具链。可以使用 Buildroot 自身编译的工具链，也可以使用外部工具链。如图 14.3 所示的示例是使用外部已安装的 arm-none-linux-gnueabi-gcc 编译器的情况。

```
                       Target options
Arrow keys navigate the menu.  <Enter> selects submenus ---> (or empty
submenus ----).  Highlighted letters are hotkeys.  Pressing <Y>
selectes a feature, while <N> will exclude a feature.  Press
<Esc><Esc> to exit, <?> for Help, </> for Search.  Legend: [*] feature

      Target Architecture (ARM (little endian))  --->
      Target Binary Format (ELF)  --->
      Target Architecture Variant (arm926t)  --->
      Target ABI (EABI)  --->
      Floating point strategy (Soft float)  --->
      ARM instruction set (ARM)  --->

   <Select>    < Exit >    < Help >    < Save >    < Load >
```

图 14.2　目标选项设置

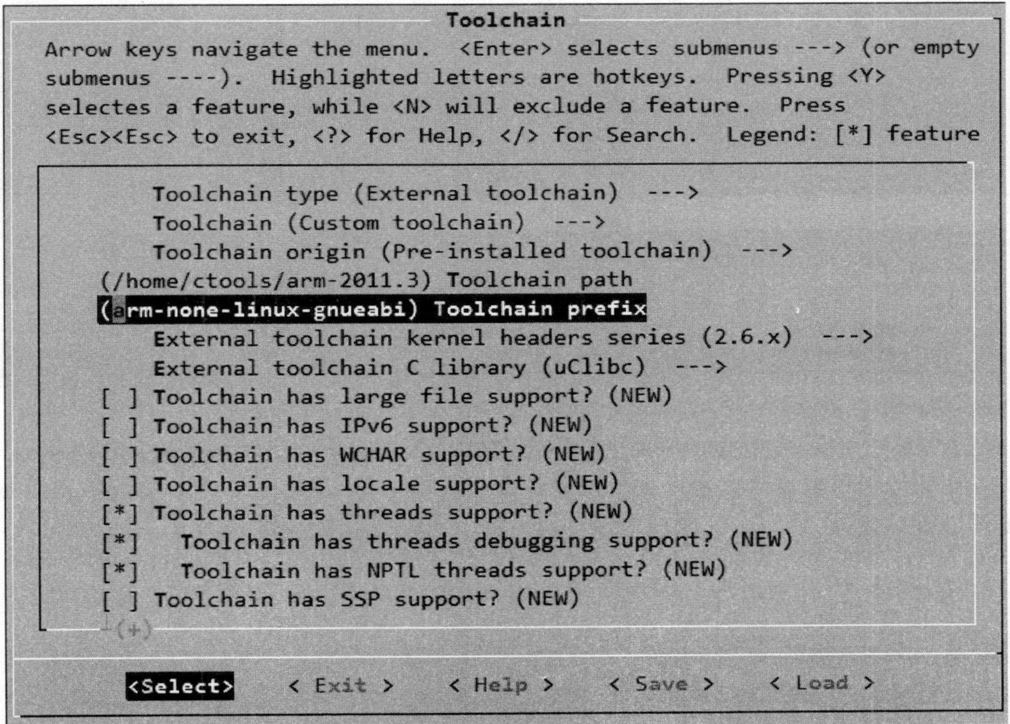

图 14.3　设置交叉编译器

说明,编译文件系统的工具链最好与编译应用程序的工具链保持一致。

如果不选择已经安装的编译器,而选择列表中的其他工具链,则编译过程中会到相应服务器下载编译器压缩包;如果网络状况不佳,时间会较长。

另外,如果需要使用 C++或者 gdbserver,则须选中对应选项。

4. 系统配置

进入 System configuration 菜单对目标系统进行配置,包括主机名称(System hostname)、欢迎旗标(System banner)、初始化系统(Init system)、设备管理方式(/dev management)、登录方式和 Shell 等,如图 14.4 所示。

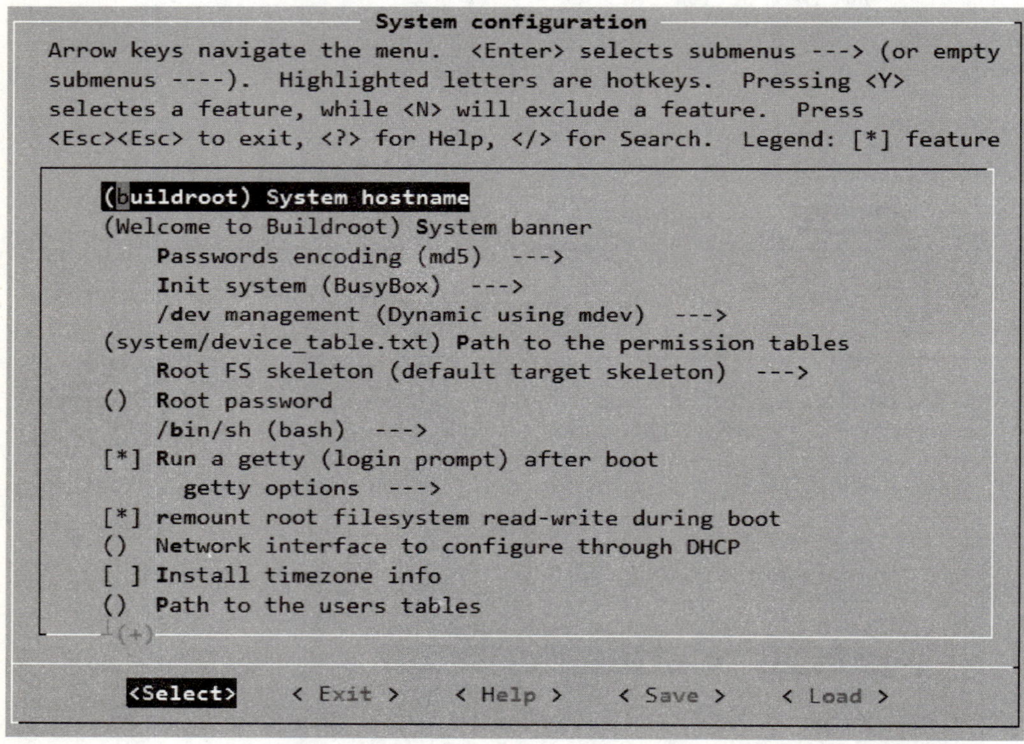

图 14.4 系统配置

这些选项可根据个人喜好进行设置或者使用默认值,但是 getty options 需要根据硬件进行设置,必须与系统调试串口对应。EasyARM283 使用默认的 console 即可:

```
getty options  --->
        (console) TTY port
            Baudrate (115200)
```

5. 内核和 Bootloader 配置

内核定制裁剪以及 Bootloader 的定制时,建议独立管理,Kernel 和 Bootloaders 这

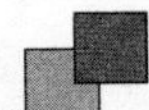

两项留空即可。

6. 软件包配置

Buildroot 提供了海量软件包可选，只须在配置界面选中所需要的软件包，交叉编译后即可使用。

进入 Target packages 菜单，可得到如图 14.5 所示的软件包列表。

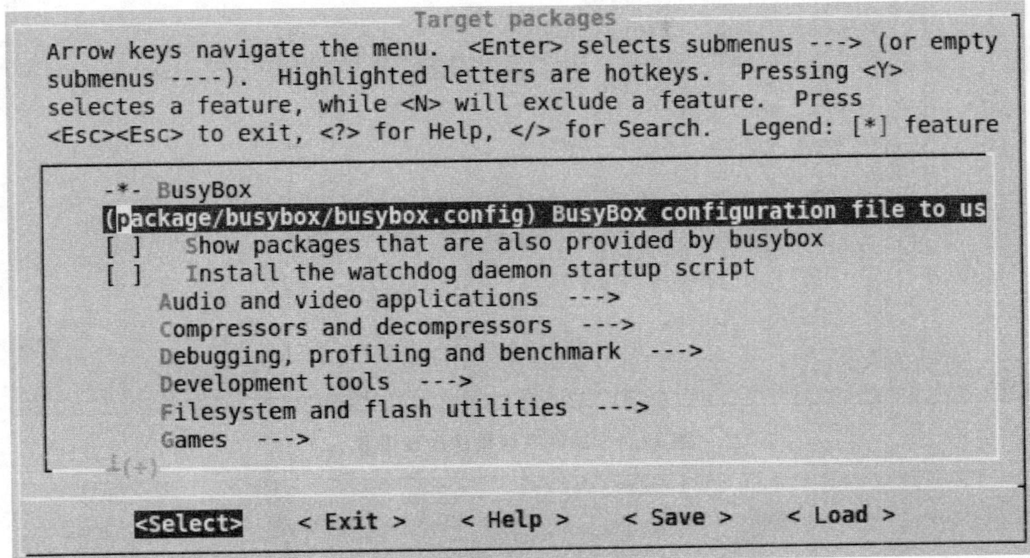

图 14.5 软件包列表

列表中按照功能进行了分类，须根据实际需求进行配置。建议先从简单配置开始逐步增加新的软件包，有时候可能会遇到软件包依赖关系的问题。

7. 文件系统镜像配置

进入 Filesystem images，则可以设置文件系统镜像类型，默认生成.tar 包，可选择 cpio、ext2/3/4、jffs2、yaffs2 和 ubifs 等多种方式，如图 14.6 所示。

根据实际需求选择合适的镜像格式。继续以前面介绍的 ubifs 为例进行说明。选中 ubifs rootfs filesystem，并设置相关参数，如图 14.7 所示。配置完成，则退出并保存。

14.3.2 编译 Buildroot

在终端输入 make 命令，则 Buildroot 即开始编译。此过程中会从远程服务器下载所选中的软件包，整个过程时间取决于网络状况。

```
chenxibing@linux-compiler: buildroot $ make
```

```
                    Filesystem images
 Arrow keys navigate the menu.  <Enter> selects submenus ---> (or empty
 submenus ----).  Highlighted letters are hotkeys.  Pressing <Y>
 selectes a feature, while <N> will exclude a feature.  Press
 <Esc><Esc> to exit, <?> for Help, </> for Search.  Legend: [*] feature

     [ ] cloop root filesystem for the target device
     [ ] cpio the root filesystem (for use as an initial RAM filesyste
     [ ] cramfs root filesystem
     [ ] ext2/3/4 root filesystem
         *** initramfs needs a Linux kernel to be built ***
     [ ] jffs2 root filesystem
     [ ] romfs root filesystem
     [ ] squashfs root filesystem
     [*] tar the root filesystem
           Compression method (no compression)  --->
     ()    other random options to pass to tar
     [ ] ubifs root filesystem
     [ ] yaffs2 root filesystem

      <Select>    < Exit >    < Help >    < Save >    < Load >
```

图 14.6　文件系统镜像类型设置

```
                    Filesystem images
 Arrow keys navigate the menu.  <Enter> selects submenus ---> (or empty
 submenus ----).  Highlighted letters are hotkeys.  Pressing <Y>
 selectes a feature, while <N> will exclude a feature.  Press
 <Esc><Esc> to exit, <?> for Help, </> for Search.  Legend: [*] feature
          (-)
     [ ] jffs2 root filesystem
     [ ] romfs root filesystem
     [ ] squashfs root filesystem
     [*] tar the root filesystem
           Compression method (no compression)  --->
     ()    other random options to pass to tar
     [ ] ubifs root filesystem
     (0x1f000) logical eraseblock size
     (0x800) minimum I/O unit size
     (512) maximum logical eraseblock count
           ubifs runtime compression (lzo)  --->
           Compression method (no compression)  --->
     ()    Additional mkfs.ubifs options
     [ ]   Embed into an UBI image
     [ ] yaffs2 root filesystem

      <Select>    < Exit >    < Help >    < Save >    < Load >
```

图 14.7　设置 ubifs 镜像参数

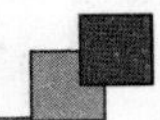

编译时间还与主机性能以及所选择的软件包多少有关，选择的软件包越多，编译时间也就越长，通常几十分钟到几个小时不等。

14.4 使用新的文件系统

编译完成，在 output 目录下可以得到生成的文件系统和镜像文件，该目录如下：

```
chenxibing@linux - compiler: buildroot $  ls output/
build   host   images   staging   target
```

生成的镜像文件在 images 目录下，target 目录是目标文件系统的大致目录，但并非最终文件系统，不能直接使用该目录作为根文件系统。

14.4.1 完善文件系统

尽管 Buildroot 能够生成一个完整的根文件系统，但是通常也还需要微调才能得到一个可用的文件系统。进行文件系统调整，须进入到 output/target 目录操作：

(1) 增加/dev/null 文件

Buildroot 编译后，生成的文件系统中通常没有/dev/null 文件，而系统启动通常是需要的，可以自行创建：

```
chenxibing@linux - compiler: buildroot $  cd output/target/
chenxibing@linux - compiler: target $  cd dev/
chenxibing@linux - compiler: dev $  sudo mknod null c 1 3
```

(2) 以 ramfs 方式挂载/dev 目录

以 ramfs 方式挂载/dev 目录，能够提高 mdev 生成设备文件的速度，推荐此方式。修改/etc/init. d/S10mdev 文件，启动 mdev 命令之前增加“mount -t ramfs mdev /dev”：

```
echo "Starting mdev..."
echo /sbin/mdev >/proc/sys/kernel/hotplug
mount -t ramfs mdev /dev
/sbin/mdev -s
```

(3) 其　他

如果希望使用/dev/pts 以及/dev/shm，也可修改/etc/init. d/S10mdev 文件，在其中创建这两个目录即可：

```
echo /sbin/mdev >/proc/sys/kernel/hotplug
mount -t ramfs mdev /dev
mkdir -p /dev/pts
mkdir -p /dev/shm
/sbin/mdev -s
```

修改完毕,回到 Buildroot 根目录,输入 make 命令,则重新生成文件系统镜像文件。

14.4.2 测试文件系统

建议先通过 NFS 方式测试得到的文件系统,便于调整。将 output/images/rootfs.tar 文件复制到 NFS 共享目录并解压使用:

```
chenxibing@linux-compiler: buildroot $ mkdir -p ~/nfs/rootfs
chenxibing@linux-compiler: buildroot $ cp output/images/rootfs.tar ~/nfs/rootfs/
chenxibing@linux-compiler: buildroot $ cd ~/nfs/rootfs/
chenxibing@linux-compiler: rootfs $ sudo tar xvf rootfs.tar
```

启动目标板,进入 U-Boot 命令,设置 NFS 启动参数,例如:

```
U-Boot # setenv bootargs root=/dev/nfs rw console=ttyAM0,115200
nfsroot=192.168.1.168:/home/chenxibing/nfs/rootfs ip=192.168.1.136::::zlg:eth0:off
```

保存参数后重启目标板,确保目标板和 NFS 服务器之间的网络连接畅通,则会使用新的文件系统启动,如下是启动后的 LOG 信息:

```
eth0: Freescale FEC PHY driver [Generic PHY] (mii_bus:phy_addr=0:05, irq=-1)
IP-Config: Complete:
     device=eth0, addr=192.168.1.156, mask=255.255.255.0, gw=192.168.1.245,
     host=epc, domain=, nis-domain=zlgmcu.com,
     bootserver=192.168.1.157, rootserver=192.168.1.157, rootpath=
Looking up port of RPC 100003/2 on 192.168.1.157
PHY: 0:05 - Link is Up - 100/Full
Looking up port of RPC 100005/1 on 192.168.1.157
VFS: Mounted root (nfs filesystem) on device 0:15.
Freeing init memory: 420K
Starting logging: OK
Starting network...
ip: RTNETLINK answers: File exists

Welcome to Buildroot
buildroot login:
```

在 Tera Term 终端的快照如图 14.8 所示。

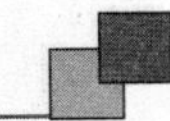

```
eth0: Freescale FEC PHY driver [Generic PHY] (mii_bus:phy_addr=0:05, irq=-1)
IP-Config: Complete:
     device=eth0, addr=192.168.1.156, mask=255.255.255.0, gw=192.168.1.245,
     host=epc, domain=, nis-domain=zlgmcu.com,
     bootserver=192.168.1.157, rootserver=192.168.1.157, rootpath=
Looking up port of RPC 100003/2 on 192.168.1.157
PHY: 0:05 - Link is Up - 100/Full
Looking up port of RPC 100005/1 on 192.168.1.157
VFS: Mounted root (nfs filesystem) on device 0:15.
Freeing init memory: 420K
Starting logging: OK
Starting mdev...
Initializing random number generator... done.
Starting network...
ip: RTNETLINK answers: File exists

Welcome to Buildroot
buildroot login:
```

图 14.8 Tera Term 登录系统

14.5 发布文件系统

文件系统的最终发布镜像取决于系统硬件所采用的介质和内核所支持的文件系统。例如，对于 iNAND，建议最终使用 ext3/4 格式的文件系统；对于 NAND，推荐使用 ubifs 文件系统。

下面以 ubifs 文件系统为例进行介绍。

① 首先需要内核支持，在内核中需要支持 MTD、NAND 驱动、UBI 和 UBIFS。具体方法可参考第 1 章的描述。须对整个系统的 NAND 进行妥当的分区规划，NAND 的 MTD 分区须与 U-Boot 的 NAND 分区保持一致。如果 NAND 驱动无误，则内核启动过程中可以探测到 NAND Flash 并发现 MTD 分区。在 EasyARM283 的U-Boot 命令行中输入 mtdparts 即可看到如下信息：

```
MX28 U - Boot >mtdparts
mtdparts variable not set, see 'help mtdparts'
no partitions defined

defaults:
mtdids  : nand0 = nandflash0
mtdparts:
mtdparts = nandflash0:12m(bootloder),512k(reserve),512k(reserve),2m(bmp),512k(reserve),64m(rootfs),-(opt)
```

② 其次，需要在 U-Boot 中支持 UBI 和 UBIFS。为了方便日后使用，建议设置一条组合命令，用于固化 ubifs 镜像文件。例如，从 SD 卡中读取 rootfs. ubifs 文件并烧写到 NAND 的 rootfs 分区中，可设置如下组合命令：

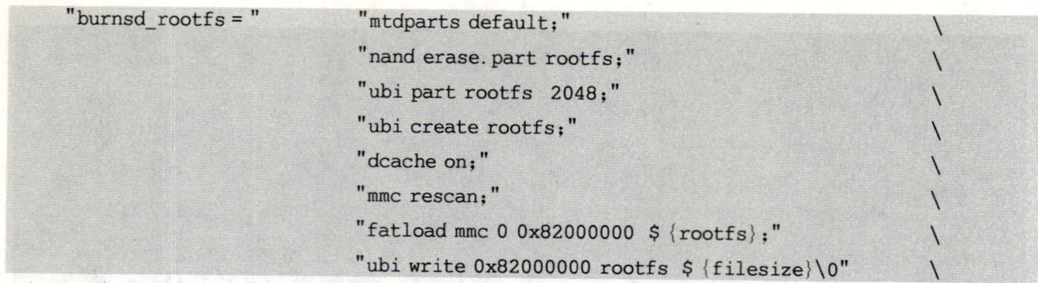

```
"burnsd_rootfs = "          "mtdparts default;"                                  \
                            "nand erase.part rootfs;"                            \
                            "ubi part rootfs  2048;"                             \
                            "ubi create rootfs;"                                 \
                            "dcache on;"                                         \
                            "mmc rescan;"                                        \
                            "fatload mmc 0 0x82000000 ${rootfs};"                \
                            "ubi write 0x82000000 rootfs ${filesize}\0"          \
```

固化文件系统的时候，只需要将 rootfs.ubifs 文件复制到 SD 卡中，并将卡插入 SD 卡座，在 U-Boot 命令行中输入 run burnsd_rootfs 即可。

③ 根据 MTD UBI 参数来制作 ubifs 镜像文件。制作 ubifs 镜像文件的命令为 mkfs.ubifs，制作之前需要确定几个 MTD UBI 参数：

- 最小 I/O 单元大小(minimum I/O unit size)，与 NAND 页面大小相同；
- 逻辑擦除块大小(logical erase block size)，与 UBI 相关；
- 最大逻辑擦除块数量(maximum logical erase block count)，与 MTD 分区大小有关。

这几个参数通过 U-Boot 的 ubi part 命令的输出信息获得。在 EasyARM283 的 U-Boot 输入 mtdparts default 和 ubi part rootfs 命令，可以得到下列信息：

```
MX28 U-Boot > mtdparts default
MX28 U-Boot >ubi part rootfs
Creating 1 MTD partitions on "nand0":
0xf8000041059828 - 0x4f8000000000000 : "<NULL>"
UBI: attaching mtd1 to ubi0
UBI: physical eraseblock size:          131072 bytes (128 KiB)
UBI: logical eraseblock size:           126976 bytes
UBI: smallest flash I/O unit:           2048
UBI: VID header offset:                 2048 (aligned 2048)
UBI: data offset:                       4096
UBI: attached mtd1 to ubi0
UBI: MTD device name:                   "mtd = 5"
UBI: MTD device size:                   274877906944 MiB
UBI: number of good PEBs:               512
UBI: number of bad PEBs:                0
UBI: max. allowed volumes:              128
UBI: wear - leveling threshold:         4096
UBI: number of internal volumes:        1
UBI: number of user volumes:            1
UBI: available PEBs:                    14
UBI: total number of reserved PEBs:     498
UBI: number of PEBs reserved for bad PEB handling:  5
UBI: max/mean erase counter:            2/1
```

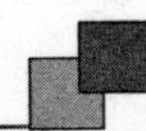

这是一个 64 MB 的 MTD 分区，根据信息“UBI：smallest flash I/O unit：2 048”得到最小 I/O 单元大小为 2 048（十六进制为 0x800）；根据信息中“UBI：logical erase-block size：126 976 bytes”得到逻辑擦除块大小为 126 976（十六进制为 0x1F000）；最大逻辑擦除块数量为 number of good PEBs 和 number of bad PEBs 两者之和，根据输出信息，为 512＋0，即 512。

这几个参数也可通过内核启动信息确定。下面是 EasyARM 283 内核启动 LOG 信息片段：

```
UBI: attaching mtd5 to ubi0
UBI: physical eraseblock size:          131072 bytes (128 KiB)
UBI: logical eraseblock size:           126976 bytes
UBI: smallest flash I/O unit:           2048
UBI: VID header offset:                 2048 (aligned 2048)
UBI: data offset:                       4096
UBI: attached mtd5 to ubi0
UBI: MTD device name:                   "rootfs"
UBI: MTD device size:                   64 MiB
UBI: number of good PEBs:               512
UBI: number of bad PEBs:                0
UBI: max. allowed volumes:              128
UBI: wear - leveling threshold:         4096
UBI: number of internal volumes:        1
UBI: number of user volumes:            1
UBI: available PEBs:                    14
UBI: total number of reserved PEBs:     498
UBI: number of PEBs reserved for bad PEB handling: 5
UBI: max/mean erase counter: 2/1
UBI: image sequence number: 0
```

根据内核输出信息同样可以得到最小 I/O 单元大小为 2 048，逻辑擦除块大小为 126 976，最大逻辑擦除块数量为 512。

假定文件系统目录为 rootfs，则将得到的 MTD UBI 参数值填入 mkfs. ubifs 命令对应参数项，制作 ubifs 镜像文件的命令如下：

```
$ sudo mkfs.ubifs -d rootfs -e 0x1f000 -c 512 -m 0x800 -o roctfs.ubifs
```

如果使用 buildroot 制作文件系统，则在 Filesystem images 菜单选中 ubifs root filesystem，并设置相关参数即可，如图 14.9 所示。

得到 ubifs 镜像文件后，通过相关命令固化到 NAND 中。

④ 设置内核启动参数。在 U-Boot 中设置内核启动参数，使得系统能够从 ubifs 文件系统启动。内核启动过程中会将设置后的 command line 打印出来：

```
[*] ubifs root filesystem
(0x1f000) logical eraseblock size
(0x800) minimum I/O unit size
(512) maximum logical eraseblock count
      ubifs runtime compression (lzo)  --->
      Compression method (no compression)  --->
```

图 14.9　设置 ubifs 参数

```
Kernel command line: pmi=g console=ttyAM0,115200n8 console=tty0 ubi.mtd=5 root=
ubi0:rootfs rootfstype=ubifs mem=128M
```

第15章 OpenWRT

【本章导读】

OpenWRT 是一个适用于开源路由器的嵌入式 Linux 发行版，允许开发者从源码开始构建一个客制化的路由器固件。本章并非针对路由器应用，所以不讲述如何构建一个路由器固件，但如果一个产品的大部分功能与路由器接近或者相似，则可通过 OpenWRT 构建一个满足需求的嵌入式 Linux 文件系统。

15.1 OpenWRT 简介

OpenWRT 通常被认为是一个路由器固件发行版，是一个高度模块化、高度自动化的嵌入式 Linux 系统，提供了众多功能，如 SSH 服务器、VPN、流量整形服务，甚至还包括 BitTorrent 客户端和创建贵宾网络等，允许开发者任意配置，以适合自己的设备和应用。

OpenWRT 内置包管理工具，允许用户直接从仓库安装软件。OpenWRT 提供了 SSH 服务，可通过 SSH 登录系统并进行操作和配置，也可通过 LuCI Web 配置界面对设备进行配置。由于 OpenWRT 强大的网络组建可扩展，除了路由器之外，还常被用于工控设备、小型机器人、智能家居、VOIP 设备等方面。

15.2 OpenWRT 下载

OpenWRT 有分开发版和稳定版，开发版俗称 trunk 版，稳定版俗称 backfire 版。

15.2.1 SVN 下载

OpenWRT 主要以 SVN 来维护，推荐用 SVN 下载。例如，下载 trunk 版本：

```
chenxibing@linux-compiler: ~ $mkdir openwrt
chenxibing@linux-compiler: ~ $cd openwrt
chenxibing@linux-compiler: ~/openwrt $svn co git://svn.openwrt.org/openwrt/trunk
```

下载完毕，则将在 openwrt 目录下生成 trunk 目录，这就是 trunk 版本的源码。

如果需要下载稳定版,可用如下命令:

```
chenxibing@linux - compiler: ~/openwrt $ svn co git://svn.openwrt.org/openwrt/branches/backfire
```

下载完毕,则将生成 backfire 目录,内含稳定版的全部源码。

OpenWRT 的代码时常会有更新,特别是开发版。在其目录下执行 svn up 命令即可完成更新:

```
chenxibing@linux - compiler:~/openwrt/trunk $ svn up
```

15.2.2 Git 下载

OpenWRT 也可通过 Git 下载,从 OpenWRT 的 Git 仓库可获得最新源码:

```
chenxibing@linux - compiler: ~ $git clone git://git.openwrt.org/openwrt.git
```

下载完成,在当前目录下会出现 openwrt 目录。

OpenWRT 的源码时常会有更新,在源码目录下执行 git pull 命令可使代码保持最新:

```
chenxibing@linux - compiler: ~ $git pull
```

说明:无论通过 SVN 还是 Git 下载,下载完成仅仅下载了 openwrt 本身的文件,并不包含编译系统所需的各种软件包。

15.3 安装 OpenWRT

下载得到 OpenWRT 的源码后,需要安装才能使用。须先进入 OpenWRT 源码所在目录,Git 下载后须进入 openwrt 目录,SVN 下载后须先进入 trunk 或者 backfire 目录,然后再执行安装命令。安装命令如下:

```
chenxibing@linux - compiler:~/openwrt/trunk $ ./scripts/feeds update -a
chenxibing@linux - compiler:~/openwrt/trunk $ ./scripts/feeds install -a
```

15.4 使用 OpenWRT 定制文件系统

15.4.1 检查编译环境

首先需要检查编译环境是否完整,可通过下列命令实现:

```
chenxibing@linux - compiler:~/openwrt/trunk $make defconfig
chenxibing@linux - compiler:~/openwrt/trunk $make prereq
```

如果提示错误,则根据错误信息进行处理,从而使错误消除。

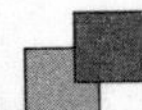

15.4.2 配置系统

输入 make menuconfig 启动 OpenWRT 的配置界面，如图 15.1 所示。在界面中可对系统进行配置，包括 Target System、Subtarget、Target Images 以及各种软件包配置等。

```
chenxibing@linux-compiler:~/openwrt/trunk $ make menuconfig
```

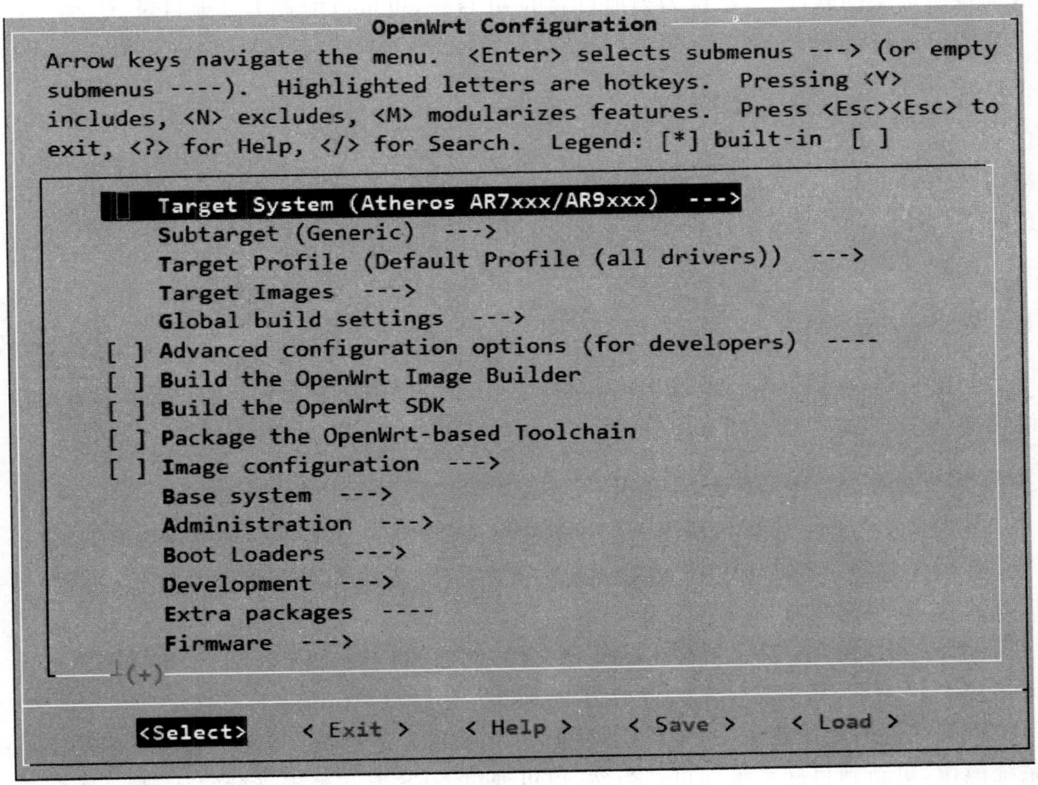

```
                          OpenWrt Configuration
 Arrow keys navigate the menu.  <Enter> selects submenus ---> (or empty
 submenus ----).  Highlighted letters are hotkeys.  Pressing <Y>
 includes, <N> excludes, <M> modularizes features.  Press <Esc><Esc> to
 exit, <?> for Help, </> for Search.  Legend: [*] built-in  [ ]

        Target System (Atheros AR7xxx/AR9xxx)  --->
        Subtarget (Generic)  --->
        Target Profile (Default Profile (all drivers))  --->
        Target Images  --->
        Global build settings  --->
    [ ] Advanced configuration options (for developers)  ----
    [ ] Build the OpenWrt Image Builder
    [ ] Build the OpenWrt SDK
    [ ] Package the OpenWrt-based Toolchain
    [ ] Image configuration  --->
        Base system  --->
        Administration  --->
        Boot Loaders  --->
        Development  --->
        Extra packages  ----
        Firmware  --->
    (+)

     <Select>    < Exit >    < Help >    < Save >    < Load >
```

图 15.1 OpenWRT 配置界面

下面的配置以 i.MX283 处理器平台为例进行介绍。

1. Target System 和 Subtarget

Target System 中实际是选择处理器系列，在其中选择 Freescale i.MX23/i.MX28 系列；然后在 Subtarget 中选择基于该系列处理器的原型板，如果非常清楚个板子的差异，可有针对性地选择，否则可任选一个。

2. Target Images

在 Target Images 中配置目标镜像的格式。由于我们并未希望得到一个完整的路由器镜像，而仅仅希望得到一个文件系统，而该系统通常还需要进行进一步调整，所以去除默认的 ext4，选择 tar. gz 格式即可。这样编译完成后将会得到一个. tar. gz 格式的文件系统压缩包。解压此包然后进行调整，最后根据实际系统需要重新制作符合要求的文件系统镜像，如 yaffs2 或者 ubi 镜像等。

3. 高级配置

在 Advanced configuration options 中可以进行更多高级配置，里面有很多配置选项，须根据实际情况进行配置。特别说明一下其中的 Download folder，该目录用于存放配置所选中的软件包，默认为当前目录的 dl 目录，也可以配置为其他目录。

4. 软件包配置

OpenWRT 提供了众多软件包，分成 Base system、Administration、Boot Loaders、Development、Extra packages、Firmware、Kernel modules、Languages、Libraries、LuCI、Mail、Multimedia、Network、Sound、Ulilities 等类别。由于只需要文件系统，Boot Loaders 和 Kernel modules 两项无须配置，其余软件须根据产品需求来选中。

配置完毕，选择 Exit，在提示对话选框中单击 Yes 完成配置保存。

15.4.3 编　译

配置完毕，可输入 make 命令开始编译。编译过程中可能出错，为了能看到编译错误详情，第一次编译推荐用如下命令：

```
chenxibing@linux-compiler:~/openwrt/trunk $make -j1 V=s
```

其中，“-j1”(j 后为数字 1)表示采用单线程编译，“V=s”表示输出编译详情。

在编译过程中，OpenWRT 会根据软件配置情况从服务器下载所需软件包。如果遇到错误，则根据实际情况消除错误。

编译完毕，在 bin 目录下会生成镜像文件，例如，对于 i. MX28 平台，生成的文件在 bin/mxs/目录下，其中文件系统镜像为 openwrt-mxs-***-rootfs. tar. gz。

得到文件系统压缩包后，先解压，并根据实际需求进行修改，然后制作正确的文件系统镜像，更新到目标系统即可。当然，也可通过 NFS 方式事先进行验证，验证完毕再固化。

第3篇　产品化和创意

本篇介绍嵌入式 Linux 产品化过程中的一些细节，这些细节的完善能给产品带来锦上添花的效果。这部分的内容并不局限于某一个具体项目，而是综合了编者实际经历过的多个项目总结出来的一些经验，并没有根据某个项目给出一个完整的实现方案，而是仅仅给出了一些思路，当然也给出了部分细节实现。

本章目前就一章内容，在后续的迭代中有可能会增加新内容。

第16章 产品化和创意

【本章导读】

俗话说,“学以致用”,“学”的最终目的是“用”,如果所学得不到实际应用,那么学习也就失去了意义。嵌入式技术具有非常强的应用性,嵌入式 Linux 是嵌入式应用技术的一种,应用也显得尤为重要。从“学”到“用”还是有一段距离要走的,这个过程如果在项目的驱动下,前进的速度会比较快。本章的目的是帮助加速这个过程。

16.1 做最适合的系统

贴合硬件,量身定制。《登徒子好色赋》中用“增之一分则太长,减之一分则太短;著粉则太白,施朱则太赤”形容一个女子恰到好处的美。做产品又何尝不是如此?根据系统软硬件需求,对系统进行精简,不但可以减小系统体积,还能使系统启动加快,增强系统稳定性。做出贴合硬件的系统,通常包含两方面:内核和文件系统,在特殊情况下,还会对 Bootloader 进行贴合调整。

从评估板到实际产品,往往需要进行裁剪。因为通常的评估板系统出于通用性考虑,往往会集成较多功能软件,而实际产品通常功能明确,不需要冗余的软件。例如,目前很多处理器都带了音频接口,评估板厂商在设计评估板的时候往往会实现音频功能,如果某个产品最终无需音频功能,则需要将音频裁掉。一方面需要在内核中去掉音频相关驱动,另一方面需要在文件系统中去除音频相关的库、软件以及音频文件。

从评估板到实际产品,还有可能需要增加功能。评估板功能较多,仅仅针对处理器本身外设而言,评估板会尽可能地把处理器外设资源引出,但也不可能涵盖选用这个处理器的产品的全部功能。例如,一个产品可能需要进行复杂算法处理,而 ARM 本身没有这么强的运算能力,则通常会通过本地并行总线外扩一个 DSP 来实现,在驱动层需要编写一个驱动来实现 ARM 和 DSP 之间的相互通信和数据传输,在应用层需要结合驱动编写程序实现最终目的。

从评估板到实际产品,也有可能需要功能修改。产品和评估板往往有巨大差异,进行功能修改也是不可避免的。可能是引脚功能复用上的修改,这种情况比较常见,例如,某对引脚的功能可在 GPIO/CAN/UART 之间切换,评估板作为 CAN 功能,而某个产品需要作为 UART 使用,这就需要在内核中对这对引脚进行复用修改。也有可能是驱动功能上的修改和完善,这类情况也不少,评估板的驱动有的仅仅完成了基本功能测试,或者隐含一些 BUG,实际产品中需要完善这些功能,修复已知 BUG。

16.2 做可靠的系统

系统可靠性是一个软硬件紧密相关的综合课题,仅仅硬件或者软件单方面都不可能彻底解决可靠性问题,只有两方面协同处理才能做到。不过这里不展开硬件方面的讨论,假定硬件已经是满足可靠性要求,在此基础上讨论系统软件和可靠性处理。

目前,绝大部分处理器都支持直接从 NAND 启动,由于 NAND 容量大、价格低,所以在产品设计中很受青睐,通常将系统启动、存储介质都设计为 NAND。但由于 NAND 本身的特性,在使用过程中不可避免出现位反转情况。尽管 ECC 能纠正一定范围内的位反转,但也会出现 ECC 无法解决的意外。解决这类问题时,系统层面可从两个方面入手:分区域保护和双备份。

16.2.1 分区域保护

对 NAND 进行合理规划,如 Bootloader、内核、文件系统等不同分区,并对各不同分区设置不同的 mask_flags。对于 Bootloader、内核分区,可以设置 mask_flags 为 MTD_WRITEABLE,禁止该 MTD 分区的可写属性,实现这些分区只读,防止在系统中意外误操作这些分区。程序清单 16.1 是一个 NAND MTD 分区示例。

程序清单 16.1 内核中 NAND MTD 分区定义

```
static struct mtd_partition board_nand_partitions[] = {
/* All the partition sizes are listed in terms of NAND block size */
        {
                .name           = "SPL",
                .offset         = 0,
                .size           = SZ_512K,
                .mask_flags     = MTD_WRITEABLE,
        },
        {
                .name           = "U-Boot",
                .offset         = MTDPART_OFS_APPEND,
                .size           = SZ_2M,
                .mask_flags     = MTD_WRITEABLE,
        },
        {
                .name           = "Kernel",
                .offset         = MTDPART_OFS_APPEND,
```

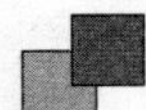

```
                .size           = SZ_4M,
                .mask_flags     = MTD_WRITEABLE,
        },
  ......
        {
                .name           = "File System",
                .offset         = MTDPART_OFS_APPEND,
                .size           = SZ_64M,
        },
        {
                .name           = "Opt",
                .offset         = MTDPART_OFS_APPEND,
                .size           = MTDPART_SIZ_FULL,
        },
};
```

设置了 mask_flags 的分区，则在进入系统后将无法用 flash_erase 命令擦除该分区，也无法改写该分区的数据，从而保护该分区的数据。例如：

```
[root@zlg ~]# flash_erase /dev/mtd0 0 0
flash_erase: error!: /dev/mtd0
             error 13 (Permission denied)
```

对于文件系统分区，则不能通过 mask_flags 来设置只读来实现分区保护，不过可以通过在内核 cmdline 中增加 ro 选项实现只读系统保护。例如：

```
[root@zlg ~]# cat /proc/cmdline
ubi.mtd=5 root=ubi0:rootfs rootfstype=ubifs ro console=ttyO0,115200n8 mem=256M
```

加了 ro 启动的系统都是只读的，对文件系统进行任何改写都会提示“Read-only file system”，例如：

```
[root@zlg ~]# touch a
touch: a: Read-only file system
```

对这样的只读系统，如果要进行系统修改，则可用 mount 命令将系统重新以可写方式挂载：

```
[root@zlg ~]# mount -o remount,rw /
[root@zlg ~]# touch a
```

操作完毕，再用 mount 命令将系统挂载为只读，实现系统保护：

```
[root@zlg ~]# mount -o remount,ro /
[root@zlg ~]# touch a
touch: a: Read-only file system
```

如果一个系统全部都是只读属性，则在实际应用中会很不友好；如果用户需要存储数据,建议单独分出一个 MTD 分区,并将这个 MTD 分区单独挂载到文件系统的某个目录,如/opt 目录。单独挂载了 MTD 分区的这个目录的读/写权限是不受 cmdline 的 ro 控制的,也就是说,即使通过 cmdline 实现了根文件系统只读,但这个目录也是可写的。

16.2.2 双备份

系统分区域保护能够在很大程度上避免软件意外操作可能引起的系统数据损坏,但不能解决 NAND 特性引起的数据损坏或者外部环境导致的数据损坏。一旦出现这样的数据损坏,则很有可能导致系统无法运行或者运行出错。采用多重备份或者双备份方式可以在很大程度上避免系统起不来的意外。对 Bootloader 区域和内核区域,可以考虑采用多重备份和双备份的方式,增强系统的抗损坏性。

进行双备份的镜像文件时,需要进行校验。启动过程中对读取到的镜像进行校验,如果校验通过则运行该镜像,否则读取下一个备份镜像并校验;如果备份镜像也被损坏导致校验失败,则系统挂起。

16.3 做用户满意的系统

通常来说,一个用户满意的系统,除了功能和性能这两方面的基本要求之外,其他的生产、测试、维护等方面,也都是需要考量的因素。

① 对于易于生产的系统,一旦产品研发完成,将会交付工厂进行批量生产。除了进行硬件生产和测试之外,还需要烧写系统、安装应用程序、系统测试或者进行产品配置等。整个过程要经过多道工序,在产品设计特别是软件和系统方面,要多为批量生产考虑,加速批量生产的速度。对于系统烧写,通常按照如下顺序来选择:贴片前烧录器烧写、贴片后脱机烧写、贴片后在线烧写。

贴片前烧写速度最快,适合于大批量生产,需要借助烧录器完成。通过烧录器软件制作烧录工程,可以实现快速批量烧写。但由于 Linux 系统各存储分区对 NAND 使用方式有差异以及文件系统的特性,烧录器并不一定能够很好支持。在经过验证可实现的情况下,这种方式是最佳选择。

贴片后脱机烧写,可以脱离上位机,但并不适用于所有处理器,只有支持 SD/TF 卡等可移动介质启动的处理器才可以实现。制作好启动卡和镜像,配合一定的外部引脚设置,实现上电后自动完成烧写,最终给出烧写完成指示。

贴片后在线烧写,需要上位机配合,效率较低,但可能是最常用的一种方式了。这种方式的最终实现也与处理器密切相关,根据处理器的特性来实现烧写方式。可能需要将 Bootloader、内核和文件系统等分开烧写,也有可能需要用到多种方式,如 JTAG、串口、USB、网口等各种接口。但是对于一个特定的处理器,在设计量产工序的时候,尽量简化工序和操作步骤,能实现脚本自动化或者半自动化的一定要尽量实现,最大程度上减小人工干预。例如,Tera Term 终端软件就支持脚本功能,灵活使用该特性能够简

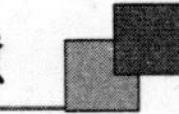

化操作步骤并减少出错，从而提高生产效率。

② 对于易于测试的系统，测试包括两方面内容，一是出厂前产品功能测试，二是在用户端进行产品功能自测。用户端功能自测不是必须的，但出厂前产品功能测试是必不可少的。出厂前功能测试又分两种，一种是单项功能测试，另一种是整机老化测试。无论是单项功能测试还是老化测试，操作过程一定要简便，程序设计必须考虑自动化、批量测试的可能性，因为这些程序的使用对象是工厂的测试人员，一定要做到用最简单的操作来完成测试，测试结果要能提供可读报表，便于进行测试结果汇总。

③ 对于易于维护的系统，维护系统包括两方面，一方面是对底层系统的维护，另一方面是对应用程序的维护。通常来说，底层系统维护相对较少，但也不排除会有这种需求。对于底层系统，主要是内核和驱动，对有可能需要进行后期升级的部分，建议编译成内核模块，进入系统后再进行加载，后续一旦需要维护或者升级，可以在应用中进行升级替换，而无须重烧内核。应用程序维护手段较多，例如，可以通过网络进行远程升级，或者通过U盘、SD/TF卡等进行本地升级，甚至可以通过2G/3G/4G、ZigBee进行无线升级等。无论通过何种方式升级，都需要考虑升级失败能恢复旧版本程序或者能够进行再次升级，避免升级失败导致系统故障。

16.4 快速启动

系统启动时间的长短直接影响到产品的用户体验，几乎所有产品开发者和用户都希望系统启动时间越短越好，甚至期望能够做到无操作系统环境的那样秒启动。当然，引入操作系统后，对系统启动时间是会有很大影响的，但系统经过优化也是可以做到比较快速启动的。对嵌入式Linux系统启动速度进行优化，可以从Bootloader、内核以及文件系统等方面着手。

16.4.1 精简Bootloader

如果系统能支持内核XIP，则可以无需Bootloader，可以省略不少时间。但是如果系统不支持内核XIP，则必须通过Bootloader引导，那就只能对Bootloader进行“瘦身”了。

尽量精简Bootloader的功能，把用不到的功能和命令去掉，特别是开机硬件自检功能。如果所使用的Bootloader中有对以太网、USB等外设进行自检功能，则可将这些功能去掉，从而缩短启动时间。就U-Boot而言，如果启动过程中无需以太网、SD卡、USB等功能，可以在配置头文件中将这些外设定义去掉，同时去掉以太网、SD、USB相关的命令。这样会引入一个问题，去掉这些功能和命令后对开发工作会带来影响，解决办法是调试阶段的U-Boot和产品发布的U-Boot分开配置，编译成不同的镜像，在开发阶段用完整功能的U-Boot，在产品发布阶段用快速启动版本的U-Boot。

缩减Boot过程中的等待时间。例如，U-Boot的Autoboot过程可以被中断，通常默认有3秒的等待时间，在发布版本的U-Boot中，可将这个等待时间设置为0，但是这会导致无法进入U-Boot命令行，如果确定后期无须再进入命令行进行操作那倒也无大碍。如果还希望能进入命令行,还有一个变通的办法,就是将原来的等待时间单位从“秒”调整为“百毫秒”或者“十毫秒”,这样既能缩短等待时间,也能在必要的时候进入命令行。修改的函数是<common/main.c>的 abortboot(int bootdelay)函数,程序清单 16.2 是将等待时间单位修改为 10 毫秒的范例。

程序清单 16.2　修改 bootdelay 时间单位

```
static __inline__ int abortboot(int bootdelay)
{
    int abort = 0;
#ifdef CONFIG_MENUPROMPT
    printf(CONFIG_MENUPROMPT);
#else
    printf("Hit any key to stop autoboot: %2d ", bootdelay);
#endif
    ......
    while ((bootdelay > 0) && (! abort)) {
        int i;
        --bootdelay;

        /* 循环 100 次 */
        for (i = 0; ! abort && i<100; ++i) {
            if (tstc()) {                /* we got a key press      */
                abort     = 1;           /* don't auto boot         */
                bootdelay = 0;           /* no more delay           */
                ......
            }
            //udelay(10000);//原来为 udelay(10000),10 毫秒,总体单位是 100x10 毫秒,即 1 秒
            udelay(100);    //现在修改为 udelay(100),总体单位是 100x100 微秒,即 10 毫秒
        }
        printf("\b\b\b%2d ", bootdelay);
    }
    putc('\n');
```

修改后,等待时间变得很短,出现“Hit any key to stop autoboot:”提示信息后再按键盘按键,通常来不及中断 Autoboot 就进不了命令行,需要提前按着键盘按键不松开,直到进入命令行。

16.4.2　精简内核

对于非 XIP 的内核,内核相关的时间有两方面:Bootloader 搬运内核的时间和内核自解压后以及运行时间。

非 XIP 内核被 Bootloader 加载到内存特定地址后才能运行,内核镜像文件的大小

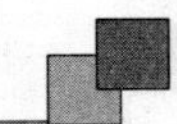

直接影响加载时间，减小内核体积就能减少加载时间，从而缩短启动整体时间。

内核被搬运到内存后，开始自解压并运行，这段时间的长短与内核所包含的功能有直接关系，内核功能越复杂，所需要处理的事情越多，需要的时间也就越长。缩减这个阶段的时间，就要从功能上对内核进行精简和处理。

精简内核的一般思路：一是把冗余不必要的功能去掉，二是把能推后加载的功能和外设驱动编译为模块，进入系统后再加载。

裁剪冗余功能时，需要紧贴硬件和产品需求进行裁剪。假如一个系统没有 CAN 功能，就把 CAN 驱动和相应的协议裁剪掉。如果产品无须用到 WiFi，则不要在内核中选中 WiFi 相关协议和驱动模块支持。另外，对于开发完毕的产品，在内核中把各驱动模块的调试支持功能去掉，并在 Kernel Hacking 中关闭各种系统调试功能。

合理模块化：只在内核中保留必要的模块和驱动，像处理器内置串口、NAND 驱动、系统 RTC 等这样内核必备功能，通常建议静态编译在内核中。而对于网卡、CAN、键盘、UVC 摄像头或者声卡等这些外设，或者一些功能模块（如 IPv6、Wireless 相关的协议、以及 FAT 文件系统）等，这些都可以编译为内核模块，在进入系统后再加载。

精简内核：还可以打开 Kernel Hacking 中的 Show timing information on printks 功能，这样在启动过程中能很清楚地知道哪个环节耗时较多，可以有针对性地进行时间优化。程序清单 16.3 是一个完整内核启动信息范例。

程序清单 16.3 带时间信息的内核启动 LOG

```
Starting kernel ...
Uncompressing Linux... done, booting the kernel.
[    0.000000] Linux version 3.2.0 (chenxibing@linux-compiler) (gcc version 4.7.3
20130226 (prerelease) (crosstool-NG linaro-1.13.1-4.7-2013.03-20130313 - Linaro
GCC 2013.03) ) #34 Wed Dec 2 14:53:46 CST 2015
[    0.000000] CPU: ARMv7 Processor [413fc082] revision 2 (ARMv7), cr=10c53c7d
[    0.000000] CPU: PIPT / VIPT nonaliasing data cache, VIPT aliasing instruction cache
[    0.000000] Machine: m3352
[    0.000000] Memory policy: ECC disabled, Data cache writeback
[    0.000000] AM335X ES2.1 (neon )
[    0.000000] Built 1 zonelists in Zone order, mobility grouping on.  Total pages: 32512
[    0.000000] Kernel command line: ubi.mtd=5 root=ubi0:rootfs rootfstype=ubifs ro
console=ttyO0,115200n8 mem=128M
[    0.000000] PID hash table entries: 512 (order: -1, 2048 bytes)
[    0.000000] Dentry cache hash table entries: 16384 (order: 4, 65536 bytes)
[    0.000000] Inode-cache hash table entries: 8192 (order: 3, 32768 bytes)
[    0.000000] Memory: 128MB = 128MB total
[    0.000000] Memory: 123752k/123752k available, 7320k reserved, 0K highmem
[    0.000000] Virtual kernel memory layout:
[    0.000000]     vector  : 0xffff0000 - 0xffff1000   (   4 kB)
[    0.000000]     fixmap  : 0xfff00000 - 0xfffe0000   ( 896 kB)
```

```
[    0.000000]     vmalloc : 0xc8800000 - 0xff000000   ( 872 MB)
[    0.000000]     lowmem  : 0xc0000000 - 0xc8000000   ( 128 MB)
[    0.000000]     modules : 0xbf000000 - 0xc0000000   (  16 MB)
[    0.000000]       .text : 0xc0008000 - 0xc0531000   (5284 kB)
[    0.000000]       .init : 0xc0531000 - 0xc0576000   ( 276 kB)
[    0.000000]       .data : 0xc0576000 - 0xc05d4588   ( 378 kB)
[    0.000000]        .bss : 0xc05d45ac - 0xc060266c   ( 185 kB)
[    0.000000] NR_IRQS:396
[    0.000000] IRQ: Found an INTC at 0xfa200000 (revision 5.0) with 128 interrupts
[    0.000000] Total of 128 interrupts on 1 active controller
[    0.000000] OMAP clockevent source: GPTIMER2 at 24000000 Hz
[    0.000000] OMAP clocksource: GPTIMER1 at 32768 Hz
[    0.000000] sched_clock: 32 bits at 32kHz, resolution 30517ns, wraps
every 131071999ms
[    0.000000] Console: colour dummy device 80x30
[    0.000152] Calibrating delay loop... 794.62 BogoMIPS (lpj = 397312)
[    0.008026] pid_max: default: 32768 minimum: 301
[    0.008148] Security Framework initialized
[    0.008239] Mount-cache hash table entries: 512
[    0.008605] CPU: Testing write buffer coherency: ok
[    0.027984] omap_hwmod: gfx: failed to hardreset
[    0.043487] omap_hwmod: pruss: failed to hardreset
[    0.044586] print_constraints: dummy:
[    0.044921] NET: Registered protocol family 16
[    0.046966] OMAP GPIO hardware version 0.1
[    0.049499] omap_mux_init: Add partition: #1: core, flags: 0
[    0.051208]  omap_i2c.1: alias fck already exists
[    0.052368]  da8xx_lcdc.0: alias fck already exists
[    0.053527]  omap_i2c.2: alias fck already exists
[    0.053802]  davinci-mcasp.0: alias fck already exists
[    0.054107]  omap_hsmmc.0: alias fck already exists
[    0.055206]  d_can.0: alias fck already exists
[    0.055419]  d_can.1: alias fck already exists
[    0.055847] _regulator_get: l3_main.0 supply vdd_core not found, using dummy regulator
[    0.055938] am335x_opp_update: physical regulator not present for core(-22)
[    0.056335]  omap2_mcspi.1: alias fck already exists
[    0.056579]  omap2_mcspi.2: alias fck already exists
[    0.057495]  edma.0: alias fck already exists
[    0.057495]  edma.0: alias fck already exists
[    0.057525]  edma.0: alias fck already exists
[    0.076904] bio: create slab <bio-0> at 0
[    0.078033] wdt feed timer start!!
[    0.079071] SCSI subsystem initialized
```

```
[    0.080108] omap2 - nand driver initializing
[    0.081756] usbcore: registered new interface driver usbfs
[    0.082061] usbcore: registered new interface driver hub
[    0.082244] usbcore: registered new device driver usb
[    0.082397] musb - ti81xx musb - ti81xx: musb0, board_mode = 0x11, plat_mode = 0x1
[    0.082672] musb - ti81xx musb - ti81xx: musb1, board_mode = 0x11, plat_mode = 0x1
[    0.083740] omap_i2c omap_i2c.1: bus 1 rev2.4.0 at 400 kHz
[    0.086059] omap_i2c omap_i2c.2: bus 2 rev2.4.0 at 400 kHz
[    0.086761] pps_core: LinuxPPS API ver. 1 registered
[    0.086791] pps_core: Software ver. 5.3.6 - Copyright 2005 - 2007 Rodolfo Giometti
giometti@linux.it
[    0.086914] PTP clock support registered
[    0.088684] Switching to clocksource gp timer
[    0.103240] musb - hdrc: version 6.0, ? dma?, otg (peripheral + host)
[    0.103424] musb - hdrc musb - hdrc.0: dma type: pio
[    0.103759] MUSB0 controller's USBSS revision = 4ea20800
[    0.103790] musb0: Enabled SW babble control
[    0.103973] musb - hdrc musb - hdrc.0: MUSB HDRC host driver
[    0.104064] musb - hdrc musb - hdrc.0: new USB bus registered, assigned bus number 1
[    0.104187] usb usb1: New USB device found, idVendor = 1d6b, idProduct = 0002
[    0.104217] usb usb1: New USB device strings: Mfr = 3, Product = 2, SerialNumber = 1
[    0.104217] usb usb1: Product: MUSB HDRC host driver
[    0.104217] usb usb1: Manufacturer: Linux 3.2.0 musb - hcd
[    0.104248] usb usb1: SerialNumber: musb - hdrc.0
[    0.105072] hub 1 - 0:1.0: USB hub found
[    0.105102] hub 1 - 0:1.0: 1 port detected
[    0.105621] musb - hdrc musb - hdrc.0: USB Host mode controller at c883c000 using PIO,
IRQ 18
[    0.105804] musb - hdrc musb - hdrc.1: dma type: pio
[    0.106140] MUSB1 controller's USBSS revision = 4ea20800
[    0.106170] musb1: Enabled SW babble control
[    0.106323] musb - hdrc musb - hdrc.1: MUSB HDRC host driver
[    0.106353] musb - hdrc musb - hdrc.1: new USB bus registered, assigned bus number 2
[    0.106445] usb usb2: New USB device found, idVendor = 1d6b, idProduct = 0002
[    0.106475] usb usb2: New USB device strings: Mfr = 3, Product = 2, SerialNumber = 1
[    0.106475] usb usb2: Product: MUSB HDRC host driver
[    0.106475] usb usb2: Manufacturer: Linux 3.2.0 musb - hcd
[    0.106506] usb usb2: SerialNumber: musb - hdrc.1
[    0.107208] hub 2 - 0:1.0: USB hub found
[    0.107238] hub 2 - 0:1.0: 1 port detected
[    0.107696] musb - hdrc musb - hdrc.1: USB Host mode controller at c883e800 using PIO,
IRQ 19
[    0.108123] NET: Registered protocol family 2
```

```
[    0.108306] IP route cache hash table entries: 1024 (order: 0, 4096 bytes)
[    0.108612] TCP established hash table entries: 4096 (order: 3, 32768 bytes)
[    0.108673] TCP bind hash table entries: 4096 (order: 2, 16384 bytes)
[    0.108734] TCP: Hash tables configured (established 4096 bind 4096)
[    0.108734] TCP reno registered
[    0.108764] UDP hash table entries: 256 (order: 0, 4096 bytes)
[    0.108764] UDP-Lite hash table entries: 256 (order: 0, 4096 bytes)
[    0.109008] NET: Registered protocol family 1
[    0.109252] RPC: Registered named UNIX socket transport module.
[    0.109252] RPC: Registered udp transport module.
[    0.109252] RPC: Registered tcp transport module.
[    0.109252] RPC: Registered tcp NFSv4.1 backchannel transport module.
[    0.109497] NetWinder Floating Point Emulator V0.97 (double precision)
[    0.109710] omap-gpmc omap-gpmc: GPMC revision 6.0
[    0.109710] Registering NAND on CS0
[    0.110504] ONFI flash detected
[    0.110656] ONFI param page 0 valid
[    0.110656] NAND device: Manufacturer ID: 0x01, Chip ID: 0xda (AMD S34ML02G1)
[    0.111053] Creating 7 MTD partitions on "omap2-nand.0":
[    0.111083] 0x000000000000-0x000000080000 : "SPL"
[    0.111846] 0x000000080000-0x000000280000 : "U-Boot"
[    0.113159] 0x000000280000-0x000000680000 : "Kernel"
[    0.115295] 0x000000680000-0x000000a80000 : "Kernel2"
[    0.117401] 0x000000a80000-0x000000b80000 : "Logo"
[    0.118255] 0x000000b80000-0x000004b80000 : "File System"
[    0.145233] 0x000004b80000-0x000010000000 : "Opt"
[    0.228027] VFS: Disk quotas dquot_6.5.2
[    0.228088] Dquot-cache hash table entries: 1024 (order 0, 4096 bytes)
[    0.228607] nfs4filelayout_init: NFSv4 File Layout Driver Registering...
[    0.228637] msgmni has been set to 241
[    0.231811] alg: No test for stdrng (krng)
[    0.232482] io scheduler noop registered
[    0.232482] io scheduler deadline registered
[    0.232543] io scheduler cfq registered (default)
[    0.233947] da8xx_lcdc da8xx_lcdc.0: GLCD: Found TFC_S9700RTWV35TR_01B panel
[    0.281585] Console: switching to colour frame buffer device 100x30
[    0.288757] omap_uart.0: ttyO0 at MMIO 0x44e09000 (irq = 72) is a OMAP UART0
[    1.069458] console [ttyO0] enabled
[    1.073791] omap_uart.1: ttyO1 at MMIO 0x48022000 (irq = 73) is a OMAP UART1
[    1.081665] omap_uart.2: ttyO2 at MMIO 0x48024000 (irq = 74) is a OMAP UART2
[    1.089477] omap_uart.3: ttyO3 at MMIO 0x481a6000 (irq = 44) is a OMAP UART3
[    1.097290] omap_uart.4: ttyO4 at MMIO 0x481a8000 (irq = 45) is a OMAP UART4
[    1.105133] omap_uart.5: ttyO5 at MMIO 0x481aa000 (irq = 46) is a OMAP UART5
```

```
[    1.113494] omap4_rng omap4_rng: OMAP4 Random Number Generator ver. 2.00
[    1.129333] brd: module loaded
[    1.137176] loop: module loaded
[    1.140655] i2c-core: driver [tsl2550] using legacy suspend method
[    1.147155] i2c-core: driver [tsl2550] using legacy resume method
[    1.160675] mtdoops: mtd device (mtddev=name/number) must be supplied
[    1.167633] OneNAND driver initializing
[    1.172363] UBI: attaching mtd5 to ubi0
[    1.176422] UBI: physical eraseblock size:   131072 bytes (128 KiB)
[    1.182983] UBI: logical eraseblock size:    129024 bytes
[    1.188659] UBI: smallest flash I/O unit:    2048
[    1.193572] UBI: sub-page size:              512
[    1.198425] UBI: VID header offset:          512 (aligned 512)
[    1.204559] UBI: data offset:                2048
[    1.260559] usb 2-1: new high-speed USB device number 2 using musb-hdrc
[    1.383483] UBI: max. sequence number:       412
[    1.401306] UBI: attached mtd5 to ubi0
[    1.405273] UBI: MTD device name:            "File System"
[    1.411010] UBI: MTD device size:            64 MiB
[    1.416137] UBI: number of good PEBs:        511
[    1.420989] UBI: number of bad PEBs:         1
[    1.425628] UBI: number of corrupted PEBs:   0
[    1.430297] UBI: max. allowed volumes:       128
[    1.435150] UBI: wear-leveling threshold:    4096
[    1.440063] UBI: number of internal volumes: 1
[    1.444732] UBI: number of user volumes:     1
[    1.449401] UBI: available PEBs:             0
[    1.454071] UBI: total number of reserved PEBs: 511
[    1.459167] UBI: number of PEBs reserved for bad PEB handling: 5
[    1.465484] UBI: max/mean erase counter: 4/1
[    1.469940] UBI: image sequence number:  0
[    1.474273] vcan: Virtual CAN interface driver
[    1.478942] CAN device driver interface
[    1.483459] UBI: background thread "ubi_bgt0d" started, PID 527
[    1.490051] usb 2-1: New USB device found, idVendor=0424, idProduct=2514
[    1.497100] usb 2-1: New USB device strings: Mfr=0, Product=0, SerialNumber=0
[    1.505462] hub 2-1:1.0: USB hub found
[    1.509521] hub 2-1:1.0: 4 ports detected
[    1.537322] davinci_mdio davinci_mdio.0: davinci mdio revision 1.6
[    1.543792] davinci_mdio davinci_mdio.0: detected phy mask ffffffdc
[    1.552062] davinci_mdio.0: probed
[    1.555664] davinci_mdio davinci_mdio.0: phy[0]: device 0:00, driver unknown
[    1.563079] davinci_mdio davinci_mdio.0: phy[1]: device 0:01, driver unknown
```

```
[    1.570465] davinci_mdio davinci_mdio.0: phy[5]: device 0:05, driver unknown
[    1.578247] usbcore: registered new interface driver zd1201
[    1.584259] usbcore: registered new interface driver cdc_ether
[    1.590545] usbcore: registered new interface driver cdc_eem
[    1.596618] usbcore: registered new interface driver dm9601
[    1.602539] cdc_ncm: 04-Aug-2011
[    1.606079] usbcore: registered new interface driver cdc_ncm
[    1.612182] usbcore: registered new interface driver usblp
[    1.617950] Initializing USB Mass Storage driver...
[    1.623413] usbcore: registered new interface driver usb-storage
[    1.629730] USB Mass Storage support registered.
[    1.635192] mousedev: PS/2 mouse device common for all mice
[    1.642059] input: ti-tsc as /devices/platform/omap/ti_tscadc/tsc/input/input0
[    1.650604] rtc-pcf8563 2-0051: chip found, driver version 0.4.3
[    1.657745] rtc-pcf8563 2-0051: low voltage detected, date/time is not reliable.
[    1.665832] rtc-pcf8563 2-0051: retrieved date/time is not valid.
[    1.672943] rtc-pcf8563 2-0051: rtc core: registered rtc-pcf8563 as rtc0
[    1.680511] i2c /dev entries driver
[    1.685211] ds2460 1-0040: byte_len looks suspicious (no power of 2)!
[    1.692321] ds2460 1-0040: 18 byte ds2460 EEPROM (writable)
[    1.733520] OMAP Watchdog Timer Rev 0x01: initial timeout 60 sec
[    1.740447] _regulator_get: deviceless supply vdd_mpu not found, using dummy regulator
[    1.749572] cpuidle: using governor ladder
[    1.754730] cpuidle: using governor menu
[    1.760223] omap4_aes_mod_init: loading AM33X AES driver
[    1.766265] omap4-aes omap4-aes: AM33X AES hw accel rev: 3.02
[    1.773254] omap4_aes_probe: probe() done
[    1.778015] omap4_sham_mod_init: loading AM33X SHA/MD5 driver
[    1.784515] omap4-sham omap4-sham: AM33X SHA/MD5 hw accel rev: 4.03
[    1.796752] omap4_sham_probe: probe() done
[    1.804168] usbcore: registered new interface driver usbhid
[    1.810363] usbhid: USB HID core driver
[    1.815338] tiadc tiadc: attached adc driver
[    1.820281] oprofile: hardware counters not available
[    1.825927] oprofile: using timer interrupt.
[    1.830749] nf_conntrack version 0.5.0 (1933 buckets, 7732 max)
[    1.837707] ip_tables: (C) 2000-2006 Netfilter Core Team
[    1.843750] TCP cubic registered
[    1.847503] NET: Registered protocol family 17
[    1.852478] can: controller area network core (rev 20090105 abi 8)
[    1.859375] NET: Registered protocol family 29
[    1.864379] can: raw protocol (rev 20090105)
```

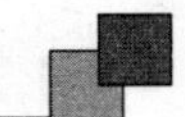

```
[    1.869171] can: broadcast manager protocol (rev 20090105 t)
[    1.875457] Registering the dns_resolver key type
[    1.880798] VFP support v0.3: implementor 41 architecture 3 part 30 variant c rev 3
[    1.889495] ThumbEE CPU extension supported.
[    1.894378] mux: Failed to setup hwmod io irq -22
[    1.900299] Power Management for AM33XX family
[    1.905548] Trying to load am335x-pm-firmware.bin (60 secs timeout)
[    1.912597] Copied the M3 firmware to UMEM
[    1.917297] Cortex M3 Firmware Version = 0x181
[    1.922882] sr_init: platform driver register failed
[    1.934387] clock: disabling unused clocks to save power
[    1.954406] CAN bus driver for Bosch D_CAN controller 1.0
[    1.962463] d_can d_can.0: device registered (irq=52, irq_obj=53)
[    1.970581] d_can d_can.1: device registered (irq=55, irq_obj=56)
[    1.978302] rtc-pcf8563 2-0051: low voltage detected, date/time is not reliable.
[    2.078765] UBIFS: recovery needed
[    2.120941] UBIFS: recovery deferred
[    2.125061] UBIFS: mounted UBI device 0, volume 0, name "rootfs"
[    2.131683] UBIFS: mounted read-only
[    2.135742] UBIFS: file system size:    63350784 bytes (61866 KiB, 60 MiB, 491 LEBs)
[    2.144104] UBIFS: journal size:         8773632 bytes (8568 KiB, 8 MiB, 68 LEBs)
[    2.152130] UBIFS: media format:         w4/r0 (latest is w4/r0)
[    2.158538] UBIFS: default compressor: lzo
[    2.163146] UBIFS: reserved for root:  0 bytes (0 KiB)
[    2.169891] VFS: Mounted root (ubifs filesystem) readonly on device 0:13.
[    2.177825] Freeing init memory: 276K
Populating /dev using udev:
......
Starting portmap: done
Initializing random number generator... read-only file system detected...done
Starting system message bus: done
Starting network...
```

从这个 LOG 信息可以很清楚地看到内核解压后到挂载文件系统完成这个过程的详细时间信息，仔细对比各时间戳就能得出哪个驱动或者模块的耗时情况，可以有针对性地进行优化。

在实际调试时稍微注意一下就可以发现，内核显示的启动所用时间与实际掐表测试的时间是有差异的，这个问题不是内核打印的时间不准确，而是出在串口打印信息这个环节。嵌入式 Linux 调试串口波特率通常为 115 200，也有 38 400 这样更低波特率的，打印内核 LOG 信息会耗费大量时间，从而延长了实际启动时间。要避免这个问题，可以在内核启动参数中增加 quiet 参数，将这些信息屏蔽。例如：

```
Kernel command line: ubi.mtd = 5 root = ubi0:rootfs rootfstype = ubifs ro console = tty00,
115200n8 mem = 128Mquiet
```

增加 quiet 参数后,启动信息变为:

```
Starting kernel ...

Uncompressing Linux... done, booting the kernel.
[    0.056030] am335x_opp_update: physical regulator not present for core( - 22)
[    0.325469] mtdoops: mtd device (mtddev = name/number) must be supplied
[    0.616210] sr_init: platform driver register failed
Populating /dev using udev: done
UBI device number 1, total 1441 LEBs (185923584 bytes, 177.3 MiB), available 0 LEBs (0
bytes), LEB size 129024 bytes (126.0 KiB)
Starting portmap: done
```

对比前后 LOG 的信息时间可以看到,增加 quiet 参数后能节省不少时间。

16.4.3 精简根文件系统

内核启动后期会寻找并挂载根文件系统,成功挂载根文件系统后,则将启动根文件系统的 init 程序,并完成一系列系统初始化和服务的启动,最终进入 Shell 或者用户程序。影响这段时间的长短有几方面因素:一方面是根文件系统镜像的格式;另一方面是根文件系统本身体积的大小,这直接关乎挂载时间;还有就是 init 程序以及根文件系统所启动的服务和程序的多少。

根文件系统镜像的格式须根据硬件系统采用的存储介质类型来选择,可参考 13.1.3 小节选择最佳匹配的文件系统镜像格式。不同类型格式的文件系统镜像,体积会有差异,在挂载时间上也有很大差异。例如,同样是 NAND Flash,JFFS2 镜像挂载时间最长,且挂载时间与文件系统体积有直接关系,而 YAFFS2 时间较短,UBIFS 格式挂载时间最短。

对某些格式的文件系统而言,文件系统体积的大小直接影响挂载时间,如对 JFFS2 文件系统影响极大,但对于 YAFFS2 影响较小,对 UBIFS 文件系统则几乎无影响。如果系统采用了 JFFS2 文件系统,则必须考虑文件系统的大小。

init 进程是内核启动的第一个用户级进程,它开始运行后,通过执行一些管理任务来结束引导进程,如检查文件系统、清理临时目录、启动各种服务,为每个终端和虚拟控制台启动 getty 等。System V init 是传统的 Linux init 程序,近年来逐渐淡出,在不同的发行版中分别被 Systemd init 和 upstart 替代。在嵌入式 Linux 中使用更多的是 Busybox init,与 System V、Systemd 以及 upstart 相比,Busybox init 启动过程会简单一些。

下面是一个系统挂载文件系统后的启动信息,从中可以大致了解 init 所做的工作,如释放 init 所占用的内存、生成设备节点文件、挂载其他 MTD 分区和启动各种服务,

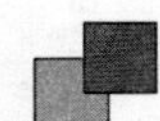

最后等待用户登录：

```
VFS: Mounted root (yaffs2 filesystem) on device 31:4.
Freeing init memory: 592K
Populating /dev using udev: udevd (645): /proc/645/oom_adj is deprecated, please use /
proc/645/oom_score_adj instead.
done
yaffs: dev is 32505861 name is "mtdblock5" rw
yaffs: passed flags ""
Starting portmap: done
Initializing random number generator... done.
Starting system message bus: done
Starting network...
davinci_mdio davinci_mdio: resetting idled controller
net eth0: attached PHY driver [Generic PHY] (mii_bus:phy_addr = ffffffff:00, id = 221513)
Starting webtest: OK
Starting webs: OK
Starting sshd: OK
Starting vsftpd: OK
Starting telnetd: OK

Welcome to ZHIYUAN M3517 Board
M3517 login:
```

在不影响系统功能的情况下，减少系统服务可以缩短启动时间；如果一些系统服务在日后会用到，可以推后启动，从而保证用户程序优先启动。

特别说明一下设备文件生成和管理。现在内核和系统支持生成动态设备节点，通常在用户态用 udev 或者 mdev 来产生和管理系统设备节点。使用动态设备节点时可很方便动态地管理系统所支持的外设，特别是热插拔设备，但动态生成设备节点会增加启动时间。对于一个外设相对固定的系统，可以不采用动态设备管理，而改用静态设别节点，能节省一些启动时间。

参考文献

[1] 科波特. Linux 设备驱动程序[M]. 魏永明,耿岳,钟书毅,译. 3 版. 北京:中国电力出版社,2006.

[2] 周立功,陈明计,陈渝. ARM 嵌入式 Linux 系统构建与驱动开发范例[M]. 北京:北京航空航天大学出版社,2006.

[3] http://www. kernel. org

[4] http://www. denx. de/wiki/U-Boot/Documentation

[5] https://openwrt. org

[6] http://www. zlgmcu. com

[7] http://www. nxp. com

[8] IMX28CEC. Rev. 3. Freescale Semiconductor. 2012.

[9] MCIMX28RM. Rev. 1. Freescale Semiconductor,. 2010.

[10] SC16IS752/SC16IS762 Preliminary data sheet. Rev.. Philips Semiconductors. 2005.

[11] SGTL5000. Rev. 6. 0,Freescale Semiconductor. 2013.

[12] Linux 内核文档<Linux/Documentation>.